数学基礎コース＝S3

理工系 複素関数論
― 多変数の微積分から複素解析へ ―

柴 雅和 著

サイエンス社

サイエンス社のホームページのご案内
http://www.saiensu.co.jp
ご意見・ご要望は　rikei@saiensu.co.jp　まで.

まえがき

　本書は理工系大学2年生程度の半年間の講義の教材として使用可能なテキストあるいは自習書である．内容は，いわゆる複素関数論の初歩であるが，実解析の復習にも気を配った．より具体的な内容や配列については「本書の構成」をご覧頂きたい．

　基本的な方針は大きく3つあって
(1)　復習を通じて新しい学習内容の位置付けを明確にすること，
(2)　複素数を含む計算力が十分身につくようにすること，および
(3)　解析学全般に亘って本質的な道具や概念を体得できるようにすること
である．

　数学は1つの学問分野として比類なき構成の美を誇る．どんな概念も厳密明確な定義を与えた後で初めて正式に用いられる．この立場にはしかし，特に数学を利用する立場の人々からの，強い反発がある．また，純粋数学を学ぼうとする人たちにとっても，数学のこの特質は，超えねばならぬ大きな山となる．このような反発や困難への対策として，基礎や厳密さの解説を諦め数学における成果を鵜呑みにさせようとの志向が優勢になりやすい．極言すれば"ユーザー"として定理や公式が使えればそれでよしという考えであるが，しかし，数学を利用する人達に厳密性は要らないと百歩譲って認めたとしても，用いるべき数学を理解するのに基礎が要らないわけでは決してない．

　数学に遺産として今日に伝わる概念が難解に見えるのは，初心者にとってそれが唐突で不自然に見えるからであって，いわば導入段階での準備が不十分なために概念に必然性が感じられない所為である．さらに一方では，抽象的であればこそ論理的にものを考える訓練の場として適切でもある．抽象的な思考訓練と具体的な計算練習のいずれかが延々と続いてバランスを失うことがないように，題材の並べ方には格別配慮したつもりである．特に，本書では，概念の解説(定義)をまず行うのではなく，実験的推論や初等的な計算実行の過程などからの何らかの自然な数学的要請を経た後に，抽象化の訓練をしつつ概念を確実な形で体得できるようにした．上に述べた3つの基本的方針は当にこの目的の実現のためのものである．さらに，解答つきの例題をかなり多く設けて，実

際問題を通じての「考え方の獲得」と「計算の練習」ができるようにした．読者は既に，計算だけの練習をするほど幼くはないはずである．この理由から，やさしい問題も十分多く含める一方で，複雑な問題も忌避しなかった．具体的な，ときには長大な，プログラムの中でこそ計算は活きてくる．このような力をつけるために演習を利用されたい．また，図版にも工夫をこらした．理解を助けるのに有効であると信じる．

　著者は本書に先立って「関数論講義」(森北出版，2000) を著した．そこでは基本的な概念や証明なども省略することなく述べたが，(著者自らが密かに期待したとおり) 現代の若者には難解との評を得た．著者はむしろ，多くの年配者がそのように感じていることに若者は異を唱え奮起すべきだという思いから，若者の熱い挑戦を期待しつつ，高い理想を掲げて題材を選び議論を進めた．本書は前著への橋渡しとしても適当な内容になっている．前著は，本書の続編的な素材を多く含み，同一の素材についても全く異なったアプローチによることが多いので，折に触れて参照されることを勧める．本書では単に「関数論講義」と呼んで引用した．

　本書の執筆をサイエンス社の田島伸彦氏から引き受けて後に，いくつか予期せざる時間的制約が生じたために脱稿が著しく遅れた．田島氏には随分と忍耐を強いることになり心苦しく感じている．しかしその間にさまざまな工夫をこらすことも可能になり，結果的には本書が単なる解説書の範囲から救われることにもなった．氏の寛容に心から感謝申し上げる次第である．広島大学学生の原本博史君は非常に注意深く原稿を読み多くの有益な注意を下さり，また同僚の西野芳夫氏は深い見識と豊かな経験とに裏打ちされた助言を数多く下さった．篤くお礼の気持ちを表したい．いただいた助言を素直に傾聴したとはいえ，もし未だ不備が残っているとすればそれは偏に著者自身の責任である．

　前著「関数論講義」の執筆中に当時大学院生であった大石勝氏から終始数多くの非常に厳しい指摘と温かい支援を受けたことは，彼の力と厚意への尊敬と感謝の気持ちをこめてその序文において述べたが，本書の最終段階でも前回にも増して貴重な指摘と提案を頂いた．記して深甚の謝意を表したいと思う．これは著者にとっては予期せぬ強力な支援となり，本書の内容改善に大きく貢献することとなったが，偶々の出張による不在の所為で校正の遅延をきたし，上述の田島氏や編集を担当して下さった鈴木綾子氏にも大きな迷惑をかけた．特に

鈴木氏は最後まで実に忍耐強く図版作成と校正に付き合って下さった．心からのお詫びとお礼を申し上げたい．

2002 年 6 月

柴　雅和

本書の構成

　本書は大きく分けて 2 つの部分からなる；最初の 3 つの章が第 I 部を，残りの章が第 II 部を形成する．複素数や平面の基本的な性質については高等学校で履修し，さらに線積分やグリーンの公式を関数論履修に先立って学ぶ場合が多いが，そのような基礎知識を第 I 部にまとめた．現今の関数論の講義スタイルでは，本質的には第 II 部だけを講じる (すなわち第 4 章から始める)，あるいは第 2 章から始めるのが一般的であるが，第 II 部を読み進める過程で必要性が生じれば第 I 部を参照できるように，構成と記述の仕方には心を砕いた．

　第 1 章では，幾分かの復習 (実数，偏微分，曲線などの基礎) と，本書のテーマへの動機付けとして等角写像が扱われる．第 2 章や第 3 章と違って多くの読者にとって目新しいものであろうが，これが奇を衒ったものでないことを知っていただくために，その理由などを簡単に述べておく．等角写像は，正則関数の重要な性質であるにも拘わらず，関数論の序論では全く登場しないままに終わるか，登場するとしてもずっと後になってからとなるのが普通である．しかし，本書では，等角写像が大学初年級の解析学の後半——いわゆる多変数の微分積分学——の復習として好個の題材であるとの観点から，敢えて冒頭に置いた．実解析学の初歩と幾何学的な直観だけを用いて議論を進めるので，平面やその上で定義された関数の取り扱いに慣れるのによい機会である．ただし，あくまでも従来型の講義順序を好まれる方々のために，この章を読みとばして第 2 章以降から始めても論理的な破綻はないように配慮しておいた．第 1 章と同様に (しかし些か別の理由から)，第 2 章や第 3 章もまたスキップすることができる．これらの章で扱われる話題は平面の位相・複素関数の連続性・線積分・グリーンの公式などおそらく既に他の授業科目によって馴染み深いものばかりであり，第 4 章以降を読みながら適宜復習として引用することができる．

　複素関数論の実質的部分は第 4 章から始まる．この章では，実関数の場合の

形式的拡張として複素関数の微分法を導入し，さらに進んで正則性の定義と基本的性質を述べるが，1点における正則性の定義から始めることによって初学者への負担軽減を図った．直観による支えを重視し応用の便宜を保証するために，第1章の考察を踏まえた等角性による正則性の特徴づけについても再論した．しかし第1章の結果に依存することは避けて，完全に独立に読めるように扱い，慣例的な配列にもしたがえるように配慮した．

　第5章および第6章は標準的な内容であろう．第5章で重要な関数が顔を揃える．多価関数についての感覚を掴むために被覆リーマン面の初等的考察も含めたが，時間の都合などで割愛したとしても後続の章を読むのに支障はない．しかし実際にリーマン面の模型を拵える試み (5.7節) の挑戦は強くお勧めしたい．コーシーの2つの大きな定理は，第6章で扱われるが，関数論の初級としては普通の――グリーンの公式に訴える――方法で証明される．指数関数の正則性の証明は，コーシー-リーマンの関係式を用いる古典的な方法のほかに，不等式を扱う練習を兼ねて，複素微分可能性の定義に直接関わるものも述べた．また，(全微分可能性の下では) コーシー-リーマンの関係式が正則性にとっての十分条件であることの別証明をモレラの定理を用いて与えた．

　第7章は留数定理とその応用である．留数の定義はローラン展開を用いるものではなく線積分による直截的な方法をとった；その方がより本質的であることと，留数解析により早く接するためである．応用面では，典型的な例題をまず丁寧に扱い，そこで用いられた方法が適用可能な範囲を探し出すことによって公式として掲げる，という方法で進めた．(実関数の) 定積分への基礎的な応用のほかに，対数関数やべき関数など，複素多価関数の考察が本質的な役割を担うかなり計算量の多い例も扱った．留数定理の効用を知ることができるばかりでなく，複素数の計算や不等式の扱いに習熟できるよい機会にもなるであろう．

　第8章は正則関数のべき級数展開が主なテーマである．べき級数の正則性は，独立した話題として扱うことをせず，もっと一般なワイエルシュトラスの2重級数定理によって示した．コーシーの係数評価式を述べた後，この不等式を足がかりとしてコーシー-アダマールの定理を示したが，実解析学で重要な上極限の概念を自然に獲得する絶好の機会である．この章では一様収束の概念を基本的な道具として死守している．積分と無限級数の和との交換を扱う度にその手順を有耶無耶にして進むのは全く耐え難い．まさに無神経さを育てる練習をし

ているか，さもなくばひたすら結果を信じることを強要しているようなものである．正確な概念の把握をたった一度怠り推論を度々誤魔化さなければならない方法が科学の教育として不健康なのは明白である．ただし，一様収束をその最も一般な形で定義するのは避け，有界閉集合の上での連続な関数の列に限って考察した；このような場合にはより直観的な最大値を考えるだけで十分だからである．

第9章では主として有理型関数が扱われる．ローラン展開もここで論じるが，最初は一般論ではなく孤立特異点のまわりで考え，一般の同心円環領域におけるローラン展開はその後で扱う．偏角の原理については，応用の立場も考えて例題を多く含めた．計算機を利用したグラフを添えたが，あくまで推論を支えるためである．正則関数の局所的な対応を詳しく論じ，調和関数の等高線の性質に言及した．

第10章では完全流体の力学を中心に，正則関数の応用を述べた．物理学や工学における関数論の応用を知るためだけではなく，正則関数の本質に迫る良い機会でもあろう．

各章末の演習問題については，レポート問題そのほかへの利用も考えて，本書に解答例を含めることはしなかった．また，考える機会を増やすため，敢えて順不同とした．これらの問題の解答例や補充問題および内容の改善などは別途 web ページ

http://www.saiensu.co.jp

で閲覧できるようにする予定である．

目 次

第1章 立体射影と等角写像　1
- **1.1** 実数とその完備性 1
- **1.2** 立 体 射 影 6
- **1.3** 曲　　　線 11
- **1.4** 立体射影の等角性 14
- **1.5** 等 角 写 像 16
- 演習問題 I 20

第2章 複 素 平 面　22
- **2.1** 複　素　数 22
- **2.2** 複 素 平 面 26
- **2.3** 開集合・閉集合 30
- **2.4** 領　　　域 35
- 演習問題 II 39

第3章 複素関数の微積分　41
- **3.1** 複 素 関 数 41
- **3.2** 線　積　分 46
- **3.3** 線積分の基本的な性質 51
- **3.4** グリーンの公式 54
- 演習問題 III 61

第4章 正 則 関 数　63
- **4.1** 関数の複素微分可能性 63
- **4.2** 正則性の定義 69
- **4.3** 正則関数の基本的な性質 72
- **4.4** リーマン球面 76
- **4.5** 調 和 関 数 78
- 演習問題 IV 82

目　次

第5章　基本的な正則関数　**85**
5.1 有理関数 85
5.2 指数関数 89
5.3 3角関数・双曲線関数 93
5.4 対数関数 95
5.5 べき関数 98
5.6 逆3角関数 100
5.7 リーマン面の体験的構成 103
演習問題 V 104

第6章　コーシーの2つの定理：──積分定理と積分公式　**106**
6.1 コーシーの積分定理 106
6.2 原始関数 108
6.3 コーシーの積分公式 111
6.4 導関数の積分表示 115
6.5 導関数の正則性 118
6.6 モレラの定理 119
演習問題 VI 120

第7章　留数定理とその応用　**123**
7.1 留数定理 123
7.2 留数解析 131
演習問題 VII 143

第8章　正則関数のべき級数展開　**145**
8.1 一様収束 145
8.2 テイラー展開 154
8.3 正則関数の局所的表示 158
8.4 最大値の原理 162
8.5 コーシー-アダマールの定理 164
演習問題 VIII 167

第9章　有理型関数　　169

9.1 孤立特異点 169
9.2 ローラン展開 175
9.3 偏角の原理 180
9.4 調和関数の等高線 186
演 習 問 題 IX 189

第10章　正則関数の応用　　191

10.1 正則関数と流体力学 191
10.2 孤立特異点の物理的意味 195
10.3 そのほかの物理現象 200
演 習 問 題 X 201

付　　　録 202
索　　　引 203

第1章

立体射影と等角写像

1.1 実数とその完備性

"数の世界"は自らの活躍の場を拡げることによって拡張されてきた.たとえば,**自然数**と呼ばれる $1, 2, 3, \ldots$ の全体からなる世界 $\mathbb{N}$ では,加法はいつでも可能である一方,その逆演算である減法はいつでも可能というわけではなかった.この不自由さから逃れるために,0 や負の整数が考え出され,加法と減法がいつでも可能な**整数**の世界 $\mathbb{Z} := \{0, \pm 1, \pm 2, \pm 3, \ldots\}$ が得られた.乗法と除法に関しても同様に進んで,**有理数**の世界 $\mathbb{Q}$ に到達した.それは (正負の) 整数と分数の全体である.ここまでで四則演算 (加減乗除) は常に可能である (もちろん 0 での割り算は考えないことにしてある).

数の世界は (代数) 方程式を解くことによって拡げられてきた,といってもよい.$2/3$ と書いた分数は,元来は方程式 $3x = 2$ の (整数世界では) 見つけ得なかった"解"を表現するための全く新しい記号であった[1].有理数の世界で正の有理数 a の平方根をとる操作は,2 次方程式 $x^2 = a$ を解くことにほかならない.たとえば $a = 2$ のときのように,この解が有理数の世界に見い出せなかったら[2],新しく記号 $\sqrt{2}$ を発明しこれを解と認知して,世界を拡げることができる.こうして実数の世界 $\mathbb{R}$ に到達する[3].

---

[1] "世の中は数学のようには割り切れない"いうのは事実無根で,むしろ逆に,数学は割り切れない状態に何とか解を見い出そうとしてきた希有な分野でさえある!

[2] 高等学校などで行った $\sqrt{2}$ が無理数であることの証明は,ちょっと考え直せば分かるように,実際には $x^2 = 2$ を満たす有理数が存在し得ないことの証明というべきであった.

[3] 実数 (real numbers) の頭文字に由来する.上のスケッチは数学的にはいくつもの難問を含んでいるけれども,本書では実数の世界そのものを議論対象とはせずその性質を有効に用いることにする.$\mathbb{Q}, \mathbb{Z}, \mathbb{N}$ なども広く用いられる記号であるが,それらの由来については省略する.

代数方程式が解けるような世界としてだけではなく，有理数列の極限を組み込んだ世界として$\mathbb{R}$を把握するために，簡単なしかし重要な定義をまず述べる[4]．

定義 集合 $X \subset \mathbb{R}$ は，ある $B \in \mathbb{R}$ を探し出してどんな $x \in X$ についても $x \leq B$ とできるとき，**上に有界**であるといい，このような B のひとつひとつを X の**上界**と呼ぶ．また，集合 $X \subset \mathbb{R}$ は，ある $b \in \mathbb{R}$ を探し出してどんな $x \in X$ についても $x \geq b$ とできるとき，**下に有界**であるといい，このような b のひとつひとつを X の**下界**と呼ぶ．上にも下にも有界な集合は単に**有界**な集合と呼ぶ．

このとき，通常の四則演算規則に加えて，次の要請を了解する[5]のが着実な方法の1つである： 上に有界な $\mathbb{R}$ の部分集合は最小の上界をもち，下に有界な $\mathbb{R}$ の部分集合は最大の下界をもつ．

すなわち，上界の中には最小なものがあり，下界の中には最大のものがある．厳密に言えば最大・最小も数学的に定義すべきであるが，これは直観的な捉え方と大きな差がない；たとえば集合 $Y (\subset \mathbb{R})$ の**最大 [元]** とは，次の2つの性質をもつ数 M のことである：

(1) 任意の $y \in Y$ について $y \leq M$;
(2) $M \in Y$.

Y の**最小 [元]** についても同様に定義される．$\mathbb{R}$ の部分集合がいつでも最大や最小をもつわけではない；たとえばいわゆる開区間は最大も最小ももたない．

上の定義から，M が X の最小の上界であるとは：

(1′) M は X の上界の1つであり，さらに
(2′) M より少しでも小さいものはもはや X の上界ではない．

---

[4] 以下に登場する記号 $X \subset \mathbb{R}$ および $B \in \mathbb{R}$ の意味はいまさら述べる必要もあるまいが，それぞれ，"X は $\mathbb{R}$ の部分集合であること" および "B は $\mathbb{R}$ の元であること" を示している．

[5] この主張は実数を考える際に基本的なものであるが，公理と考えて出発点とみなすかあるいは別の公理を立てて定理の1つと考えるかは，いうなれば流儀の違いである．しかし，実数論を展開することは本書の直接の目標ではないし，結局のところ $\mathbb{R}$ はこの性質をもつので，ここでは詮索を控えその意味を明確に掴むことに専念する．

この主張はいわば X の外からの描写であるが，X の側から表現すれば：

> (1″) どんな $x \in X$ についても $x \leq M$,
> (2″) M よりも小さい M' に対しては $M' < x$ となる $x \in X$ がある．

これら 2 つの性質をもつ M はしばしば X の<u>上限</u>と呼ばれ，記号 $\sup X$ で表される．同様に，X の<u>下限</u> $\inf X$ が X の最大の下界として定義される．この言葉を用いて上の性質を述べれば：　<u>上に有界な $\mathbb{R}$ の部分集合は (有限な) 上限をもち，下に有界な $\mathbb{R}$ の部分集合は (有限な) 下限をもつ</u>[6]．直観的にいえば，上限とは最も効率的な上界である．その存在が実数の全体 $\mathbb{R}$ の性質として重要だというのである．念のために：　X の上限は X に属するとは限らない (脚注 6 参照)．もしも上限が X に属するならばこの上限は X の最大である．

ここで考察したことは，実数が直線を隙間なく埋め尽くすことを述べたもので，実数の<u>完備性</u>と呼ばれる性質である．実直線上にばらまかれた点の集合には，左右それぞれに向かって果てしなく広がらない限り，右端あるいは左端に相当する ($\mathbb{R}$ の) 点があることを主張している．もちろんこれらの両端点は，先ほども注意したように，初めにばらまいた点の 1 つであるかどうかは全く分からない．

次の事実は重要である：　有界な実数列 $(a_n)_{n=1,2,\ldots}$ に対し，上手に部分列[7] $(a_{n_k})_{k=1,2,\ldots}$ と実数 a_* を選べば，

$$\lim_{k \to \infty} a_{n_k} = a_*$$

とできる[8]．

---

[6] たとえば，既に慣用の記号 $+\infty$ を用いて，X が上に有界でないときには $\sup X = +\infty$ と約束することにより，上に置いた要請は "$\mathbb{R}$ のいかなる部分集合にも上限が存在する" と簡潔に表される．もちろん $+\infty$ は $\mathbb{R}$ の元ではない．このことを強調するために，本文ではわざわざ "有限な" 上限という表現が用いられている．

[7] 数列 $a_1, a_2, a_3, \ldots$ は $(a_n)_{n=1,2,\ldots}$ とも記される．単なる集合を表す $\{a_n\}_{n=1,2,\ldots}$ とは区別するのがよい．また，数列 $(a_n)_{n=1,2,\ldots}$ の部分列とは，単調に増加する自然数の列 $(n_k)_{k=1,2,\ldots}$ によって作られた $(a_{n_k})_{k=1,2,\ldots}$ のことである．

[8] 実数列 $(a_n)_{n=1,2,\ldots}$ が実数 a_* に収束するとは "正数 ε をどんなに小さく与えても，自然数 N を上手に選べば，N より大きなすべての番号 n について不等式 $|a_n - a_*| < \varepsilon$ が成り立つ" ことである．"$\cdots\cdots$" の部分は簡潔に，"$\forall \varepsilon > 0 \ \exists N \in \mathbb{N} \ \forall n > N \ |a_n - a_*| < \varepsilon$" と書かれることが多い．

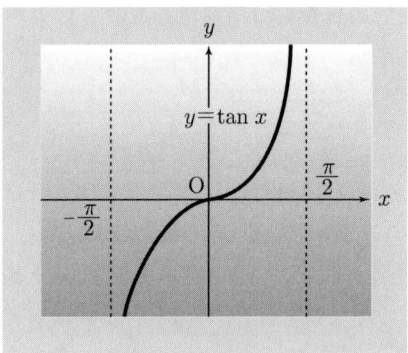

図 1.1

　上に挙げた実数列の収束の概念 (および実数の完備性) は有界集合に関するものであって，$\mathbb{R}$ の有界でない部分集合に関しては何も述べていない．実際，自然数の全体 $\mathbb{N} := \{1, 2, 3, \dots\}$ からは，どんな部分列を取り出しても $\mathbb{R}$ の 1 点に収束させることはできない．これは，実直線の "両端" が不明瞭であることに起因する．そこで，たとえば関数

$$y = \tan x \quad \left(-\frac{\pi}{2} < x < \frac{\pi}{2}\right)$$

を仲介として開区間 $(-\pi/2, \pi/2)$ と実数 $\mathbb{R}$ を**両連続**[9])に対応させ，$\mathbb{R}$ を閉区間 $[-\pi/2, \pi/2]$ の中に自然に埋め込むことによって，$\mathbb{R}$ に新しく 2 つの要素を付け足して，収束の議論に関しては $\mathbb{R}$ をあたかも (有限な) 閉区間のように扱う．付加された 2 点は普通 $-\infty, +\infty$ で表す[10])．

　開区間と $\mathbb{R}$ の間の対応は上に用いた関数の他にもいろいろ考えられるが，より幾何学的に考えた次の図 1.2 のようなもの —— 半円周 $y = 1 - \sqrt{1-x^2}$ ($-1 < x < 1$) を点 $(0, 1)$ から $\mathbb{R}$ へと射影したもの —— もその例である．

---

[9]) 関数 $y = \tan x$ ($-\pi/2 < x < \pi/2$) も，(値を区間 $-\pi/2 < x < \pi/2$ にもつ) その逆関数 $x = \mathrm{Tan}^{-1} y$ ($-\infty < y < \infty$) も，ともに連続な関数であること．

[10]) $+\infty$ を符号なしに ∞ と書くのは，以下の議論を見れば分かるように，避けた方がよい．$\mathbb{R}$ は 2 点が付加されて**コンパクト**な集合が得られた．この操作を $\mathbb{R}$ の**コンパクト化**と呼ぶ．コンパクト性は，上に述べたような有界閉区間が帯びるよい性質を抽象して得られた概念であるが，具体的な性質は以下で明らかになるのでここでは一般論に深く立ち入らない．得られた集合が実際にコンパクトであることの確認もここでは省略するが，以下に述べる 1 点コンパクト化の議論を真似れば容易である．章末問題参照．

1.1 実数とその完備性

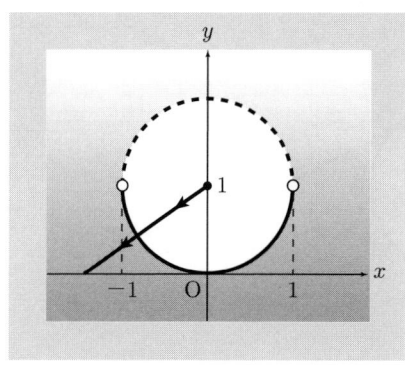

図 1.2

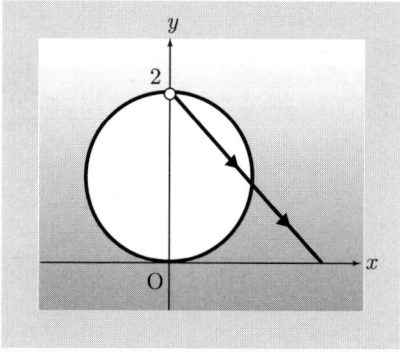

図 1.3

これらはすべて $\mathbb{R}$ に 2 点を付加することに対応するが，図 1.3 のように円周 $x^2 + (y-1)^2 = 1$ から 1 点 $(0,2)$ を取り除いた集合を，取り除いた点 $(0,2)$ から $\mathbb{R}$ へと射影することによって，$\mathbb{R}$ に唯 1 点を付け加えても $\mathbb{R}$ のコンパクト化は得られる．このようなコンパクト化を特に **1 点コンパクト化** と言う；この際に付加された 1 点を $\mathbb{R}$ の **無限遠点** と呼び，記号 ∞ で表す．また，$\mathbb{R}$ に ∞ を付加した集合を $\hat{\mathbb{R}}$ で表す．$\hat{\mathbb{R}}$ がコンパクトであることを示すためには，予め与えられたものが，実数列 ($\mathbb{R}$ の点の列) ではなく，$\hat{\mathbb{R}}$ の点列であったとせねばならない．それを $(a_n)_{n=1,2,\ldots}$ とする．ここで，a_n は実数または ∞ である．点列 $(a_n)_{n=1,2,\ldots}$ が有界のときには済んでいるので，以下では $(a_n)_{n=1,2,\ldots}$ が非有界とする．すなわち，どんなに大きな正数 M を与えても，ある番号 n に対する a_n は不等式 $|a_n| > M$ を満たす．まず，任意に固定された $M_1 > 0$ に対してとれる a_n の番号を n_1 と書く．次に $M_2 := \max(|a_1|, |a_2|, \ldots, |a_{n_1}|) + 1$ とおいて，不等式 $|a_{n_2}| > M_2$ を満たす n_2 をとる．明らかに $n_2 > n_1$ かつ $|a_{n_2}| > |a_{n_1}| + 1$ が成り立つ．一般に番号 n_k と点 a_{n_k} まで得られたとするとき，$M_{k+1} := \max(|a_1|, |a_2|, \ldots, |a_{n_k}|) + 1$ に対して不等式 $|a_{n_{k+1}}| > M_{k+1}$ を満たす番号 n_{k+1} と点 $a_{n_{k+1}}$ が見つかる．このように選ばれた部分列 $(a_{n_k})_{k=1,2,\ldots}$ については $|a_{n_{k+1}}| > |a_{n_k}| + 1$ が成り立つ．このとき

$$\lim_{k \to \infty} a_{n_k} = \infty$$

と考えるのはごく自然なことである．拡張された世界 $\hat{\mathbb{R}}$ は，収束概念を伴った世界でもあることが分かった．

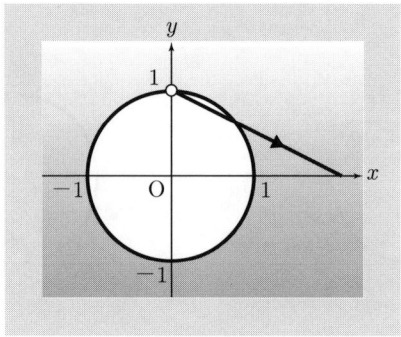

図 1.4

この議論の変形として,単位円周 $x^2 + y^2 = 1$ から 1 点 $(0,1)$ を取り除いた集合を,取り除いた点 $(0,1)$ から $\mathbb{R}$ へと射影する方法 (図 1.4) もある.

ここで用いた議論は,y 軸の回りの回転で不変に保つことによって,直線に対してばかりではなく平面にも通用する.これについては次節で述べる.

1.2 立体射影

既によく知っているように,平面の点 P はデカルト座標によって表示される.これを簡単に $\mathrm{P}(x,y)$ と書くこともこれまでと同様である.この事実は平面が**直積空間**[11] $\mathbb{R} \times \mathbb{R}$ として捉えられたことを意味する.この理由で平面は $\mathbb{R}^2$ によって表される.平面の点列 $(\mathrm{P}_n(x_n, y_n))_{n=1,2,\ldots}$ が点 $\mathrm{P}_*(x_*, y_*)$ に**収束する**というのは,P_n と P_* との距離が $n \to \infty$ のとき 0 に近づくこと,すなわち

$$\sqrt{(x_n - x_*)^2 + (y_n - y_*)^2} \to 0 \quad (n \to \infty)$$

である.言い換えれば,P_* を中心とするどんな小さな半径の円板にもある番号から先のすべての P_n が入ってしまうときに,$\mathrm{P}_n \to \mathrm{P}_*$ $(n \to \infty)$ という.

(x,y) 平面 $\mathbb{R}^2$ を,直交座標系 (いわゆる右手系)(ξ, η, ζ) をもつ 3 次元ユークリッド空間 $\mathbb{R}^3$ の (ξ, η) 平面に,x 座標軸が ξ 座標軸にまた y 座標軸が η 座標軸にそれぞれ一致するように,重ねておく.原点 $\mathrm{O}(0,0,0)$ を中心とした半径

---

[11] 一般に,集合 X, Y の直積 $X \times Y$ とは,任意の $x \in X$ と任意の $y \in Y$ との順序対 (x, y) で構成される集合をいう.

1.2 立体射影

1 の球面
$$\Sigma : \xi^2 + \eta^2 + \zeta^2 = 1$$
を考える (図 1.5).この球面はその外側 (中心を含まない側) を,また $\mathbb{R}^3$ 内での $\mathbb{R}^2$ は ζ 座標が正の側を,それぞれ表側と定める.

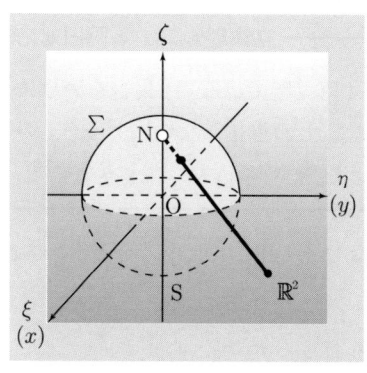

図 1.5

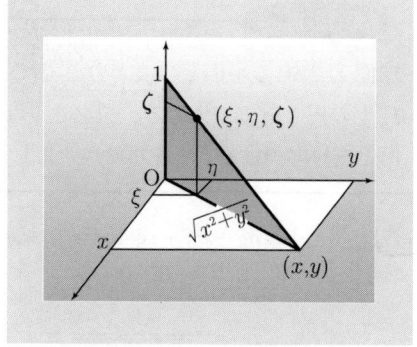

図 1.6

直観的に考えやすくするために,球面 Σ を地球表面に見立てて,点 $N(0, 0, 1)$, $S(0, 0, -1)$ をそれぞれ**北極**,**南極**と呼び,大円 $\{(\xi, \eta, \zeta) \in \mathbb{R}^3 \mid \xi^2 + \eta^2 = 1, \zeta = 0\}$ を**赤道**と呼ぶ.平面 $\mathbb{R}^2$ 上の任意の 1 点と北極 N とを結ぶ直線と $\Sigma \setminus \{N\}$ とはちょうど 1 回交わる[12].逆に,$\Sigma \setminus \{N\}$ の上の任意の 1 点と N とを結ぶ直線は $\mathbb{R}^2$ 上とちょうど 1 回交わる.この対応は,図 1.6 から明らかなように,

$$\xi = \frac{2x}{x^2+y^2+1}, \quad \eta = \frac{2y}{x^2+y^2+1}, \quad \zeta = \frac{x^2+y^2-1}{x^2+y^2+1} \quad ((x,y) \in \mathbb{R}^2)$$

あるいは

$$x = \frac{\xi}{1-\zeta}, \quad y = \frac{\eta}{1-\zeta} \quad ((\xi, \eta, \zeta) \in \Sigma \setminus \{N\})$$

によって与えられる.対応

$$\mathrm{pr} : \Sigma \setminus \{N\} \ni (\xi, \eta, \zeta) \mapsto (x, y) \in \mathbb{R}^2$$

---

[12] 一般に 2 つの集合 X, Y について,$X \setminus Y := \{x \in X \mid x \notin Y\}$ を X と Y との**差集合**と呼ぶ;条件 $Y \subset X$ を予め要求しなくてよい.

を**立体射影**と呼ぶ．

幾何学的な考察から容易に分かるように，pr は $\Sigma \setminus \{N\}$ から $\mathbb{R}^2$ の上への1対1写像[13]で，pr, pr^{-1} ともに連続である[14]．立体射影が北極を取り去った球面の表を平面の裏に写すことは，(少なくとも直観的に) 認められるであろう．

例題 1.1 ──────────────── 立体射影による円円対応 ─

球面 Σ とある平面との交わりとして得られる (空ではない) 集合を簡単に Σ 上の円と呼ぶ[15]とき，立体射影 pr は Σ 上の退化しない円と $\mathbb{R}^2$ 上の円とを対応づけることを示せ．ただし，$\mathbb{R}^2$ 上の直線は円の一種とみなす[16]．

(解答) 平面 $\Pi : a\xi + b\eta + c\zeta + d = 0$ が定める Σ 上の円 $\Sigma \cap \Pi$ を考える．この交わりが退化しない円を表すためには

$$(*) \quad \frac{|d|}{\sqrt{a^2+b^2+c^2}} < 1 \quad \text{すなわち} \quad d^2 < a^2 + b^2 + c^2$$

が必要十分である[17]．ここで pr$^{-1} : (x, y) \mapsto (\xi, \eta, \zeta)$ を表す式を Π を表す式に代入すると，

$$(**) \quad (c+d)(x^2+y^2) + 2ax + 2by + (d-c) = 0.$$

2つの場合に分けて考える．$c+d=0$ ときには，条件 (*) によって $a^2+b^2 > 0$ であるから，(**) は直線の方程式を表す．また，$c+d \neq 0$ のときには (**) は

$$\left(x + \frac{a}{c+d}\right)^2 + \left(y + \frac{b}{c+d}\right)^2 = \frac{c-d}{c+d} + \frac{a^2+b^2}{(c+d)^2}$$

と書き直せるが，右辺は

---

[13] 写像は関数とほぼ同義であるが，特に定義域や値域を数の世界に限定しないことを意識して用いられる．また，写像 $f : X \to Y$ が **1対1** であるとは，$x', x'' \in X$ について $f(x') = f(x'')$ が成り立つときにはいつでも $x' = x''$ であることをいう．"各 $x \in X$ に対して $f(x) = y$ を満たす $y \in Y$ が見つかる" というのではない；この主張は単に，"f が定義されている" ことを述べているに過ぎない．簡単なことではあるが誤解が多いので注意されたい．
[14] pr が両連続であるといっても同じこと．脚注 9 参照．
[15] 厳密には円と呼ぶのではなく円周と呼ぶべきであるが，より簡潔な語 "円" が頻繁に用いられる．また，交わりが1点からなる場合を退化した円と呼ぶことにする．
[16] 直線は半径が無限大の円と考える．
[17] この条件は原点から平面 Π までの距離が 1 より小さいことを表している．

1.2 立体射影

$$\frac{c-d}{c+d} + \frac{a^2+b^2}{(c+d)^2} = \frac{a^2+b^2+c^2-d^2}{(c+d)^2} > 0$$

を満たすから，(**) は $\mathbb{R}^2$ 上の円を表す．

逆に，$\mathbb{R}^2$ 上の円 $(x-x_0)^2 + (y-y_0)^2 = r^2$ $(r>0)$ が与えられたとき，これに $\mathrm{pr}:(\xi,\eta,\zeta) \mapsto (x,y)$ を表す式を代入して

$$\left(\frac{\xi}{1-\zeta} - \frac{\xi_0}{1-\zeta_0}\right)^2 + \left(\frac{\eta}{1-\zeta} - \frac{\eta_0}{1-\zeta_0}\right)^2 = r^2$$

を得るが，$\zeta \neq 1, \zeta_0 \neq 1$ であること[18]に注意すれば，簡単な計算によって

$$2\xi_0\xi + 2\eta_0\eta + \{2\zeta_0 - r^2(1-\zeta_0)\}\zeta + \{r^2(1-\zeta_0) - 2\} = 0$$

が得られる．これは $\mathbb{R}^3$ 内のある平面 Π' を表すが，

$$(2\xi_0)^2 + (2\eta_0)^2 + \{2\zeta_0 - r^2(1-\zeta_0)\}^2 - \{r^2(1-\zeta_0) - 2\}^2 = 4r^2(1-\zeta_0)^2 > 0$$

であるから，原点から Π' までの距離は 1 より小さい．すなわち $\Sigma \cap \Pi'$ は退化しない円である．$\mathbb{R}^2$ における円の代わりに直線が与えられた場合も同様に，Σ 上の円が得られる． ◪

北極 N に対応する点は平面上には存在しないが，$\Sigma \setminus \{\mathrm{N}\}$ と $\mathbb{R}^2$ とは立体射影を仲介として同一視できるから，平面に新しく 1 点を付け加えれば球面と同じものが得られると考えることができる．付加した点を**無限遠点**と呼び記号 ∞ によって示し，無限遠点を平面に付け加えたものをしばらくの間記号 $\mathfrak{R}$ で表す．いまや，$\mathrm{pr}(\mathrm{N}) = \infty$ とおいて，pr は Σ から $\mathfrak{R}$ への写像と考えることができる．容易に推測できるように，平面上の点列 $(\mathrm{P}_n(x_n,y_n))_{n=1,2,\ldots}$ は，

$$\lim_{n\to\infty} \sqrt{x_n^2 + y_n^2} = +\infty$$

を満たすとき，**無限遠点に収束する**点列であると定める．このとき球面 Σ 上の点列 $(\mathrm{pr}^{-1}(\mathrm{P}_n))_{n=1,2,\ldots}$ は北極 N に収束している．逆に，北極に収束する Σ 上の点列から立体射影 pr によって平面の点列が得られるが，この点列は上の意味で無限遠点に収束している．すなわち，このような定義の下では，立体射影 $\Sigma \to \mathfrak{R}$ は両連続である．

---

[18] 円上 (および円板内) の点が北極には決して対応しないこと．

無限遠点を付加したことの効用の 1 つは次の定理である．

> **定理 1.1** $\mathfrak{R}$ 上に無限点列 $(\mathrm{P}_n(x_n, y_n))_{n=1,2,\ldots}$ があるとき，適当な部分列 $(\mathrm{P}_{n_k}(x_{n_k}, y_{n_k}))_{k=1,2,\ldots}$ と適当な点 $\mathrm{P}_* \in \mathfrak{R}$ を見つけて
> $$\mathrm{P}_{n_k} \to \mathrm{P}_* \quad (k \to \infty)$$
> とすることができる．

さて，地球表面はよく知られたように緯度と経度によって表示される．これらの曲線が立体射影 pr によってどのような曲線に写されるかを考察しよう．図 1.7 のように，位置を示す θ, φ および小さな変位 $\delta\theta, \delta\varphi$ を考える．φ あるいは $\varphi + \delta\varphi$ によって定まる緯線と θ あるいは $\theta + \delta\theta$ によって定まる経線は，球面の上では互いに直交するが，これらは立体射影によって平面上の 2 つの同心円周と 2 本の放射線に写されるから，像曲線もまた互いに直交している．球面上にできた微小な 4 辺形の像は平面上の 4 辺形に写されるが，これらの辺の比はそれぞれ

$$\frac{\delta\lambda_\varphi}{\delta\varphi} = \frac{1}{1 - \sin\varphi},$$

$$\frac{\delta\rho_\theta}{\delta\theta} = \frac{\cos\varphi}{1 - \sin\varphi}$$

であることが分かる．これより，その位置には依らず

$$\frac{\delta\lambda_\varphi}{\delta\rho_\theta} = \frac{\delta\varphi}{\delta\theta} \cdot \frac{1}{\cos\varphi}$$

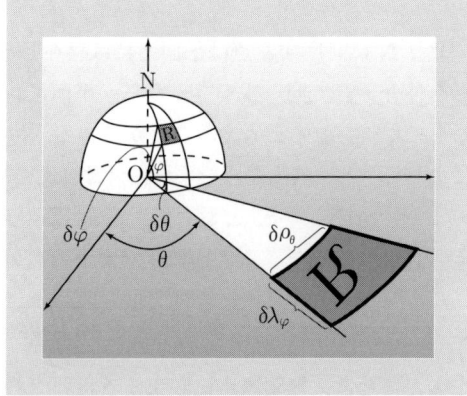

図 1.7

が成り立つ．特に，無限小正方形 $\delta\varphi = \cos\varphi\,\delta\theta$ の像もまた無限小正方形である．このことは，球面の上での 2 曲線のなす角の大きさが (向きは逆に) 立体射影で平面上に写っても変わらないことを示唆している．実際にそうであることは次々節で詳しく述べることにし，まず曲線についての復習を次節で行う．

1.3 曲　　線

"曲線"は空間内を飛ぶ虫の跡や紙の上の一筆描きのようなものと捉えられるのが常識的な感覚であろう．しかし，数学的には，曲線は描かれた後に残った図形ではなく，むしろその描き方自体を問題にすべきであることが分かる．すなわち，

定義　有限閉区間 $[a,b]$ から平面 $\mathbb{R}^2$ の中への連続な写像 γ を [平面] **曲線** と名づける．曲線 γ は，具体的に関数を用いて

$$\gamma : \begin{cases} x = \xi(t) \\ y = \eta(t) \end{cases} \quad (a \leq t \leq b)$$

と表される．点 $(\xi(a), \eta(a))$, $(\xi(b), \eta(b))$ をそれぞれ γ の **始点**, **終点** と呼び，両者を併せて **端点** と呼ぶ．変数 t を **径数**，区間 $[a,b]$ を **径数区間** と呼ぶ．また，ξ, η が区間 $[a,b]$ 上で定数関数のとき γ を **退化した曲線** と呼ぶ．

$\mathbb{R}^2$ 内の像 $\{(\xi(t), \eta(t)) \mid t \in [a,b]\}$ が慣用的な意味での曲線に他ならず，このような軌跡だけを見ていては走り方・描き方の区別がつかないから径数表示そのものを曲線と呼ぼうとしたのだが，しかし，"曲線の走り方・描き方"の本質を考えれば，もっと緩やかに区別された方が使いやすい．そこで，(今述べたような) 2 つの曲線

$$\gamma : \begin{cases} x = \xi(t) \\ y = \eta(t) \end{cases} \quad (a \leq t \leq b), \qquad \tilde{\gamma} : \begin{cases} x = \tilde{\xi}(\tilde{t}) \\ y = \tilde{\eta}(\tilde{t}) \end{cases} \quad (\tilde{a} \leq \tilde{t} \leq \tilde{b})$$

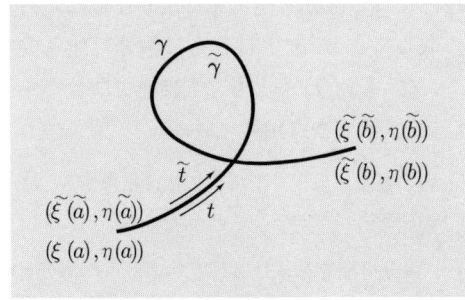

図 1.8

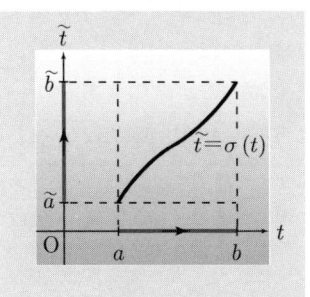

図 1.9

は，径数の間の単調増加な連続関数 (**径数変換**と呼ばれる)

$$\sigma: [a, b] \to [\tilde{a}, \tilde{b}], \quad \tilde{a} = \sigma(a), \ \tilde{b} = \sigma(b)$$

によって

$$\tilde{\xi} \circ \sigma = \xi, \qquad \tilde{\eta} \circ \sigma = \eta$$

の形に互いに関係づけられるならば，同じ曲線と考える[19]．

曲線は，径数が増加する方向を正の向きとして，自然に**向きづけられる**．上のような径数変換はいつも曲線の向きを変えない．曲線 $\gamma: x = \xi(t), y = \eta(t) (a \leq t \leq b)$ から

$$-\gamma: x = \xi(b + a - \tilde{t}), \ y = \eta(b + a - \tilde{t}), \quad a \leq \tilde{t} \leq b$$

として作った新しい曲線 (およびその径数変換による別の表現) は γ の**逆**と呼ばれる．

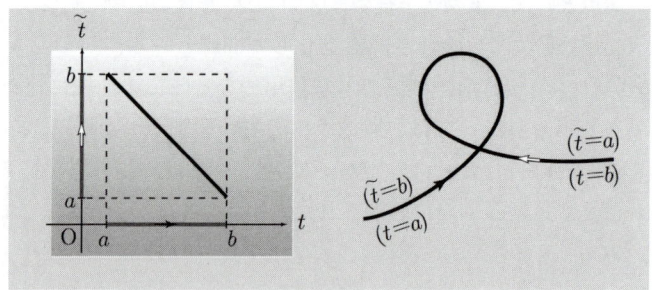

図 **1.10**

曲線 γ が**微分可能**であるとは，関数 ξ と η が t について微分可能なときをいう[20]．曲線がその表示に用いる径数によって微分可能になったりならなかったりするのは非常に困るから，径数の取り替え σ, σ^{-1} はともに微分可能と要求しておくのが自然である[21]．とくに $\zeta'(t)$ も $\eta'(t)$ もともに t の連続関数であるとき，γ を C^1 曲線あるいはより直感的に**滑らかな曲線**と呼ぶ．

---

[19] それは (度量衡の変換のように) 同じ紐に異なる目盛りを打つことに相当する．この定義のお蔭で，径数区間はいつでも $[0, 1]$ と指定できる．
[20] 径数区間の両端点では片側微分を考える．
[21] たとえ σ が単調な関数であってさらに微分可能であったとしても，σ^{-1} の微分可能性は一般には保証されない．たとえば $\sigma(t) = t^3 \ (-1 \leq t \leq 1)$ を考えれば分かる．脚注 23 参照．

同様に，γ が $\boldsymbol{C^r}$ **級**あるいは r **回連続的微分可能**であるというのは，関数 ξ と η がともに C^r 級 (その r 階までの導関数がすべて存在して連続) であることをいう．C^1 級の曲線 γ がさらに強い条件

$$\xi'(t)^2 + \eta'(t)^2 \neq 0, \quad a \leq t \leq b$$

を満たすとき，γ を**正則な曲線**と呼ぶ．正則な曲線は曲線上の各点 (交点は径数によって区別されるべき！) で退化しない接線が引ける．実際，点 $(\xi(t_0), \eta(t_0))$ における γ の**単位接ベクトル**は

$$\left(\frac{\xi'(t_0)}{\sqrt{\xi'(t_0)^2 + \eta'(t_0)^2}}, \frac{\eta'(t_0)}{\sqrt{\xi'(t_0)^2 + \eta'(t_0)^2}} \right)$$

で与えられる．正則な曲線の長さは

$$L_\gamma := \int_a^b \sqrt{\xi'(t)^2 + \eta'(t)^2} \, dt$$

によって定義され，これは径数の選び方には依らず定まる有限な正数である．各 $t \, (a \leq t \leq b)$ に対して定まる

$$s(t) := \int_a^t \sqrt{\xi'(\tau)^2 + \eta'(\tau)^2} \, d\tau$$

は，γ の新しい径数 s を与える．実際，すべての $t \, (a \leq t \leq b)$ について $ds/dt = \sqrt{\xi'(t)^2 + \eta'(t)^2} > 0$ であることから，区間 $[0, L_\gamma]$ 上の関数 $t = t(s)$ が作れる．s を**弧長径数**と呼ぶ．

空間曲線あるいは曲面上の曲線についても容易に一般的な定義を与えることができるが，ここでは，記述を必要最小限に留めるために，3次元ユークリッド空間 $\mathbb{R}^3$ の中にある球面 $\Sigma : \xi^2 + \eta^2 + \zeta^2 = 1$ についてのみ考える．球面 Σ 上の曲線は，$\xi^2 + \eta^2 + \zeta^2 = 1$ を満たす3つの連続関数の組

$$\Gamma : \xi = \xi(t), \quad \eta = \eta(t), \quad \zeta = \zeta(t) \qquad (a \leq t \leq b)$$

によって定義される．平面曲線のさまざまな性質のほとんどすべてが球面上の曲線についても考えられる．たとえば，Γ の滑らかさや正則性が容易に定義され，さらには，正則な曲線 Γ の上の点 $(\xi(t), \eta(t), \zeta(t))$ における単位接ベクトルは $\lambda(t) := \sqrt{\xi'(t)^2 + \eta'(t)^2 + \zeta'(t)^2}$ を用いて $(\xi'(t)/\lambda(t), \eta'(t)/\lambda(t), \zeta'(t)/\lambda(t))$ で与えられることなどが分かる．

1.4 立体射影の等角性

立体射影の性質として特記すべきことの1つは次の定理である．

> **定理1.2** 立体射影 $\mathrm{pr}: \Sigma \setminus \{N\} \to \mathbb{R}^2$ は角の大きさを保存する写像である．

[証明] 球面 Σ 上でも平面 $\mathbb{R}^2$ 上でも，互いに交わる(向きづけられた滑らかな)2つの曲線のなす角はそれらの交点における接線のなす角として定義される．そこで，球面 Σ 上に，1点 $Q_0(\xi_0, \eta_0, \zeta_0)$ で交わる向きづけられた正則な2つの曲線 $\varGamma_k\,(k=1,2)$ があったとする．それらは共通の径数区間 $-1 \leq t \leq 1$ をもち，さらに $t=0$ が交点 $Q_0(\xi_0, \eta_0, \zeta_0)$ を表していると仮定してよい．$\varGamma_k$ の表示を $\xi = \xi_k(t),\ \eta = \eta_k(t),\ \zeta = \zeta_k(t)(-1 \leq t \leq 1)$ とし，これら2曲線の Q_0 での交角を Θ とすれば，前節最後に述べたことから，

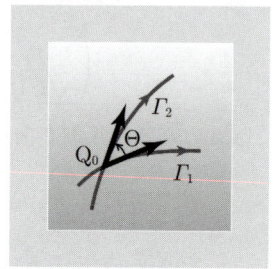

図**1.11**

$$\cos\Theta = \frac{\xi_1'(0)\xi_2'(0) + \eta_1'(0)\eta_2'(0) + \zeta_1'(0)\zeta_2'(0)}{\sqrt{\xi_1'(0)^2 + \eta_1'(0)^2 + \zeta_1'(0)^2}\sqrt{\xi_2'(0)^2 + \eta_2'(0)^2 + \zeta_2'(0)^2}}.$$

一方，これらの曲線は立体射影 pr によって平面上の点 $P_0 := \mathrm{pr}(Q_0)$ で交わる2つの曲線

$$\gamma_k : x = x_k(t), \quad y = y_k(t) \quad (-1 \leq t \leq 1)$$

に写される $(k=1,2)$．点 P_0 の座標は $(x_1(0), y_1(0))$ — あるいは同じことであるが $(x_2(0), y_2(0))$ — で与えられるから，ここでの2つの像曲線 γ_1, γ_2 の接ベクトルの交角を θ とすれば，

$$(*) \qquad \cos\theta = \frac{x_1'(0)x_2'(0) + y_1'(0)y_2'(0)}{\sqrt{x_1'(0)^2 + y_1'(0)^2}\sqrt{x_2'(0)^2 + y_2'(0)^2}}$$

であるが，$k=1,2$ について成り立つ関係式

$$\begin{cases} x_k'(t) = \dfrac{\xi_k'(t)(1-\zeta_k(t)) + \zeta_k'(t)\xi_k(t)}{(1-\zeta_k(t))^2} \\ y_k'(t) = \dfrac{\eta_k'(t)(1-\zeta_k(t)) + \zeta_k'(t)\eta_k(t)}{(1-\zeta_k(t))^2} \end{cases}$$

1.4 立体射影の等角性

を $t=0$ で評価した式を $(*)$ に代入して,さらに

$$\begin{cases} \xi_k(0)^2 + \eta_k(0)^2 + \zeta_k(0)^2 = 1 \\ \xi_k(0)\xi_k'(0) + \eta_k(0)\eta_k'(0) + \zeta_k(0)\zeta_k'(0) = 0 \end{cases} \quad (k=1,2)$$

であることに注意すれば,$\cos\Theta = \cos\theta$ を得る.すなわち交角は符号を除いて等しい.
(証明終)

立体射影 pr が Σ の表側を $\mathbb{R}^2$ の裏側に写すことから,角は大きさだけが等しく,符号は逆になると考えるのが自然である.

球面の対称性によって,N からの射影と同様に南極 S からの射影 pr_* も考えられる.$\Sigma \setminus \{N, S\}$ の 1 点 Q を両極から同時に射影するとき,N からの射影はこれまで通り (x, y) 平面に像 $\mathrm{P} = \mathrm{pr}(\mathrm{Q})$ をもつ一方,S からの射影 pr_* は (x, y) 平面の裏面に像 $\mathrm{P}^* = \mathrm{pr}_*(\mathrm{Q})$ をもつ.平面の裏面の座標系は

$$\xi^* = \xi, \quad \eta^* = -\eta, \quad \zeta^* = -\zeta$$

で与えられるから,(x,y) と (x^*, y^*) との関係は

$$\begin{aligned} x^* &= \frac{\xi^*}{1-\zeta^*} = \frac{\xi}{1+\zeta} \\ &= \frac{\dfrac{2x}{x^2+y^2+1}}{1+\dfrac{x^2+y^2-1}{x^2+y^2+1}} = \frac{x}{x^2+y^2}. \end{aligned}$$

同様に $y^* = -\dfrac{y}{x^2+y^2}$.

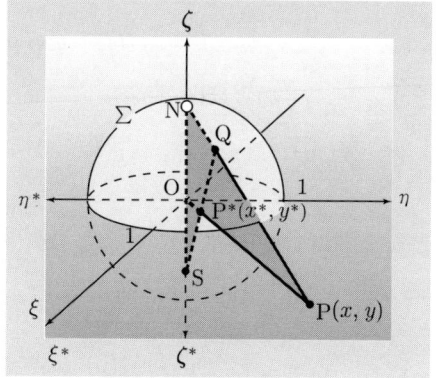

図 1.12

いったん球面 Σ を経由して定義される $\mathbb{R}^2 \setminus \{0\}$ から $\mathbb{R}^2 \setminus \{0\}$ への写像

$$f := \mathrm{pr}_* \circ \mathrm{pr}^{-1} : (x,y) \to (x^*, y^*)$$

は,向きを含めて角の大きさを保つ.この性質を写像 f の**等角性**と呼ぶ.次節では,(平面の一部分から平面の一部分への) 等角写像について一般に考察する.このような写像は,理想流体の力学や静電場,あるいは熱伝導体の温度分布などを調べる上で有用な手段を提供する.

1.5 等角写像

平面 $\mathbb{R}^2$ の 1 点 $P_0(x_0, y_0)$ の近傍[22] U から $\mathbb{R}^2$ の点 $Q_0 := f(P_0)$ の近傍 V への写像 $f : (x, y) \mapsto (X, Y)$ が, U から V への 1 対 1 の C^1 級の同相写像[23] であって, さらに点 P_0 で等角的であるとする. すなわち, $X = X(x, y), Y = Y(x, y)$ がともに U で偏微分可能であってその 1 階偏導関数はすべて U で連続であるだけでなく, それらの逆関数 $x = x(X, Y), y = y(X, Y)$ もまた V で偏微分可能でその 1 階偏導関数はすべて V で連続であるとし, さらに, 点 P_0 を通る 2 つの曲線 γ_1, γ_2 が点 P_0 でなす角 θ は, 符号も含めてそれらの像曲線 Γ_1, Γ_2 が点 Q_0 でなす角 Θ に等しいとする.

前節と同様に, 径数区間は共通に $[-1, 1]$ として選べ, 交点 P_0 は $t = 0$ に対応すると仮定できる. γ_k $(k = 1, 2)$ の径数表示を

$$\gamma_k : x = x_k(t), \quad y = y_k(t) \quad (-1 \leq t \leq 1)$$

とすると, Γ_k の表示は

$$X = X(x_k(t), y_k(t)) =: X_k(t), \quad Y = Y(x_k(t), y_k(t)) =: Y_k(t)$$
$$(-1 \leq t \leq 1)$$

となる. よく知られた内積と角との関係から,

$$\cos \theta = \frac{x_1'(0) x_2'(0) + y_1'(0) y_2'(0)}{\sqrt{x_1'^2(0) + y_1'^2(0)} \sqrt{x_2'^2(0) + y_2'^2(0)}},$$

$$\cos \Theta = \frac{X_1'(0) X_2'(0) + Y_1'(0) Y_2'(0)}{\sqrt{X_1'^2(0) + Y_1'^2(0)} \sqrt{X_2'^2(0) + Y_2'^2(0)}}$$

であるが, 後者を計算するために慣用の記号

$$X_x = \frac{\partial X}{\partial x}, \quad X_y = \frac{\partial X}{\partial y}, \quad Y_x = \frac{\partial Y}{\partial x}, \quad Y_y = \frac{\partial Y}{\partial y}$$

---

[22] 近傍という語は本書では未だ厳密には定義していないが, ここでは P_0 の近くというほどの意味と捉えておく. 正確な定義は 30 ページを参照.
[23] それ自身が C^1 級の写像であるだけではなく, 逆写像も存在してそれも C^1 級の写像であること. 当然 1 対 1 の写像である. 脚注 21 を参照.

1.5 等角写像

を用いると，合成微分の公式から

$$\begin{cases} X'_k(0) = X_x(x_k(0), y_k(0))x'_k(0) + X_y(x_k(0), y_k(0))y'_k(0) \\ Y'_k(0) = Y_x(x_k(0), y_k(0))x'_k(0) + Y_y(x_k(0), y_k(0))y'_k(0) \end{cases}$$

である．長大な式を避けるためにここでさらに記号を簡略化して

$$\sigma_k := x'_k(0), \qquad \tau_k := y'_k(0)$$

とし，さらに記号

$$\begin{cases} E := E(x_0, y_0) = X_x(x_0, y_0)^2 + Y_x(x_0, y_0)^2 \\ F := F(x_0, y_0) = X_x(x_0, y_0)X_y(x_0, y_0) + Y_x(x_0, y_0)Y_y(x_0, y_0) \\ G := G(x_0, y_0) = X_y(x_0, y_0)^2 + Y_y(x_0, y_0)^2 \end{cases}$$

を用いると[24]，$\cos \Theta = \dfrac{E\sigma_1\sigma_2 + F(\sigma_1\tau_2 + \sigma_2\tau_1) + G\tau_1\tau_2}{\sqrt{E\sigma_1^2 + 2F\sigma_1\tau_1 + G\tau_1^2}\sqrt{E\sigma_2^2 + 2F\sigma_2\tau_2 + G\tau_2^2}}.$

したがって，P_0 を通るどのような曲線の対についてもつねに $\theta = \Theta$ が成り立つことを仮定すれば，σ_k, τ_k のどのような選択に対しても

$$\frac{\sigma_1\sigma_2 + \tau_1\tau_2}{\sqrt{\sigma_1^2 + \tau_1^2}\sqrt{\sigma_2^2 + \tau_2^2}}$$
$$= \frac{E\sigma_1\sigma_2 + F(\sigma_1\tau_2 + \sigma_2\tau_1) + G\tau_1\tau_2}{\sqrt{E\sigma_1^2 + 2F\sigma_1\tau_1 + G\tau_1^2}\sqrt{E\sigma_2^2 + 2F\sigma_2\tau_2 + G\tau_2^2}}$$

が成り立たねばならない．たとえば $\sigma_1 = 0$, $\tau_1 \neq 0$ かつ $\sigma_2 \neq 0$, $\tau_2 = 0$ とすれば $F = 0$ が得られ，$\sigma_1\sigma_2 + \tau_1\tau_2 = 0$ かつ $\sigma_1, \sigma_2, \tau_1, \tau_2 \neq 0$ と選べば $E = G$ が得られる．すなわち等角性の必要条件として (点 $P_0(x_0, y_0)$ での等式)

$$X_x^2 + Y_x^2 = X_y^2 + Y_y^2, \qquad X_xX_y + Y_xY_y = 0$$

が得られた．それぞれから

$$X_x^2 - X_y^2 = Y_y^2 - Y_x^2, \qquad X_x^2 \cdot (-X_y^2) = -Y_x^2Y_y^2$$

となるので，解と係数の関係から，$X_x^2, -X_y^2$ は方程式

$$t^2 - (Y_y^2 - Y_x^2)t - Y_x^2Y_y^2 = 0$$

---

[24] E, F, G はガウスが第 1 基本量と名づけたものであるが，今はそのことを知らなくても先に進める．

の 2 つの解，すなわち，$-Y_x^2, Y_y^2$ である．よって

$$\begin{cases} X_x^2 = Y_y^2 \\ -X_y^2 = -Y_x^2 \end{cases} \quad \text{あるいは} \quad \begin{cases} X_x^2 = -Y_x^2 \\ -X_y^2 = Y_y^2 \end{cases}$$

であるが，符号の関係から後者は起こり得ない．したがって $X_x = \pm Y_y$, $Y_x = \pm X_y$ である（複号は 4 組すべての可能性がある）が，$F = 0$ から $X_x = \pm Y_y$, $Y_x = \mp X_y$（複号同順）が分かる．

さて，1 対 1 であることと偏微分可能性とから，（合成微分の公式を経由して）

$$\begin{vmatrix} X_x & X_y \\ Y_x & Y_y \end{vmatrix} \begin{vmatrix} x_X & x_Y \\ y_X & y_Y \end{vmatrix} = \begin{vmatrix} 1 & 0 \\ 0 & 1 \end{vmatrix}$$

を得るが，これより特に

$$J := \begin{vmatrix} X_x & X_y \\ Y_x & Y_y \end{vmatrix} \neq 0$$

が分かる．ここに現れた行列式 J は写像 $(x,y) \mapsto (X,Y)$ の**ヤコビ行列式**と呼ばれているものである．角の大きさがその符号を含めて等しいときには，上に示したことから，複号同順として

$$J = \begin{vmatrix} X_x & X_y \\ Y_x & Y_y \end{vmatrix} = X_x Y_y - X_y Y_x = \pm X_x^2 \pm Y_x^2 = \pm(X_x^2 + Y_y^2)$$

を得るが，この値は正でなければならない[25]．よって点 $P_0(x_0, y_0)$ での等式

$$X_x = Y_y, \quad Y_x = -X_y$$

が得られた．

上の議論は容易に逆にたどることができる．すなわち，点 $P_0(x_0, y_0)$ で等式 $X_x = Y_y$, $Y_x = -X_y$ が成り立っていれば，写像 $(x,y) \mapsto (X,Y)$ は点 P_0 で等角的である．

したがって，

---

[25] 角の大きさのみならずその符号も一致するならば Q_0 における Γ_k の接ベクトル $(X_k, Y_k)(k = 1, 2)$ の外積は P_0 における γ_k の接ベクトル $(x_k'(0), y_k'(0)) = (\sigma_k, \tau_k)(k = 1, 2)$ の外積の正定数倍である；ここに現れる正定数が J の値である．

1.5 等角写像

> **定理 1.3** 平面 $\mathbb{R}^2$ の 1 点 $P_0(x_0, y_0)$ の近く U で定義された C^1 級の同相写像
>
> $$U \ni (x,y) \mapsto (X,Y) \in V \ (V \subset \mathbb{R}^2)$$
>
> が点 P_0 で等角的であるための必要十分条件は，点 (x_0, y_0) で等式
>
> $$X_x = Y_y, \qquad Y_x = -X_y$$
>
> が成り立つことである [26]．

さて，一般に

$$X'_k(0)^2 + Y'_k(0)^2 = E\sigma_k^2 + 2F\sigma_k\tau_k + G\tau_k^2, \qquad k = 1, 2$$

であったことを思い起こそう．$J \neq 0$ の仮定の下では，容易に分かるように，

$$E > 0, \quad G > 0, \quad EG - F^2 > 0$$

である．

もし写像が P_0 で等角的であるならば，$E = G, F = 0$ だから，径数を固定する限り像曲線 Γ_k の接ベクトルの長さは γ_k の接ベクトルの長さの E 倍であることが分かる．E の値は曲線には依らず点 P_0 に依ってのみ定まるから，点 P_0 で等角的な写像については，Γ_1, Γ_2 の Q_0 における接ベクトルの長さの比は γ_1, γ_2 の P_0 における接ベクトルの長さの比に等しい．このことを表すのに**線分比一定**という語を用いることがある．

逆に，写像が点 P_0 で線分比一定であったとしよう．すなわち，任意の γ_1, γ_2 について，それらの交点 P_0 における接ベクトルの長さの比がそれぞれの像曲線 Γ_1, Γ_2 の点 Q_0 における接ベクトルの長さの比に等しかったとする．このとき，上に述べた一般的な等式から，$(\sigma_k, \tau_k) \neq (0,0)$ を満たす任意の (σ_k, τ_k) について

---

[26] この定理の仮定にある "同相性" は "ヤコビ行列式が点 P_0 で正" という仮定によって置き換えることができる．これをみるにはいわゆる**逆関数定理**を使えばよいが，詳細は紙幅の都合もあって割愛する．「関数論講義」に詳しい説明がある．

$$\frac{\sigma_1^2 + \tau_1^2}{\sigma_2^2 + \tau_2^2} = \frac{E\sigma_1^2 + 2F\sigma_1\tau_1 + G\tau_1^2}{E\sigma_2^2 + 2F\sigma_2\tau_2 + G\tau_2^2}$$

が成り立つ．先ほどと同じように，ベクトルの対 (σ_k, τ_k) $(k = 1, 2)$ を上手に選ぶことによって，$E = G$, $F = 0$ を得る．したがって，

$$X_x = \pm Y_y, \qquad Y_x = \mp X_y.$$

これは写像 $(x, y) \mapsto (X, Y)$ か $(x, y) \mapsto (X, -Y)$ かのいずれかが点 P_0 で等角的であることを示している．

以上をまとめると，

定理 1.4 1点 P_0 の近傍で1対1の C^1 同相写像について，その点 P_0 におけるヤコビ行列式の値が正であるならば，次の3つの条件は互いに同値である：
(1) 写像は点 P_0 で等角的である．
(2) 写像は点 P_0 で線分比一定である．
(3) 関数 X, Y は点 P_0 で関係式 $X_x = Y_y$, $X_y = -Y_x$ を満たす．

演習問題 I

1 平面に $\mathbb{R}^2$ おいて，原点に関して対称な2点は，立体射影で引き戻したとき，どのような位置関係にあるか？

2 前問と同様の問題を，実軸に関して対称な2点，あるいは単位円周に関して対称[27]な2点について考えよ．

3 2つの実数 x_1, x_2 に対して $\delta(x_1, x_2) := |\mathrm{Tan}^{-1} x_1 - \mathrm{Tan}^{-1} x_2|$ とおけば，$\delta(\cdot, \cdot)$ は $\mathbb{R}$ に距離を定める[28]ことを示せ．ただし，逆正接関数 $\mathrm{Tan}^{-1} x$ は区間 $(-\pi/2, \pi/2)$ に値をもつようにとられているものとする．

4 前問における δ の定義を x_1, x_2 の一方（または双方）が $-\infty$ あるいは $+\infty$ のときに拡張することができて，さらにこの新しい定義の下では δ は $\mathbb{R} \cup \{-\infty\} \cup \{+\infty\}$ に距離を定めることを示せ．また，$\delta(-\infty, +\infty)$ を求めよ．

5 Σ の2点 $Q_1(\xi_1, \eta_1, \zeta_1), Q_2(\xi_2, \eta_2, \zeta_2)$ に対して

---

[27] 原点 O ではない2点 P_1, P_2 が単位円周に関して対称であるとは，P_1, P_2 が O から出る半直線上にあり，しかも $\overline{OP_1}\,\overline{OP_2} = 1$ が成り立つときをいう．
[28] すなわち，次の3つの性質を持つ：(i) $\delta(x_1, x_2) \geq 0$; (i') $\delta(x_1, x_2) = 0 \Leftrightarrow x_1 = x_2$; (ii) $\delta(x_1, x_2) = \delta(x_2, x_1)$; (iii) $\delta(x_1, x_2) + \delta(x_2, x_3) \geq \delta(x_1, x_3)$.

演 習 問 題 I   21

$$\chi(Q_1, Q_2) := \sqrt{(\xi_1 - \xi_2)^2 + (\eta_1 - \eta_2)^2 + (\zeta_1 - \zeta_2)^2}$$

とおくと，χ は Σ 上の距離を定める．これを幾何学的に示せ．

6. 北極 N と南極 S とに対して距離 $\chi(N, S)$ を計算せよ．

7. $\mathfrak{R} = \mathbb{R}^2 \cup \{\infty\}$ の 2 点 P_1, P_2 に対し $\tilde{\chi}(P_1, P_2) = \chi(\mathrm{pr}^{-1}(P_1), \mathrm{pr}^{-1}(P_2))$ と定義すると，$\tilde{\chi}$ は $\mathfrak{R}$ 上の距離を定める．これを確認せよ．これを**球面弦距離**と呼ぶ．

8. 前問における 2 点 $P_1(x_1, y_1), P_2(x_2, y_2)$ がともに無限遠点ではないとき，$\tilde{\chi}(P_1, P_2)$ を座標を用いて書き表せ．また P_2 が無限遠点であるときはどうなるか．

9. 脚注 10) で考えた集合 $\mathbb{R} \cup \{-\infty\} \cup \{+\infty\}$ はコンパクトであることを示せ．

10. (x, y) 平面から (u, v) 平面への対応 $u(x, y) = x^2 - y^2$, $v(x, y) = 2xy$ において，直線 $x = \alpha$ の像を調べよ．直線 $y = \beta$ の像についてはどうか．さらに $\alpha^2 + \beta^2 \ne 0$ とするとき像曲線が互いに直角に交わることを確かめよ．ただし $\alpha, \beta \in \mathbb{R}$．

11. 前問における対応 $(x, y) \mapsto (u, v)$ において，(u, v) 平面の半平面 $\{(u, v) \in \mathbb{R}^2 \mid u > 0\}$ の逆像はどんな集合か？

12. (x, y) 平面から (u, v) 平面への対応 $u(x, y) = x^2 - y^2$, $v(x, y) = 2xy$ は，半平面 $\{(x, y) \in \mathbb{R}^2 \mid x > 0\}$ における等角写像を与えることを示せ．また像集合を決定せよ．

13. 放物線 $x = -y^2 + 1$ の原点を含まない側を半平面の上に 1 対 1 等角写像する関数を求めよ．

14. 関数 $u(x, y) = x/(x^2 + y^2)$, $v(x, y) = -y/(x^2 + y^2)$ は，原点を中心とする円周を同様の円周（の一部分）に写すことを示せ．半径の間の関係を見い出せ．また，原点から出る半直線についてはどうか．

15. 前問の写像には逆写像があることを示せ．またこれを具体的に求めよ．

16. 関数 $u(x, y) = x/(x^2 + y^2)$, $v(x, y) = -y/(x^2 + y^2)$ は，$\{(x, y) \in \mathbb{R}^2 \mid x^2 + y^2 > 0\}$ から $\{(u, v) \in \mathbb{R}^2 \mid u^2 + v^2 > 0\}$ の上への等角写像を与えることを示せ．

17. 球面 $\Sigma : \xi^2 + \eta^2 + \zeta^2 = 1$ 上の点を，地球表面の緯度と経度のように，$\xi = \cos\varphi\cos\theta$, $\eta = \cos\varphi\sin\theta$, $\zeta = \sin\varphi$ $(-\pi/2 < \varphi < \pi/2, -\pi < \theta \le \pi)$ と表すとき，$u = \theta$, $v = \log\tan\left(\dfrac{\varphi}{2} + \dfrac{\pi}{4}\right)$ で定められる写像 $(\theta, \varphi) \mapsto (u, v)$ の等角性について調べよ．

18. 半平面 $\{(x, y) \in \mathbb{R}^2 \mid x > 0\}$ において，関数 $u(x, y) := \log\sqrt{x^2 + y^2}$, $v(x, y) := \mathrm{Tan}^{-1} y/x$ によって定義された写像 $(x, y) \mapsto (u, v)$ の像集合を調べよ．ただし，逆正接関数はその値を区間 $(-\pi/2, \pi/2)$ に持つものとする．

19. 上の写像 $(x, y) \mapsto (u, v)$ は逆写像を持つことを示し，その具体的な形を求めよ．

20. 関数 $u(x, y) := \log\sqrt{x^2 + y^2}$, $v(x, y) := \mathrm{Tan}^{-1} y/x$ によって定められた写像は半平面 $\{(x, y) \in \mathbb{R}^2 \mid x > 0\}$ において等角的であることを示せ．

22. 実数列 $(a_n)_{n=1,2,\ldots}$ のある部分列 $(a_{n_k})_{k=1,2,\ldots}$ が実数 a_* に収束することの定義を脚注 8) にならって与えよ．

第2章

複素平面

2.1 複素数

2次方程式 $x^2 = -1$ は実数の世界には解をもたないが，この解を理想的に考えてその1つを i と書き，さらに，2つの実数 a, b によって $a + ib$ の形で表されたものを**複素数**と呼ぶことはよく知られている．2つの複素数 $a + ib$ と $a' + ib'$ が等しいというのは $a = a', b = b'$ のときと考える．実数とは違って複素数においては大小関係が考えられない．特に，$-i$ が負の数であるなどと誤解しないように注意．

複素数の全体を記号 $\mathbb{C}$ で表すのが普通である．$0 + ib \, (b \neq 0)$ の形の複素数を**純虚数**と呼び，特に $i = 0 + i1$ を**虚数単位**と呼ぶ．$\mathbb{R}$ は $\mathbb{C}$ の一部分と考えてよい；$a + i0 \in \mathbb{C}$ はそのまま $a \in \mathbb{R}$ と考えて，**実数**と呼び続ける．

複素数の世界における加法と乗法とは

加法： $(a + ib) + (c + id) = (a + c) + i(b + d),$

乗法： $(a + ib) \times (c + id) = (ac - bd) + i(ad + bc)$

によって定義される．減法と除法を定義するには，その定義[1]から，たとえば x, y を未知数とする方程式

$$(a + ib) + (x + iy) = c + id \quad \text{あるいは} \quad (a + ib) \times (x + iy) = c + id$$

を解けばよい．これより，

$$x = c - a, \, y = d - b \quad \text{あるいは} \quad x = \frac{ac + bd}{a^2 + b^2}, \, y = \frac{ad - bc}{a^2 + b^2}$$

---

[1] それぞれ加法・乗法の逆演算．

を得る．すなわち，計算規則としては

$$\text{減法：} \quad (c+id)-(a+ib) = (c-a)+i(d-b),$$

$$\text{除法：} \quad \frac{c+id}{a+ib} = \frac{ac+bd}{a^2+b^2} + i\frac{ad-bc}{a^2+b^2}$$

を得る．

複素数の世界では，$1+i0$ および $0+i0$ がそれぞれ従来の意味での 1 および 0 の働き[2]をする．

複素数の四則演算は，複素数であることをことさら意識せずに行えるところにその価値がある．たとえば，交換法則，分配法則などは形式的にそのままの形で成り立つ．特に，任意の複素数 z と任意の自然数 m について z^m が定義されることや，基本的な指数法則の成り立つこと，さらには $z^0 = 1$ と考えるのが適当であることなど，実数の場合と同様である．

例題 2.1 ──────────────── 零でない複素数の積 ─

0 でない 2 つの複素数の積は 0 でない．すなわち，

$$z_1, z_2 \in \mathbb{C},\ z_1 z_2 = 0 \Rightarrow z_1 = 0\ \text{あるいは}\ z_2 = 0$$

であることを示せ．

[解答] $z_1 = a+ib,\ z_2 = c+id$ と書くとき，仮定は

$$0 = z_1 z_2 = (a+ib)(c+id) = (ac-bd) + i(ad+bc)$$

だから，$ac-bd = 0$ かつ $ad+bc = 0$．

今，もし $z_2 = 0$ ならば示すべきことは何もないから，$z_2 \neq 0$ と仮定する．これは $c^2 + d^2 \neq 0$ を意味する．a, b を未知数と見たときの係数行列式は

$$\begin{vmatrix} c & -d \\ d & c \end{vmatrix} = c^2 + d^2 \neq 0$$

であるから，$a = b = 0$，すなわち $z_1 = 0$． ▨

既によく知っているように，実係数の 2 次方程式は，解を複素数の範囲まで

---

[2] どんな複素数 c についても $1 \cdot c = c \cdot 1 = c$ および $0 + c = c + 0 = c$ が成り立つ．

許して初めて，一般に解をもつ．その解はいわゆる解の公式で与えられた．複素数を係数とした2次方程式を考えても全く同様に解の公式は作れる．すなわち，複素数の世界では2次方程式は例外なく解ける： 3つの複素数 $\alpha, \beta, \gamma \in \mathbb{C}$ (ただし α と β は同時に 0 になることはないとする) に対して (z を未知とする) 2次方程式 $\alpha z^2 + \beta z + \gamma = 0$ の解は

$$\begin{cases} \alpha = 0 \text{ のとき} & z = -\dfrac{\gamma}{\beta} \\ \alpha \neq 0 \text{ のとき} & z = \dfrac{-\beta \pm \sqrt{\beta^2 - 4\alpha\gamma}}{2\alpha} \end{cases}$$

で与えられる．これを確かめるためには，この公式を示す途中の段階で"任意の複素数の平方根が(複素数として)見い出されること"を確かめねばならないが，これは次に挙げる例題において確認される．

例題 2.2 ──────────────────── 複素数の平方根 ─

0 ではない任意の複素数の平方根はちょうど2つ見い出されることを示せ．

[解答] $\lambda \in \mathbb{C}, \lambda \neq 0$ に対して，複素数 z_1, z_2 が $z_1^2 = \lambda$ および $z_2^2 = \lambda$ を満たしたとすれば，$z_1 \neq 0, z_2 \neq 0$ である．仮定によって $z_1^2 = z_2^2$ であるから $(z_1+z_2)(z_1-z_2) = 0$. したがって (例題 2.1 から)

$$z_1 = z_2 \quad \text{あるいは} \quad z_1 = -z_2$$

となるが，これらの2つは同時には起こらない[3]．したがって方程式 $z^2 = \lambda$ は $\lambda \neq 0$ である限りちょうど2つの解をもつ．

次に，方程式 $z^2 = \lambda$ を解くために，$\lambda = p + iq, z = x + iy$ とおいて

$$(x + iy)^2 = p + iq, \qquad p, q \in \mathbb{R}; \quad p^2 + q^2 \neq 0$$

を考える．与えられた方程式は $p, q \in \mathbb{R}$ に対する方程式

$$x^2 - y^2 = p, \qquad 2xy = q$$

と同値である．これが2組の実数解をもつことを示す．$q = 0$ のときは容易[4]だから

---

[3] 実際，もし2つの等式が同時に起こったとすると $2z_1 = 0$ すなわち (例題 2.1 から) $z_1 = 0$ となって矛盾に達する．

[4] このときには必然的に $p \neq 0$ であって，与えられた方程式の解は，$p > 0, p < 0$ に応じて $\pm\sqrt{p}$ あるいは $\pm i\sqrt{-p}$ である．

2.1 複素数

$q \neq 0$ としてよい.このとき $x \neq 0$ である.第2式から $y = \dfrac{q}{2x}$ だから,これを第1式に代入して得られる(実数世界での)2次方程式

$$4x^4 - 4px^2 - q^2 = 0$$

を解けば $x^2 = \dfrac{2p \pm \sqrt{4p^2 + 4q^2}}{4} = \dfrac{p \pm \sqrt{p^2 + q^2}}{2}$ を得るが,$x^2 \geq 0$ だから複号のうち正符号だけが可能で,

$$x = \pm\sqrt{\dfrac{p + \sqrt{p^2 + q^2}}{2}}.$$

このとき(以下の複号は x の複号と同順として)

$$y = \dfrac{q}{2x} = \pm \dfrac{q}{\sqrt{2(p + \sqrt{p^2 + q^2})}} = \pm \dfrac{q}{|q|}\sqrt{\dfrac{\sqrt{p^2 + q^2} - p}{2}}$$

すなわち

$$z = \pm\sqrt{\dfrac{p + \sqrt{p^2 + q^2}}{2}} \pm i\dfrac{q}{|q|}\sqrt{\dfrac{\sqrt{p^2 + q^2} - p}{2}}$$

$$= \pm\dfrac{\sqrt{\sqrt{p^2 + q^2} + p} + i\dfrac{q}{|q|}\sqrt{\sqrt{p^2 + q^2} - p}}{\sqrt{2}}$$

が2つの解であることが分かった. ▨

高次の方程式に関する同様の結果(n 次方程式は,重複するものはその重複度だけ重ねて数えることにすれば,n 個の解をもつこと)はガウスによって証明され,代数学の基本定理と呼ばれる重要な結果であるが,それは本書 162 ページで厳密に示される.

複素数を構成的に把握することは本来重要なことであるが,本書では詳細には立ち入れない.しかし例えば,複素数 $a + ib$ を 2×2 実行列

$$M(a,b) := \begin{bmatrix} a & b \\ -b & a \end{bmatrix}$$

に対応づけることによって,実体のあるものとして理解されるであろう(章末問題参照).

2.2 複素平面

1つの複素数には平面の1つの点を対応させることができる:

$$\mathbb{C} \ni a+ib \leftrightarrow (a,b) \in \mathbb{R}^2.$$

これは複素数の全体から平面の全体への1対1の対応である.このように眺めた平面を**ガウス平面**,あるいは**複素平面**と呼ぶ.複素数 $a+ib$ は,平面 $\mathbb{R}^2$ の直交座標系 (x,y) の点 (a,b) に対応するので,一般に $z = x+iy$ とおいてこの平面を z 平面と呼ぶ.また,複素数 z という代わりに点 z という表現も許す[5]. 直交座標系 (x,y) という呼び名と同じ理由で,z をこの平面の**複素座標**と呼ぶ. また,x 軸,y 軸を,それぞれ**実軸**,**虚軸**と呼ぶ.以下では複素数を一般的な記号 $z = x+iy$ によって表す (個々の複素数と座標系の区別は文脈によって容易である).このとき x, y を複素数 z の**実部**,**虚部**といい,$x = \operatorname{Re} z$, $y = \operatorname{Im} z$ と書く.複素数 $x-iy$ を $z = x+iy$ の [**複素**] **共 役**と呼び,記号 $\bar{z}$ で示す. また,複素数 $z = x+iy$ に対して $\sqrt{x^2+y^2}$ を $|z|$ と書き,これを z の**絶対値**と呼ぶ.任意の2点 $z_1, z_2 \in \mathbb{C}$ の間の距離は $|z_1 - z_2|$ によって与えられる.実際,$z_k = x_k + iy_k$ $(k=1,2)$ と書くとき,

$$|z_1 - z_2| = \sqrt{(x_1-x_2)^2 + (y_1-y_2)^2}$$

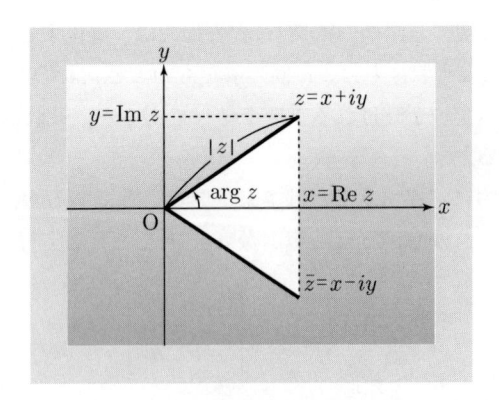

図 2.1

---

[5]たとえば,複素数列と点列は対応する概念になる.

はピタゴラスの定理によって 2 点 $(x_1, y_1), (x_2, y_2)$ の距離を表している[6]．

平面の極座標系 (r, θ) を用いれば，原点を除いて $x = r\cos\theta, y = r\sin\theta$ であるから，0 でない複素数 $z = x + iy$ はまた

$$z = r(\cos\theta + i\sin\theta)$$

とも書ける．これを複素数 z の**極座標表示**と呼ぶ．θ は複素数 z の**偏角**といい $\arg z$ によって書き表すが，これには 2π の整数倍を加える自由度が常にある．

定理 2.1 （ド・モアブルの公式） 複素数 $z = r(\cos\theta + i\sin\theta)$ と整数 n に対して
$$z^n = r^n(\cos n\theta + i\sin n\theta).$$

証明は数学的帰納法によるが，困難ではないので割愛する．次に述べる公式も既知であろう．

任意の $z, w \in \mathbb{C}$ に対して：
(1) $\overline{z+w} = \bar{z} + \bar{w}, \quad \overline{zw} = \bar{z}\bar{w}, \quad \bar{\bar{z}} = z.$
(2) $\operatorname{Re} z = \dfrac{1}{2}(z + \bar{z}), \quad \operatorname{Im} z = \dfrac{1}{2i}(z - \bar{z}).$
(3) $|\bar{z}| = |z|, \quad |z|^2 = z\bar{z}, \quad |zw| = |z||w|.$
(4) $|z| \geq 0;\quad$ 等号は $z = 0$ のときかつそのときに限って成り立つ．
(5) $||z| - |w|| \leq |z + w| \leq |z| + |w|.$

最後の不等式は，平面上の 3 角形の 2 辺の和 (差) が他の 1 辺よりも長い (短い) ことを示すので，**3 角不等式**と呼ばれている．この不等式から，特に

$$\left.\begin{array}{r}|\operatorname{Re} z| \\ |\operatorname{Im} z|\end{array}\right\} \leq |z| \leq |\operatorname{Re} z| + |\operatorname{Im} z|$$

が分かるが，これは複素数 (の絶対値) を評価する際にしばしば有用である．

3 角不等式から，複素数列の収束・発散が容易に定義される．すなわち，複素数の列 $(z_n)_{n=1,2,\ldots}$ が $n \to \infty$ のとき複素数 z_* に**収束**するというのは

---

[6] このように定義された距離は，**ユークリッド距離**と呼ばれることが多い．

であることと定義するのが自然であろう．これについては後に再びふれる．

$\mathbb{C}$ が $\mathbb{R}$ 上の2次元ベクトル空間であることも容易に分かる．2つの複素数の和・差はベクトルの和・差に対応する．また，2つの複素数の積・商を表す点を複素平面で表せば図 2.2 のようになる．

$$\operatorname{Re} z_n \to \operatorname{Re} z_*, \qquad \operatorname{Im} z_n \to \operatorname{Im} z_* \qquad (n \to \infty)$$

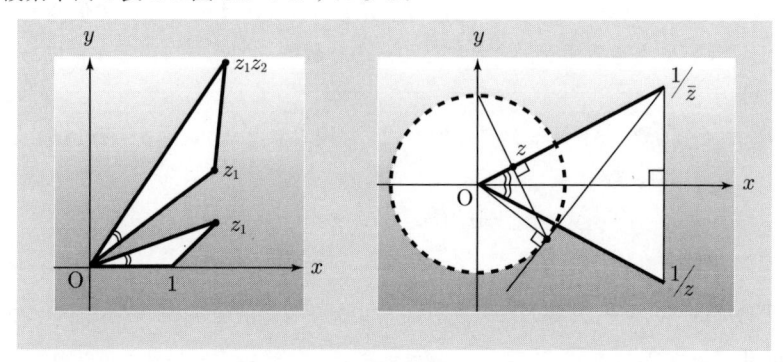

図 2.2

次の不等式は，ベクトル空間においてよく知られたもので，3角不等式と並んで重要である．

例題 2.3 ――――――――――――――― コーシー-シュヴァルツの不等式 ―

任意の複素数 a, b, α, β に対して
$$|a\alpha + b\beta| \leq \sqrt{|a|^2 + |b|^2}\sqrt{|\alpha|^2 + |\beta|^2}$$
等号は $a : b = \bar{\alpha} : \bar{\beta}$ のとき，かつそのときに限って成り立つことを示せ．

[解答] 3角不等式によって $|a\alpha + b\beta| \leq |a||\alpha| + |b||\beta|$ が成り立つから，$|a||\alpha| + |b||\beta| \leq \sqrt{|a|^2 + |b|^2}\sqrt{|\alpha|^2 + |\beta|^2}$ を示せばよい．言い換えれば，最初から a, b, α, β は (正の) 実数と考えてよい．しかしその場合の不等式は既によく知られている．また，等号が成り立つのは
$$\frac{a\alpha}{b\beta} > 0 \quad \text{かつ} \quad \frac{|a|}{|\alpha|} = \frac{|b|}{|\beta|}$$
のとき[7]すなわち $a/b = \overline{(\alpha/\beta)}$ のときである (b や β が 0 のときも容易)．　▨

---

[7] 第1の条件 (不等式) は証明の最初に用いた3角不等式における等号成立条件，また第2の条件 (等式) は実数に対するコーシー-シュヴァルツ不等式における等号成立条件である．

注意 念のために実数の場合の証明 (の 1 つ) の方針を述べておく. a, α, b, β を実数とするとき, 任意の実数 t に対して

$$(\alpha^2 + \beta^2)t^2 + 2(a\alpha + b\beta)t + (a^2 + b^2) = (\alpha t + a)^2 + (\beta t + b)^2 \geq 0$$

であるから, この 2 次式の判別式は非正である:

$$(a\alpha + b\beta)^2 - (\alpha^2 + \beta^2)(a^2 + b^2) \leq 0.$$

これは証明すべき不等式を示している. 等号は方程式

$$(\alpha^2 + \beta^2)t^2 + 2(a\alpha + b\beta)t + (a^2 + b^2) = 0$$

が重解をもつときで, そのときこの重解を ρ と書けば $a/\alpha = b/\beta (= -\rho)$.

例題 2.4 ─────────────────── 直線の方程式 ─

平面内の**直線**は方程式 $\text{Im}[\lambda(z - z_0)] = 0$ で表されることを示せ. ただし $\lambda \in \mathbb{C}, \lambda \neq 0$.

解答 点 (x_0, y_0) を通る直線は, 実数 p, q $(p^2 + q^2 \neq 0)$ を用いて

$$p(x - x_0) + q(y - y_0) = 0$$

と書けるが, これは容易に $\text{Im}[(q + ip)(z - z_0)] = 0$ と書き換えられる. ▨

例題 2.5 ─────────────── 円周の方程式と円板 ─

中心 a, 半径 $r \, (> 0)$ の**円周**は, 方程式 $|z - a| = r$ で表される. また, 中心が $a \in \mathbb{C}$, 半径が $r \, (> 0)$ の**円板**は, それが円周を含むか含まないかにしたがって

$$\mathbb{D}(a, r) := \{z \in \mathbb{C} \mid |z - a| < r\} \text{ あるいは } \overline{\mathbb{D}(a, r)} := \{z \in \mathbb{C} \mid |z - a| \leq r\}$$

で与えられることを示せ.

解答 $a = \alpha + i\beta \, (\alpha, \beta \in \mathbb{R})$ とおく. 点 (α, β) を中心とする半径 $r \, (> 0)$ の円周は,

$$(x - \alpha)^2 + (y - \beta)^2 = r^2$$

と書けるが, これは容易に $|z - a|^2 = r^2$ と書き換えられる. ▨

2.3 開集合・閉集合

点 $z\in\mathbb{C}$ と数 $\varepsilon>0$ とに対して，円板 $\mathbb{D}(z,\varepsilon)$ を点 z の ε-**近傍**と呼ぶ．$\mathbb{C}$ の部分集合 G が**開集合**であるとは，どんな点 $z\in G$ に対しても，数 $\varepsilon>0$ をうまく選べば，$\mathbb{D}(z,\varepsilon)\subset G$ とできることをいう[8]．点 $a\in\mathbb{C}$ を含む開集合を点 a の**近傍**と呼ぶ．また，a の近傍から点 a を取り去った集合を a の**穴あき近傍**と呼ぶことがある．なお，**空集合** $\varnothing$ もまた開集合のひとつと考える．

例題 2.6 ────────────────── 開集合の基本的な性質 ─

次の (1)〜(3) を示せ．
(1) $G_1,G_2,\ldots,G_N$ が開集合ならばそれらの合併集合 $G_1\cup G_2\cup\cdots\cup G_N$ もまた開集合である．
(2) $G_1,G_2,G_3,\ldots$ が開集合ならば $\bigcup_{n=1}^{\infty}G_n$ もまた開集合である．
(3) $G_\lambda\ (\lambda\in\Lambda)$ が開集合ならば $\bigcup_{\lambda\in\Lambda}G_\lambda$ もまた開集合である．

注意 ここで，Λ は添え字の集合と呼ばれるもので，常識的な意味での番号付けの一般化である．いわば開集合のゼッケンのようなものと思えばよい．主張 (1) では N 個の開集合が登場しているのに対し，主張 (2) では次から次へと開集合が登場していて果てしない．主張 (3) ではもはや通常の番号づけとは限らない方法で識別された開集合が与えられている．(正確な数学的表現に依れば，Λ は可算濃度の集合とは限らない．) もちろん，主張 (1), (2), (3) が順次一般化された形になっていることは明らかであろう．

解答 上の注意によって (3) だけを示せば十分である．$z\in\bigcup_{\lambda\in\Lambda}G_\lambda$ とする．集合の合併の定義によって z はどれかの G_λ に属する．G_λ は開集合であるから，ある $\varepsilon>0$ に対して $\mathbb{D}(z,\varepsilon)\subset G_\lambda$ が成り立つ．したがって $\mathbb{D}(z,\varepsilon)\subset\bigcup_{\lambda\in\Lambda}G_\lambda$ が成り立つ．すなわち $\bigcup_{\lambda\in\Lambda}G_\lambda$ は開集合である． ▨

平面の集合は，その補集合[9]が開集合であるとき**閉集合**と呼ばれる．$\mathbb{C}$ は定義によって開集合だから，空集合 $\varnothing$ は閉集合でもある．開集合の場合と双対的

---
[8] 開集合であることは，その各点において"自分の周りはすべて仲間ばかり"という性質が成り立つことである．
[9] 2 つの集合 X,Y の差集合については既に 7 ページの脚注 12) で述べたが，特に X が全集合のときには差集合 $X\setminus A$ を A の**補集合**と呼んで記号 A^c で表す．以下では主として $X=\mathbb{C}$ が扱われる．

に, F_λ ($\lambda \in \Lambda$) が閉集合ならばそれらの共通部分 $\bigcap_{\lambda \in \Lambda} F_\lambda$ は閉集合である. この主張は上の例題とよく知られたド・モルガンの双対定理[10]とから直ちにしたがう.

任意の集合 $E \subset \mathbb{C}$ について E を含むすべての閉集合の共通部分は常に閉集合であるが, これを E の**閉包**といい, 記号 $\bar{E}$ によって示す. 容易に分かるように, E の閉包は E を含む最小の閉集合である. すなわち F が E を含む閉集合ならば $F \supset \bar{E}$ である. 閉集合とはその閉包がもとの集合に一致するものにほかならない. 実際, E が閉集合ならば, E 自身 E を含む閉集合であって閉包の定義から $\bar{E} = E$. 逆に, $\bar{E} = E$ ならば E は明らかに閉集合である.

複素平面 $\mathbb{C}$ の点の列 $(z_n)_{n=1,2,...}$ が点 $z_* \in \mathbb{C}$ に収束するとは, 既述のように, $n \to \infty$ とき $|z_n - z_*|$ が限りなく 0 に近づくこと, すなわち[11]

"正数 ε をどんなに小さく与えても,

自然数 N を上手に選べば,

N より大きなすべての番号 n について

不等式 $|z_n - z_*| < \varepsilon$ が成り立つ"

ことをいう.

点 z_* は点列 $(z_n)_{n=1,2,...}$ の**極限点**と呼ばれ, 記号として

$$\lim_{n \to \infty} z_n = z_*$$

が用いられる.

平面の部分集合 E の点からなる列 $(z_n)_{n=1,2,...}$ がある点 $z_* \in \mathbb{C}$ に収束するならば, $z_* \in \bar{E}$ である. 実際, もしも $z_* \notin \bar{E}$ であったとすると, $\bar{E}^c$ は開集合だから, 適当な $\rho > 0$ を見つけて $\mathbb{D}(z_*, \rho) \subset \bar{E}^c$ とできる. 点列 (z_n) は z_* に収束するから, 大きな番号 n については $z_n \in \mathbb{D}(z_*, \rho)$ のはずであり, したがってこのような z_n は $\bar{E}$ に属し得ない. すなわち E にも属し得ない. これは明らかに矛盾であるから, 主張 $z_* \in \bar{E}$ が正しいことを知る.

以上のことから次の定理を得る.

---

[10] (ド・モルガンの双対定理) 平面の集合からなる任意の族 A_λ ($\lambda \in \Lambda$) に対して $\left(\bigcup_{\lambda \in \Lambda} A_\lambda\right)^c = \bigcap_{\lambda \in \Lambda} A_\lambda^c$, $\left(\bigcap_{\lambda \in \Lambda} A_\lambda\right)^c = \bigcup_{\lambda \in \Lambda} A_\lambda^c$.

[11] 以下の内容の簡潔な表現は $\forall \varepsilon > 0 \ \exists N \in \mathbb{N} \ \forall n > N \ z_n \in \mathbb{D}(z_*, \varepsilon)$.

> **定理 2.2** 平面の閉集合 E に含まれる点列が収束すれば，極限点もまた E に属する．

次の例題は，例題 2.5 で与えた記号 $\overline{\mathbb{D}(a,\rho)}$ が (集合の閉包の記号との関係で) 合理的なものであったことを示している．

例題 2.7 ────────────────── 開円板とその閉包 ─

円板 $\mathbb{D}(a,\rho)$ は開集合であり[12]，その閉包は $\overline{\mathbb{D}(a,\rho)}$ である[13]ことを示せ．

[解答] 前半を示すために，任意に $z \in \mathbb{D}(a,\rho)$ をとる．$|z-a| < \rho$ であるから，$\varepsilon > 0$ を十分小さく (具体的には $0 < \varepsilon < \rho - |z-a|$ を満たすように)[14] とれば，任意の $\zeta \in \mathbb{D}(z,\varepsilon)$ について

$$|\zeta - a| \leq |\zeta - z| + |z - a| < \varepsilon + |z - a| < \rho$$

であるから，$\mathbb{D}(z,\varepsilon) \subset \mathbb{D}(a,\rho)$ である．すなわち $\mathbb{D}(a,\rho)$ は開集合である．

後半のためには次の 2 つのことを示せばよい．
(1) $\overline{\mathbb{D}(a,\rho)}$ が閉集合であること．
(2) 閉集合 $F(\subset \mathbb{C})$ が $F \supset \mathbb{D}(a,\rho)$ を満たせば $F \supset \overline{\mathbb{D}(a,\rho)}$ であること．

まず，(1) を示すために $z \in \mathbb{C} \setminus \overline{\mathbb{D}(a,\rho)}$ をとる．$|z-a| > \rho$ であるから，ある $\varepsilon > 0$ に対して $|z-a| = \rho + \varepsilon$ である．このとき任意の $\zeta \in \mathbb{D}(z,\varepsilon/2)$ は

$$|\zeta - a| \geq ||\zeta - z| - |z - a|| \geq (\rho + \varepsilon) - \varepsilon/2 = \rho + \varepsilon/2 > \rho$$

を満たすから，$\zeta \in \mathbb{C} \setminus \overline{\mathbb{D}(a,\rho)}$．すなわち，$\mathbb{D}(z,\varepsilon/2) \subset \mathbb{C} \setminus \overline{\mathbb{D}(a,\rho)}$．したがって，$\overline{\mathbb{D}(a,\rho)}^c$ は開集合，$\overline{\mathbb{D}(a,\rho)}$ は閉集合である．

(2) を示すために，$F \supset \mathbb{D}(a,\rho)$ を満たす閉集合 $F(\subset \mathbb{C})$ と任意の $z \in F^c$ をとるとき，$z \notin \overline{\mathbb{D}(a,\rho)}$ となることを示せばよい．まず，F^c は開集合であるから，ある $\varepsilon > 0$ について $\mathbb{D}(z,\varepsilon) \subset F^c$ を満たす．$F^c \subset \mathbb{C} \setminus \mathbb{D}(a,\rho)$ だから

$$\mathbb{D}(z,\varepsilon) \cap \mathbb{D}(a,\rho) = \varnothing.$$

これは $|z-a| \geq \rho + \varepsilon > \rho$ を意味するから，$z \notin \overline{\mathbb{D}(a,\rho)}$．　　∎

---

[12] この理由で，円板 $\mathbb{D}(a,\rho)$ は**開円板**と呼ばれることが多い．
[13] 前注と同じ理由で $\overline{\mathbb{D}(a,\rho)}$ を**閉円板**と呼ぶ．
[14] たとえば $\varepsilon := (\rho - |z-a|)/2$．

2.3 開集合・閉集合

極限点に類似の概念として集積点がある[15]．点 $\zeta \in \mathbb{C}$ が集合 $E(\subset \mathbb{C})$ の**集積点**であるとは，どんな [に小さな] $\varepsilon > 0$ に対しても $E \cap \mathbb{D}(\zeta,\varepsilon) \backslash \{\zeta\} \neq \varnothing$ が成り立つことである．この条件を

$$\forall \varepsilon > 0 \; \exists z \in E \; z \in \mathbb{D}(\zeta,\varepsilon) \backslash \{\zeta\}$$

と書けば，収束概念との関係が見通せるであろう．

定理 2.3 平面の集合 E について，E の閉包 $\bar{E}$ は E とその集積点の全体とからなる．

集合 E からその閉包 $\bar{E}$ を拵えたのと同様に——より正確に言えば"双対的に"——E に含まれる最大の開集合を拵えることができる： E の開部分集合の合併 E° を考えればよい．E° を E の**内部**あるいは**開核**と呼び，E° に属する点を E の**内点**と呼ぶ．開集合とは，その内部に一致する集合，あるいはそのすべての点が内点であるような集合に他ならない．

集合の外点や外部の概念も同様に定義される．平面の部分集合 E の閉包 $\bar{E}$ の補集合 $\bar{E}^c$ は開集合であるが，これを E の**外部**と呼び $\bar{E}^c$ の点を E の**外点**と呼ぶ．平面の点は E の立場から 2 種——E に属する点と E に属さない点と——に分類されるが，しかし新しい分類が得られた：E の内点，E の外点，およびいずれでもない点，の 3 種である．E の内点でも外点でもない点を E の**境界点**と呼ぶ．容易に確かめられるように，点 $\zeta \in \mathbb{C}$ が E の境界点であるのは，どんな [に小さな] $\varepsilon > 0$ に対しても

$$E \cap \mathbb{D}(\zeta,\varepsilon) \neq \varnothing, \qquad E^c \cap \mathbb{D}(\zeta,\varepsilon) \neq \varnothing$$

が成り立つとき，かつそのようなときに限る．

平面の集合 X が**有界**であるとは，ある正数 R に対して $X \subset \mathbb{D}(0,R)$ が成り立つことである．つまり複素平面の集合の有界性とは原点からの距離の有界性のことであり，個々の複素数の絶対値によりいったん実数化して考えたものにほかならない．有界閉集合には次の有用な性質がある．

---

[15] 点列から集合へという意味では一般化であるが，同じ点 ζ を繰り返し並べた点列の極限点として ζ 自身を取ることができるのに対して，この点列を集合と見たときには ζ を集積点とは呼べない；この集合は唯 1 つの点から成るものでその周りに仲間はいない．

> **定理 2.4** (ボルツァーノ-ワイエルシュトラスの定理) 平面の有界閉集合 K に含まれる任意の無限点列 $(z_n)_{n=1,2,...}$ に対し,適当な部分列 $(z_{n_k})_{k=1,2,...}$ とある $z_* \in K$ を見つけて $z_{n_k} \to z_*\,(k \to \infty)$ とすることができる.

注意 (1) 無限点列は実際に互いに異なっている必要はない.同じ点が無限に続けば,それはそれで自分自身に収束していると考えることができる.(ただし,既に注意したように,収束するとはいうが集積するとはいわない.)
(2) この定理の証明は,実直線上の有限閉区間に対する同様の主張に対する証明と本質的に同じであるので割愛する.
(3) "平面有界閉集合内の無限点列は収束する部分列を含む"と表現される上の結果は平面に限らずもっと一般の世界でも成り立つ.

$\mathbb{C}$ の部分集合 S を 1 つ止めるとき,集合 $A \subset S$ が S の [相対] 開集合であるとは,$\mathbb{C}$ の開集合 O をうまく見つけて $A = O \cap S$ と書けるときをいう.すなわち,$A \subset S$ が S の開集合であるとは,A のどんな点 a についても適当な $\varepsilon > 0$ をとってくれば

$$\mathbb{D}(a,\varepsilon) \cap S \subset A$$

となるときをいう.

この節の最後に,集積点とともに重要な概念である孤立点について説明しておく.点 $\zeta \in E$ が集合 $E(\subset \mathbb{C})$ の **孤立点** であるとは,[十分小さな] ある $\varepsilon > 0$ をとれば $E \cap \mathbb{D}(\zeta,\varepsilon) \setminus \{\zeta\} = \varnothing$ とできることである.この条件を

$$\exists \varepsilon > 0\ \forall z \in E\ z \notin \mathbb{D}(\zeta,z) \setminus \{\zeta\}$$

と書けば,孤立点と集積点とが互いに否定的な関係にあることがよく分かるであろう[16].

---

[16] 集合 E の孤立点の十分近くには E の点は存在しない;すなわち仲間はいない.集積点と極限点との関係についての脚注 15 参照.また,ついでながら,集積点は考えている集合 E に属するとは限らないが,孤立点については,E からとった点についてだけ述べられていることに注意する.

2.4 領　域

曲線[17]は**道**，**弧**とも呼ばれる．径数区間が (これまで考えてきたように) 閉区間 $[a,b]$ のとき**閉弧**，径数区間が開区間 (a,b) のとき**開弧**と呼ぶ．また，曲線は，始点と終点が一致するとき**閉曲線**[18]と呼び，(始点・終点を除けば) 自分自身と交わらないとき**単純曲線**と呼ぶ[19]．単純曲線を**ジョルダン曲線**と呼ぶこともある．**単純弧**，**ジョルダン弧**という言い方は自明であろう．ジョルダン曲線の典型的な例は，平面上の異なる 2 つの点 α, β を結ぶ向きづけられた曲線としての線分

$$S[\alpha,\beta] : z = t\beta + (1-t)\alpha, \qquad 0 \le t \le 1.$$

であり，また，ジョルダン閉曲線の典型的な例としては (反時計回りにまわる) 円周

$$C(z_0,\rho) : z = z(t) = z_0 + \rho(\cos t + i \sin t), \qquad 0 \le t \le 2\pi$$

を挙げることができる．曲線としての線分および円周に対するこれらの記号は今後も断りなく使い続けるが，特別な場合 $z_0 = 0, \rho = 1$ のときは**単位円周**と呼び，単に C で書き表すことにする．

平面上の $N+1$ 個の点 $\alpha_0, \alpha_1, \ldots, \alpha_N$ をこの順に線分で結んで得られる向きづけられた曲線

$$P[\alpha_0, \alpha_1, \ldots, \alpha_{N-1}, \alpha_N] := \sum_{j=0}^{N-1} S[\alpha_j, \alpha_{j+1}]$$

を**折れ線**と呼び，各線分 $S[\alpha_j, \alpha_{j+1}]$ をこの折れ線の**辺**，また点 $\alpha_0, \alpha_1, \ldots, \alpha_N$ をこの折れ線の**頂点**と呼ぶ．折れ線の定義では単純であることは要求しない．折れ線 $P[\alpha_0, \alpha_1, \ldots, \alpha_{N-1}, \alpha_N]$ は $\alpha_N = \alpha_0$ のとき**閉折れ線**と呼ばれる．単純な閉折れ線は**多角形**と呼ばれることもある；特に $N = 3$ のとき **3 角形**と呼ぶのは常識に適っている．

平面の集合 E の任意の 2 点 a_1, a_2 が E 内に含まれる折れ線で結べるとき，

---

[17] その一般的な定義は 1.3 節で与えた．
[18] この段落で形容詞 "閉じた" は全く違った 2 つの意味に用いられていて混乱的であるが，広く使われた言い方なので認めて使い方に慣れるしかない．
[19] すなわち，曲線 $\gamma : z = \psi(t)\, (a \le t \le b)$ が単純であるとは，$\psi(t_1) = \psi(t_2), t_1 < t_2$, ならば (精々のところが) $t_1 = a, t_2 = b$ に限られることをいう．

E は**弧状連結**であるといわれる．複素関数 $f: S \to \mathbb{C}$ を——特にその連続性や微分可能性を——考えようとするときには，定義域 S が開集合であるとするのが自然であろう．さらに，S における f の局所的振る舞いから全体での振る舞いを知ろうとすれば，弧状連結性を仮定しておくのが賢明であろう．そこで以下では特に断らない限り，平面の弧状連結な開集合で定義された複素数値関数を考える．言葉の節約のために，平面の弧状連結な空でない開集合は**領域**と呼ばれる．

今後頻繁に用いられる記号の説明を兼ねて，領域の例をいくつか挙げる ($\rho > 0;\ z_0, z_1, z_2, z_3 \in \mathbb{C}.$) :

(複素) 平面	$\mathbb{C}$
穴あき平面	$\mathbb{C}^* := \mathbb{C} \setminus \{0\} = \{z \in \mathbb{C} \mid z \neq 0\}$
開円板	$\mathbb{D}(z_0, \rho) = \{z \in \mathbb{C} \mid |z - z_0| < \rho\}$
単位開円板	$\mathbb{D} := \mathbb{D}(0, 1)$
穴あき開円板	$\mathbb{D}^*(z_0, \rho) := \mathbb{D}(z_0, \rho) \setminus \{z_0\} = \{z \in \mathbb{C} \mid 0 < |z - z_0| < \rho\}$
上半平面	$\mathbb{H} := \{z \in \mathbb{C} \mid \operatorname{Im} z > 0\}.$

これらのほかにも，

円板の外部	$\mathbb{C} \setminus \overline{\mathbb{D}(z_0, \rho)} = \{|z - z_0| > \rho\}$
3角形の内部	$\{z = sz_0 + tz_1 + uz_2, s > 0, t > 0, u > 0, s + t + u < 1\}$

など[20]は領域の例である．

定理 2.5 平面領域 G は 2 つの互いに素な空でない開集合の合併としては表せない．すなわち，G の 2 つの開集合 O_1, O_2 が $G = O_1 \cup O_2$, $O_1 \cap O_2 = \varnothing$ を満たせば $O_1 = \varnothing$ あるいは $O_2 = \varnothing$ である．

---

[20] 集合を表す方法が簡略化されていることに注意．このような簡略化は頻繁に行われる．

2.4 領域

証明 G が仮定されたような形に分解されたとする．もしも期待に反して

$$O_1 \neq \emptyset \quad \text{かつ} \quad O_2 \neq \emptyset$$

であったとすれば，O_1, O_2 のそれぞれから点 z_1, z_2 を選び出せる．これらは共に G の点だから，G の弧状連結性によって G 内の折れ線 P で結べる．この折れ線は区間 $[0,1]$ 上の連続関数 ψ を用いて表示される：

$$P : z = \psi(t), \qquad 0 \leq t \leq 1.$$

仮定によって $\psi(0) \in O_1, \psi(1) \in O_2$ であり，連続性から十分小さな数 $\varepsilon > 0$ を選べば

$$\psi([0, \varepsilon)) \subset O_1, \qquad \psi((1-\varepsilon, 1]) \subset O_2$$

とできる．さて，$\psi([0,t)) \subset O_1$ となる t の上限 T をとれば，

$$\psi(T) \in O_1 \quad \text{あるいは} \quad \psi(T) \in O_2$$

であるが，前者とすれば T に十分近い $T' > T$ は依然として $\psi(T') \in O_1$ を満たすから T はより大きな値で置き換えられるべきとなって矛盾が起こり，後者とすれば T のごく近くの $T'' < T$ については $\psi(T'') \in O_2$ であるから $\psi([0, T''])$ が O_1 に含まれ得ずこれも矛盾．この矛盾は O_1, O_2 がそれぞれ G の点を含むとしたことに起因する．したがって，O_1, O_2 のいずれか一方は空である． ▨

注意 この定理において示された性質を"**連結性**"という．領域の概念は，元来平面に限らずより一般な世界でのもので，弧状連結性ではなく連結性によって定義される．しかし，次の例題で見るように，平面の開集合についてはこれら両概念が一致するので，上ではより直観的に把握しやすい弧状連結性を用いて定義した．

例題 2.8 ────────平面開集合における連結性と弧状連結性

平面開集合 G が連結であるためには，それが弧状連結であることが必要十分であることを示せ．

解答 十分性は上の定理において示したから，必要性を示す．任意の点 $z_0 \in G$ を固定し

$$E := \{z \in G \mid z\text{ は点 }z_0\text{ と }G\text{ 内の折れ線で結べる}\}$$

とおく．任意の $\zeta \in E$ に対して，(G が開集合であることから) ある $\rho > 0$ を選んで

$\mathbb{D}(\zeta,\rho) \subset G$ が成り立つようにできる．この円板 $\mathbb{D}(\zeta,\rho)$ 内のすべての点は点 ζ と半径によって結べるから，結局 z_0 とも G 内の折れ線によって結べる．すなわち $\mathbb{D}(\zeta,\rho) \subset E$ である．よって E は G の開集合である．次に

$$E' := \{z \in G \mid z \text{ は点 } z_0 \text{ と } G \text{ 内の折れ線で結べない}\}$$

とおくと，これも G の開集合である．実際，$\zeta' \in E'$ に対して上と同様に開円板 $\mathbb{D}(\zeta',\rho') \subset G$ がとれる．この円板 $\mathbb{D}(\zeta',\rho')$ 内のすべての点は z_0 と折れ線で結べない．というのは，もしも z_0 と結べる点がこの円板内にあれば，この円板の点はいつでも点 ζ' と半径によって結べることになり，z_0 もまた ζ' と G 内の折れ線で結べてしまって E' の定義に反するからである．すなわち $\mathbb{D}(\zeta',\rho') \subset E'$ であり，よって E' は G の開集合である．

E が点 z_0 を含むことは明らかだから $E \neq \emptyset$ であり，したがって $E' = \emptyset$ でしかあり得ない．これは G のすべての点が z_0 と G 内の折れ線で結べることを示している．任意の 2 点 $z_1, z_2 \in G$ は z_0 を仲立ちとして折れ線で結べることになったから，G は弧状連結である． ▨

集合 X の任意の 2 点を結ぶ線分が常に X に含まれるとき，すなわち

$$z_1, z_2 \in X \Rightarrow \{z \in \mathbb{C} \mid z = tz_1 + (1-t)z_2,\ 0 \leq t \leq 1\} \subset X$$

が成り立つとき，X を**凸集合**と呼ぶ．平面において凸領域は凸開集合と同義である．実際，定義から明らかなように，平面凸集合は弧状連結である．したがって，凸開集合は凸領域である．36 ページに挙げた領域のうちで $\mathbb{C}^*$, $\mathbb{D}^*$ および円板の外部を除いて他のものはすべて凸領域の例でもある．

領域の境界は一般には複雑な形であり得る．領域 G の任意の点 z_0 に対して，適当な正数 ρ をとれば $\mathbb{D}(z_0,\rho) \subset G$ であるが，このような数 ρ のうちで可能な限り大きいもの[21]を記号 $\delta_G(z_0)$ によって書き表す．$\delta_G(z_0)$ は点 z_0 から G の境界までの最短距離を表し，$0 < \delta_G(z_0) \leq +\infty$ である；たとえば $G = \mathbb{C}$ のときには任意の $z_0 \in \mathbb{C}$ について $\delta_{\mathbb{C}}(z_0) = +\infty$ と考える．

「単純な閉曲線 γ は平面を 2 つの (互いに共通点のない) 領域に分け，その一方は有界，他方は非有界である」という，直観的には理解しやすい定理は，**ジョルダンの曲線定理**と呼ばれ，基本的なものとして証明なしに使われることが多いが，

---

[21] ここに述べられた性質をある正数 ρ_0 がもてば，ρ_0 より小さいすべての正数 ρ も同様の性質をもつ．したがって，できるだけ大きい ρ を考えるのは意味のあること．

本書ではあからさまには用いない．しかし便利なので次の表現は拘らずに用いる： γ が定める有界な領域を γ の**内部**，非有界な領域を γ の**外部**[22]と呼ぶ．

演 習 問 題 II

1. 実数 a, b, c を係数とする 2 次方程式 $ax^2 + bx + c = 0$ の解の公式を導け．次に，同じ方程式において係数 a, b, c が複素数であるとき，解の公式を導け[23]．
2. 方程式 $2z^2 - 3iz + 2 = 0$ の解を，$\alpha + i\beta\,(\alpha, \beta \in \mathbb{R})$ の形で，見い出せ．また，多項式 $2z^2 - 3iz + 2$ を複素数の範囲で 1 次式の積として表せ．
3. 複素数 $\sqrt{11 + 4\sqrt{3}i}$ を $\alpha + i\beta\,(\alpha, \beta \in \mathbb{R})$ の形で表せ．
4. 複素数 $13 - 84i$ の平方根を求めよ．
5. 2 次方程式
$$(1 + 2i)z^2 - (7 + 4i)z + 5(3 + i) = 0$$
を解け．
6. 任意の複素数 z_1, z_2 について
$$|z_1 + z_2|^2 + |z_1 - z_2|^2$$
を量 $|z_1|, |z_2|$ だけを用いて表すことができるかどうか，(i) まず幾何学的考察に訴えて考察し，(ii) 次に代数的あるいは計算的に示せ．
7. 複素数 a が $|a| < 1$ を満たすならば $a^n \to 0\,(n \to \infty)$ であることを示せ．
8. 直交座標表示された複素数は極座標表示に，また極座標表示された複素数は直交座標表示に，それぞれ書き改めよ：
$$3 + \sqrt{3}i,\ 5\left(\cos\frac{\pi}{4} + i\sin\frac{\pi}{4}\right),\ \sqrt{5}i,\ 13\left(\cos\frac{7\pi}{6} + i\sin\frac{7\pi}{6}\right),\ -5.$$
9. 方程式
$$(3 - \sqrt{3})z^2 - 2\{3 + (4\sqrt{3} - 3)i\}z + 12(3 - \sqrt{3})i = 0$$
の解を，$\alpha + i\beta\,(\alpha, \beta \in \mathbb{R})$ の形で，見い出せ．また，解の絶対値と偏角とを求めよ．
10. $a = \cos\dfrac{2\pi}{5} + i\sin\dfrac{2\pi}{5}$ のとき，$1 + a + a^2 + a^3 + a^4$ の値を求めよ．
11. 複素数 $\sqrt[3]{-2 + 2i}$ および $\sqrt[6]{-8}$ を極座標表示せよ．
12. 複素数 $\sqrt[3]{2 + 2i}$ および $\sqrt[6]{-8}$ を直交座標系により表せ．

---

[22] 集合の内部・外部と混同しないように注意．
[23] 公式を導く際に用いた計算が複素数に対しても許される (可能である) ことに十分な注意を払え．

13 $\sqrt[4]{-2\sqrt{3}-2i}$ を求めよ．

14 2 つの複素数 a, b について不等式

$$|a-b| < |1-a\bar{b}|$$

が成り立っている[24]という．このとき，a, b の満たすべき条件を求めよ．

15 3 つの複素数 a, b, c について等式

$$a^2 + b^2 + c^2 = ab + bc + ca$$

が成り立っているという．このとき，a, b, c の相互位置関係を調べよ．

16 複素数 a ($|a| < 1$) をとるとき，a と $1/\bar{a}$ を通る任意の円周 Γ の中心を c とし，Γ が単位円周 C と交わる点 [の 1 つ] を ζ とすれば，$\text{Re}(\bar{c}\zeta) = 1$ である．これを示せ．

17 複素数 a ($|a| \neq 1$) をとるとき，a と $1/\bar{a}$ を通る任意の円は単位円周 C に直交する．前問を利用してこれを示せ．

18 上の主張を初等幾何学的に示せ．

19 $\displaystyle\lim_{n \to \infty} n \left(\frac{1+i}{\sqrt{2}}\right)^n$ は存在するか．

20 変換 $z \mapsto 1/z$ によって，直線 $\text{Re}\, z = 1$ はどのような集合に写るか．

21 (必ずしも閉曲線とは限らない) 曲線 $\gamma : x = \xi(t), y = \eta(t)$ ($a \leq t \leq b$) が単純であるのは，条件

$$\text{``}(\xi(t_1) - \xi(t_2))^2 + (\eta(t_1) - \eta(t_2))^2 = 0, a \leq t_1 \leq t_2 \leq b$$
$$\Rightarrow (t_1 - t_2)\{(t_1 - a)^2 + (t_2 - b)^2\} = 0\text{''}$$

が満たされるときである (脚注 19) 参照)．

22 複素数 $z = a + ib$ を 2×2 実行列

$$M(z) := \begin{bmatrix} a & b \\ -b & a \end{bmatrix}$$

に対応づけるとき，複素数の計算規則 (四則演算) と行列の演算との関係を明らかにせよ．

---

[24] この仮定から $a\bar{b} = 1$ ではないことが直ちにしたがう．

第3章

複素関数の微積分

3.1 複素関数

"平面の一部分"S で定義された[1]複素数値関数 f は**複素関数**と略称される.また,このことを簡単に $f: S \to \mathbb{C}$ と書き表し,f を S から $\mathbb{C}$ の中への写像[2]とも呼ぶ.

関数 $f: S \to \mathbb{C}$ は,S の各点 $z = x + iy$ に w 平面の点 $w = f(z)$ を対応させている.このことは,(独立)変数 z と同様に(従属)変数についても $w = u + iv$ と書くと,u, v のそれぞれが z あるいは (x, y) に対応して決まることと同値である.すなわち,S 上の複素関数 $w = f(z)$ を1つ考えることと2実変数 x, y の2つの実数値関数

$$u = u(x, y), \qquad v = v(x, y)$$

を考えることとは同じである.この意味で $f = u + iv$ と書いてよい.関数 u, v はそれぞれ f の**実部**および**虚部**と呼ばれ,$\operatorname{Re} f$, $\operatorname{Im} f$ で示される.

点 $z_0 \in S$ を固定する.もしも $z \in S$ が z_0 に近づくとき $f(z)$ がある複素数 w_0 に近づくならば,関数 f は z が S 内から z_0 に近づくとき**極限値** w_0 をもつといい,

$$f(z) \to w_0 \quad (S \ni z \to z_0) \qquad \text{または} \qquad \lim_{S \ni z \to z_0} f(z) = w_0$$

と書き表す.また,関数 $f: S \to \mathbb{C}$ は,

---

[1] S が領域である必要はない.
[2] 一般には $f(S) = \mathbb{C}$ を要求しない.写像 $f: A \to B$ が $f(A) = B$ を満たすとき f を A から B の上への写像と呼ぶ.

$$\lim_{S \ni z \to z_0} f(z) = f(z_0)$$

であるとき点 $z_0 \in S$ で**連続**であるという．

どんな複素数に対しても同一の値 $c \in \mathbb{C}$ を対応させる関数は**定数関数**と呼ばれるが，これは明らかに連続な関数である．また，各複素数 z に同じ z を対応させる関数は**恒等関数**と呼ばれるが，これもまた連続な関数である．一般の複素関数をグラフとして描くことは困難であるが，実部や虚部を考察することによってある程度の情報を得ることはできる．

例題 3.1 ───────────── 複素関数による平面から平面への写像 ─

関数 $z \mapsto z^2 =: w$ について調べよ．

(解答) $w = u + iv$ とすると，$u = x^2 - y^2$, $v = 2xy$. したがって実定数 α を1つとめるとき，直線 $x = \alpha$ の像は $u = \alpha^2 - y^2$, $v = 2\alpha y$ であり，ここでは y が曲線の径数の働きをしている．像曲線は，より具体的には，y を消去した式 $u = \alpha^2 - \left(\dfrac{v}{2\alpha}\right)^2$ によって与えられる放物線である．同様に，実定数 β を1つ止めて考えれば，直線 $y = \beta$ の像曲線は $u = x^2 - \beta^2$, $v = 2\beta x$ であることが分かる．これもまた放物線である． ▨

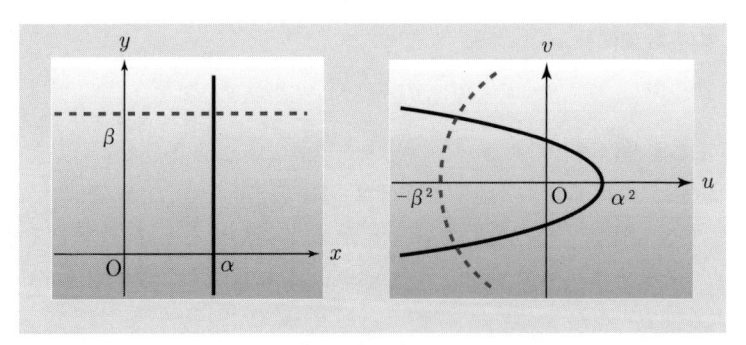

図 3.1

例題 3.2 ───────────────────── 連続な複素関数 ─

$f = u + iv$ が点 $z_0 = x_0 + iy_0$ で連続であることと u, v がともに (x_0, y_0) で連続であることとは同値であることを示せ．

解答 まず，3角不等式によって
$$|f(z) - f(z_0)| \leq |u(x,y) - u(x_0,y_0)| + |v(x,y) - v(x_0,y_0)|$$
であるから，u, v がともに点 (x_0, y_0) で連続ならば f は点 z_0 で連続である．一方
$$\left.\begin{array}{c} |u(x,y) - u(x_0,y_0)| \\ |v(x,y) - v(x_0,y_0)| \end{array}\right\} \leq |f(z) - f(z_0)|$$
が成り立つから，f の点 z_0 における連続性から実関数 u, v の点 (x_0, y_0) における連続性がしたがう． ▨

水平な台の上にビー玉を1列に並べてその中ほどにある1つを棒で突けば，突かれた玉は動き出すが他のものは動かない．これに対して，同じ台の上の首飾りや数珠状に繋がれた玉の1つを突くと，その玉が動くだけではなくその近くの玉を道連れにして動き出すであろう．これを述べたものが次の定理である．

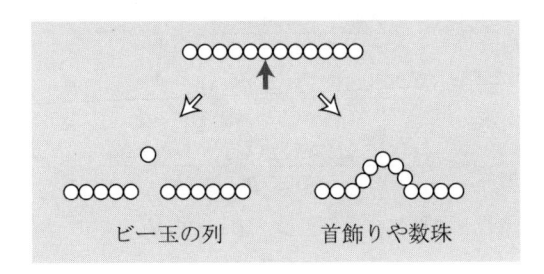

図 **3.2**

> **定理 3.1** 平面の集合 S について，関数 $f: S \to \mathbb{C}$ が点 $z_0 \in S$ で連続で $f(z_0) \neq 0$ ならば，数 $\rho > 0$ をうまく選んで
> $$f(z) \neq 0, \quad z \in \mathbb{D}(z_0, \rho) \cap S$$
> とできる．

証明 もしもこのような $\rho > 0$ がとれなかったとしたら，どんな $\rho > 0$ をとっても $\mathbb{D}(z_0, \rho) \cap S$ の点 $z = z(\rho)$ を上手に探し出せば $f(z) = 0$ が成り立っている．たとえば ρ として
$$1, \frac{1}{2}, \frac{1}{3}, \ldots, \frac{1}{n}, \ldots$$
を順次とり，各 $1/n$ に対してとれる z を z_n と書けば，$n \to \infty$ とき $z_n \to z_0$ であるか

ら $f(z_n) \to f(z_0) \neq 0$ である．一方，各 n について $f(z_n) = 0$ であるから $f(z_0) = 0$．これは矛盾であり，したがって期待された $\rho > 0$ の存在が保証された．　　（証明終）

定理3.2　$S \subset \mathbb{C}$ と点 $z_0 \in S$ で連続な関数 $f, g : S \to \mathbb{C}$ について，$f+g, f-g, fg, f/g$ はまた z_0 で連続である．ただし，商 f/g については分母 g が z_0 で 0 にはならないとする．

証明　実関数の場合と全く同様．たとえば商については，先に示したように，上手に $\rho > 0$ を選んで

$$g(z) \neq 0, \quad z \in \mathbb{D}(z_0, \rho)$$

とできる．$z \to z_0$ のときいずれは $z \in \mathbb{D}(z_0, \rho)$ となるから，最初から $g(z) \neq 0$ と考えておいてよい．このとき

$$\begin{aligned}
\frac{f(z)}{g(z)} - \frac{f(z_0)}{g(z_0)} &= \frac{f(z)g(z_0) - f(z_0)g(z)}{g(z)g(z_0)} \\
&= \frac{f(z)g(z_0) - f(z_0)g(z_0) + f(z_0)g(z_0) - f(z_0)g(z)}{g(z)g(z_0)} \\
&= \frac{\{f(z) - f(z_0)\} g(z_0) + f(z_0) \{g(z_0) - g(z)\}}{g(z)g(z_0)}
\end{aligned}$$

の最終項は $z \to z_0$ のとき極限値 0 をもつ．よって関数 f/g の点 z_0 における連続性が示された．　　（証明終）

複素関数 $f : S \to \mathbb{C}$ に対して新しく関数 $S \ni z \mapsto |f(z)| \in \mathbb{R}^+$ が作れる．ただし $\mathbb{R}^+$ は非負実数の全体である．この関数を記号 $|f|$ で示す．正確に書けば：$|f|(z) := |f(z)|, z \in S$．

定理3.3　複素関数 $f : S \to \mathbb{C}$ が点 $z_0 \in S$ で連続ならば $|f| : S \to \mathbb{R}^+$ もまた点 z_0 で連続である．

証明　定義と3角不等式によって

$$\bigl||f|(z) - |f|(z_0)\bigr| = \bigl||f(z)| - |f(z_0)|\bigr| \leq |f(z) - f(z_0)|$$

であるから，$z \to z_0$ のとき $|f|(z) \to |f|(z_0)$ となって，関数 $|f|$ は点 z_0 で連続であることが示された．　　（証明終）

3.1 複素関数

S の任意の点で連続な関数を S で**連続な関数**という.複素関数 f は,その**値域**

$$f(S) := \{w \in \mathbb{C} \mid \text{ある } z \in S \text{ に対して } w = f(z)\}$$

が (上に) 有界な集合であるとき,S 上**有界**であるという.f が S 上で有界であるのは $|f|$ が実関数の意味で有界であることと同じである.また,f の値域の上界を,あるいは同じことであるが $|f|$ の上界を,関数 f の**上界**という.同じ理由で $|f|$ の最大値 (がもしあればそれ) を f の**最大値**と呼ぶ.複素関数の**下界**や**最小値**についても同様に定義される.

例題 3.3 ─────────────── 複素関数の絶対値 ─

閉単位円板 $\overline{\mathbb{D}}$ における関数 $f : z \mapsto z^2$ について $|f|$ のグラフを描け.

[解答]

$$|f(z)| = |z|^2 = x^2 + y^2$$

であるから,グラフは図 3.3 のように回転放物面である.この関数の $\overline{\mathbb{D}}$ における最大値は単位円周 C 上でとられ,最小値は原点でとられている.　▨

関数 $f : S \to \mathbb{C}$ に対して,$f(z_0) = 0$ を満たす点 z_0 を f の**零点**と呼び[3]),集合

$$\{z \in S \mid f(z) = 0\}$$

を f の**零点集合**と呼ぶ.

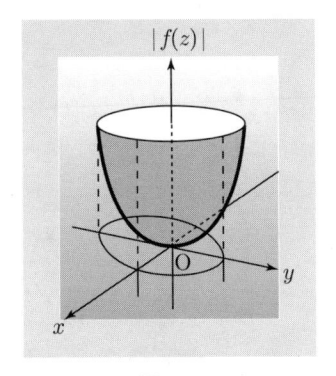

図 3.3

定理 3.4　　平面の開集合 S で連続な関数 f の零点集合は S の閉集合である.

[証明] S における零点集合の補集合 $A := S \setminus \{z \in S \mid f(z) = 0\}$ が S の開集合であることをいえばよい.$z \in A$ とすれば $f(z) \neq 0$ であるが,先の定理によって,z を中心とする適当な開円板 $\mathbb{D}(z, \rho)$ 上をとると $\mathbb{D}(z, \rho) \cap S$ 上では $f(z) \neq 0$.これは $\rho > 0$ が小さいとき $\mathbb{D}(z, \rho) \cap S \subset A$ であることを示している.すなわち A は S の開集合である.　　　　　　　　　　　　　　　　　　　　　　　　　(証明終)

---

[3]) 同様に,複素数 α に対する α 点も $f(z_0) = \alpha$ を満たす z_0 として定義される.

$f: S \to \mathbb{C}$ が 1 対 1 の写像[4]であるならば, f の逆関数あるいは**逆写像** f^{-1} が $T := f(S)$ 上で定義されるが, f が連続であっても f^{-1} は連続とは限らない[5].

複素関数 $f = u + iv$ は 2 実変数 x, y の関数とも考えられるから, 既に学んだ偏微分の方法を u, v あるいは f に適用することができる. しかしこれは全く形式的に行える[6]ので, 微分法には詳細には立ち入らず, 次節でただちに複素線積分を考えることにしよう.

3.2 線積分

平面内の曲線については既に 1.3 節で復習したが, そこで実座標を用いて書かれたことを複素座標を用いて書き直すことは難しくない. たとえば, 平面曲線は, 連続な写像 $\gamma : [a,b] \to \mathbb{C}$ として定義され, 具体的には

$$\gamma : z = \psi(t) := \xi(t) + i\eta(t), \quad a \le t \le b$$

のように表される. $\psi(t)$ が存在して連続で曲線 γ が正則であるのは $[a,b]$ 上で $\psi'(t) \ne 0$ が成り立つときであり, このとき点 $z_0 = \psi(t_0)$ での**単位接ベクトル**は以下の通りである.

$$\frac{\xi'(t_0) + i\eta'(t_0)}{\sqrt{\xi'(t_0)^2 + \eta'(t_0)^2}} = \frac{\psi'(t_0)}{|\psi'(t_0)|}$$

滑らかな平面曲線 $\gamma : z = \psi(t)\,(a \le t \le b)$ と, γ の上で定義された複素数値連続関数 $w = f(z)$ があるとき, f の γ に沿う**線積分**を

$$\int_\gamma f(z)\,dz := \int_a^b f(\psi(t))\psi'(t)\,dt$$

で定義する[7]. この定義の動機は実解析学でよく知られた置換積分の形式的適用の合理化にある. 実際, $w = f(z) = u(x,y) + iv(x,y)$ と書くとき, f の γ

---

[4] 8 ページの脚注 13) 参照.
[5] たとえば, 区間 $(-\pi, \pi]$ から円周 C の上への関数 $\alpha : (-\pi, \pi] \ni \theta \mapsto (\cos\theta, \sin\theta) \in C$ を見ればよい. α は明らかに連続であるが逆写像は点 $(-1, 0) \in C$ で連続ではない.
[6] 形式を超えた内容があることは次章で示される.
[7] 関数も積分変数もすべて複素数であることを意識して**複素線積分**とも呼ばれる.

に沿う線積分は，定義から

$$
\begin{aligned}
\int_\gamma f(z)\,dz &= \int_a^b \{u(\xi(t),\eta(t)) + iv(\xi(t),\eta(t))\}(\xi'(t)+i\eta'(t))\,dt \\
&= \int_a^b \{u(\xi(t),\eta(t))\xi'(t) - v(\xi(t),\eta(t))\eta'(t)\}\,dt \\
&\quad + i\int_a^b \{u(\xi(t),\eta(t))\eta'(t) + v(\xi(t),\eta(t))\xi'(t)\}\,dt \\
&= \int_\gamma (u\,dx - v\,dy) + i\int_\gamma (v\,dx + u\,dy)
\end{aligned}
$$

であって，直接形式的に

$$
\int_\gamma f(z)\,dz = \int_\gamma (u+iv)\,(dx+idy) = \int_\gamma (u\,dx - v\,dy) + i\int_\gamma (v\,dx + u\,dy)
$$

としたものと一致する．すなわち，複素線積分は実関数の線積分の定義に帰着される．

同様の考えによって**弧長による線積分**あるいは $\bar{z}$ についての線積分も，それぞれ

$$
\int_\gamma f(z)\,|dz| := \int_a^b f(\psi(t))|\psi'(t)|\,dt,
$$

$$
\int_\gamma f(z)\,d\bar{z} := \int_a^b f(\psi(t))\overline{\psi'(t)}\,dt
$$

によって定義される．記号 $|dz|$ の代わりに ds が用いられることもある．特に，滑らかな曲線 γ の**長さ**は

$$
\int_\gamma |dz|
$$

で定義され，(滑らかな曲線に対しては) 常に有限な値である．

注意 一般の——すなわち微分可能とは限らない——曲線の長さも類似の考えによって定義されるであろう；たとえば，折れ線によって曲線を近似しようと考えて，曲線 γ の上に有限個の分点 $z_0, z_1, \ldots, z_N$ (z_0, z_N は両端点) を取り，曲線の長さは

$$\sup \sum_{i=1}^{N} |z_i - z_{i-1}|$$

によって定義する．ここで右辺の上限は，あらゆる可能な折れ線について考える．この立場にたって定義した長さが有限の値であるかどうかは全く保証の限りではない[8]．

上の定義を厳密にするためには，いきなり γ 上に点列を取らずに，径数区間から分点の列を取ることにすればよい．新しい長さの概念は積分

$$\int_\gamma |dz|$$

の定義の一般化でもある．このとき線積分の値が径数の選び方に依らず定まることは(自明ではなく)証明すべきことであるが，詳細は割愛する（「関数論講義」参照）．

径数の取り替えが線積分の値に影響を及ぼさないことは，少なくとも微分可能な曲線に対しては，次のように示される．

定理 3.5 線積分の値は曲線の径数表示に依らず定まる．

証明 滑らかな曲線 γ の 2 つの径数表示を

$$z = \psi(t) \ (a \leq t \leq b) \quad \text{および} \quad z = \tilde{\psi}(\tilde{t}) \ (\tilde{a} \leq \tilde{t} \leq \tilde{b})$$

とすると，単調増加で滑らかな関数

$$\sigma : [a, b] \to [\tilde{a}, \tilde{b}], \qquad \sigma(a) = \tilde{a}, \sigma(b) = \tilde{b},$$

があって，$\sigma^{-1} : [\tilde{a}, \tilde{b}] \to [a, b]$ も滑らかで，しかも関係式 $\tilde{\psi}(\sigma(t)) = \psi(t)$ が成り立つ．したがって，

$$\int_{\tilde{a}}^{\tilde{b}} f(\tilde{\psi}(\tilde{t}))\tilde{\psi}'(\tilde{t}) \, d\tilde{t} = \int_a^b f(\tilde{\psi}(\sigma(t)))\tilde{\psi}'(\sigma(t))\sigma'(t) \, dt$$

$$= \int_a^b f(\psi(t))\psi'(t) \, dt.$$

他の型の線積分 (弧長に関する線積分など) についても同様である．

---

[8] たとえば関数 $y = x \sin(1/x)$ が定めるグラフのように，(小刻みな) 振動を無限に見せるものを考えればよい．

3.2 線積分

> **例題 3.4** ───────────── 線分に沿う多項式の線積分 ─
>
> 点 α から点 β へと到る線分 $S[\alpha,\beta]$ と $n = 0, 1, 2, \ldots$ に対して
> $$\int_{S[\alpha,\beta]} z^n\, dz = \frac{1}{n+1}\left(\beta^{n+1} - \alpha^{n+1}\right).$$

(解答) $S[\alpha,\beta] : z = \alpha + (\beta - \alpha)t,\ 0 \leq t \leq 1$ と径数表示すれば，線積分の定義にしたがって，

$$\int_{S[\alpha,\beta]} z^n\, dz = \int_0^1 \{\alpha + (\beta - \alpha)t\}^n (\beta - \alpha)\, dt$$
$$= \left[\frac{1}{n+1}\{\alpha + (\beta - \alpha)t\}^{n+1}\right]_0^1 = \frac{1}{n+1}\left(\beta^{n+1} - \alpha^{n+1}\right). \quad \blacksquare$$

注意 この段階では未だ，微分可能な曲線に沿う線積分 γ に対する実関数論からの類推にしたがって $\int_{S[\alpha,\beta]} z^n\, dz = \left[\frac{1}{n+1} z^{n+1}\right]_\alpha^\beta = \frac{1}{n+1}\left(\beta^{n+1} - \alpha^{n+1}\right)$ と計算することは許されない；そもそも微分公式 $(z^{n+1})' = (n+1)z^n$ の成立が未だ確認されていないし，微分積分学の基本定理に相当する定理も示していない．この計算方法の正当性については例題 6.1 を参照．

> **例題 3.5** ───────────────── 線分に沿う線積分 ─
>
> 複素数 $\lambda := \dfrac{1 + \sqrt{3}i}{2}$ について線積分 $\displaystyle\int_{S[\bar{\lambda},\lambda]} \dfrac{dz}{z}$ を計算せよ．

(解答) $S[\bar{\lambda},\lambda] : z = \dfrac{1}{2}(1 + it),\ -\sqrt{3} \leq t \leq \sqrt{3}$

と径数表示すれば，線積分の定義にしたがって，

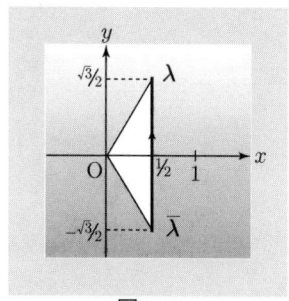

図 3.4

$$\int_{S[\bar{\lambda},\lambda]} \frac{dz}{z} = i\int_{-\sqrt{3}}^{\sqrt{3}} \frac{dt}{1+it} = i\int_{-\sqrt{3}}^{\sqrt{3}} \frac{1-it}{1+t^2} dt$$
$$= i\int_{-\sqrt{3}}^{\sqrt{3}} \frac{dt}{1+t^2} + \int_{-\sqrt{3}}^{\sqrt{3}} \frac{t\,dt}{1+t^2}$$
$$= i\left[\mathrm{Tan}^{-1} t\right]_{-\sqrt{3}}^{\sqrt{3}} + \left[\log\sqrt{1+t^2}\right]_{-\sqrt{3}}^{\sqrt{3}} = \frac{2\pi i}{3}. \qquad \blacksquare$$

例題 3.6 ────────────── 円弧に沿う線積分 ─

反時計回りに向きづけられた単位円周の上半部分および下半部分 (両端点を含めておく) を C^+, C^- で表すとき任意の自然数 k に対し

$$\int_{C^+} \frac{dz}{z^k} \quad \text{および} \quad \int_{C^-} \frac{dz}{z^k}$$

を計算せよ．

[解答] 曲線の径数表示 $C^+ : z(t) = \cos t + i\sin t,\ 0 \leq t \leq \pi,$ を用いれば，

$$dz = z'(t)dt = (-\sin t + i\cos t)dt = i(\cos t + i\sin t)dt$$

であるから，$\int_{C^+} \frac{dz}{z^k} = i\int_0^\pi \frac{dt}{(\cos t + i\sin t)^{k-1}}$ と書き直されるが，これは $k=1$ のときには $i\int_0^\pi dt = \pi i$ に等しく，$k > 1$ のときには

$$i\int_0^\pi \frac{dt}{(\cos t + i\sin t)^{k-1}} = i\int_0^\pi (\cos t - i\sin t)^{k-1} dt$$
$$= i\int_0^\pi (\cos(k-1)t - i\sin(k-1)t)\,dt = \frac{1}{1-k}\left\{(-1)^{k-1} - 1\right\}$$

に等しい．すなわち，

$$\int_{C^+} \frac{dz}{z^k} = \begin{cases} \pi i & k=1 \text{ とき} \\ \dfrac{1}{1-k}\left\{(-1)^{k-1} - 1\right\} & k \geq 2 \text{ とき}. \end{cases}$$

下半円周 C^- についても同様に計算して，

$$\int_{C^-} \frac{dz}{z^k} = \begin{cases} \pi i & k=1 \text{ とき} \\ \dfrac{1}{1-k}\left\{1 - (-1)^{k-1}\right\} & k \geq 2 \text{ とき}. \end{cases} \qquad \blacksquare$$

3.3 線積分の基本的な性質

滑らかな曲線 $\gamma : z = \psi(t), a \leq t \leq b$, は，任意の $c\,(a < c < b)$ によって 2 つの曲線

$$\gamma_1 : \quad z = \psi(t), \quad a \leq t \leq c$$
$$\gamma_2 : \quad z = \psi(t), \quad c \leq t \leq b$$

に分けられる．このとき，任意の連続関数 f に対して

$$\int_\gamma f(z)\,dz = \int_{\gamma_1} f(z)\,dz + \int_{\gamma_2} f(z)\,dz$$

が成り立つことは，積分の定義から容易に分かる．

次の例題はこの事実と例題 3.6 の結果の応用であるだけではなく，今後もしばしば登場する重要な結果である．

例題 3.7 ─────────────────── 基本的な線積分 ─

反時計回りに向きづけられた単位円周 C と自然数 k に対し，

$$\int_C \frac{dz}{z^k} = \begin{cases} 2\pi i & k = 1 \text{ とき} \\ 0 & k \geq 2 \text{ とき} \end{cases}$$

であることを示せ．

[解答] 直接的な計算に依ることもできるが，前例題の結果からもただちに得られる．■

2 つの曲線 γ_1, γ_2 ($\gamma_k : z = \psi_k(t), a_k \leq t \leq b_k,\ k = 1, 2$) の一方の終点と他方の始点が一致する場合には，それらを繋いで新しい曲線が定義される．たとえば，$\psi_1(b_1) = \psi_2(a_2)$ のときには，

$$z = \psi(t) := \begin{cases} \psi_1(t), & a_1 \leq t \leq b_1 \quad \text{のとき} \\ \psi_2(t - b_1 + a_2), & b_1 \leq t \leq b_2 + b_1 - a_2 \quad \text{のとき} \end{cases}$$

によって $[a_1, b_1 + b_2 - a_2]$ を径数区間とする新しい曲線を定義する．これを γ_1, γ_2 の和と呼んで記号 $\gamma_1 + \gamma_2$ によって表す．

曲線 $\gamma : z = \psi(t), a \leq t \leq b$, は，有限個の滑らかな曲線の和として書

けるとき，**区分的に滑らか**であるという[9]．言い換えれば，径数区間の分割 $a = c_0 < c_1 < \cdots < c_N = b$ をひき起こす点列 $(c_n)_{n=0}^N$ と滑らかな曲線

$$\gamma_n : z = \psi_n(t),\ c_n \leq t \leq c_{n+1} \quad (0 \leq n \leq N-1)$$

があって，$\gamma = \gamma_0 + \gamma_1 + \cdots + \gamma_{N-1}$ が成り立つ．各 $c_n(1 \leq n \leq N-1)$ においては，次の 2 条件が (c_0, c_N においては条件 (2) の一部のみが) 要請されている．

(1) ψ_{n-1}, ψ_n が等しい値をとること，および
(2) ψ_{n-1} の左微分係数および ψ_n の右微分係数が存在すること．

このような曲線 γ に沿う複素関数 f の線積分 $\int_\gamma f(z)\,dz$ は

$$\int_{\gamma_0} f(z)\,dz + \int_{\gamma_1} f(z)\,dz + \cdots + \int_{\gamma_{N-1}} f(z)\,dz$$

で定義される．容易に確かめられるように，区分的に微分可能な 2 つの平面曲線 γ_1, γ_2 の和 $\gamma_1 + \gamma_2$ が定義されているならば，$\gamma_1 + \gamma_2$ 上の連続関数 f に対して

$$\int_{\gamma_1 + \gamma_2} f(z)\,dz = \int_{\gamma_1} f(z)\,dz + \int_{\gamma_2} f(z)\,dz$$

が成り立つ．この事実を踏まえて，たとえ (区分的に滑らかな) 2 つの曲線 γ_1, γ_2 が終点と始点とを共有していなくても，これら 2 つを相次いで辿ったものを曲線の "和" と呼ぶことにする[10]．この新しい定義の下で次の定理は容易に証明される：

定理 3.6 区分的に滑らかな 2 つの平面曲線 γ_1, γ_2 とその上の連続な複素関数 f に対して

$$\int_{\gamma_1 + \gamma_2} f(z)\,dz = \int_{\gamma_1} f(z)\,dz + \int_{\gamma_2} f(z)\,dz.$$

被積分関数に関する線形性については次の定理が成り立つ．

---

[9] 折れ線は区分的に滑らかな曲線の典型的な例である．
[10] 曲線の和はもはや元来の意味では曲線とは限らないが，このような概念拡張によって曲線の全体は代数的に取り扱えるようになる．

3.3 線積分の基本的な性質

定理 3.7 区分的に滑らかな平面曲線 γ とその上で連続な複素関数 f_1, f_2, および $c_1, c_2 \in \mathbb{C}$ に対して

$$\int_\gamma (c_1 f_1(z) + c_2 f_2(z))\, dz = c_1 \int_\gamma f_1(z)\, dz + c_2 \int_\gamma f_2(z)\, dz.$$

特に，区分的に滑らかな平面曲線 γ とその上で連続な複素関数 f に対して

$$\int_\gamma f(z)\, dz = \int_\gamma (\operatorname{Re} f)(z)\, dz + i \int_\gamma (\operatorname{Im} f)(z)\, dz.$$

定理 3.8 区分的に滑らかな平面曲線 γ とその上で連続な複素関数 f に対して

(1) $\overline{\int_\gamma f(z)\, dz} = \int_\gamma \overline{f(z)}\, d\bar{z}.$

(2) $\int_{-\gamma} f(z)\, dz = -\int_\gamma f(z)\, dz, \quad \int_{-\gamma} f(z)\, |dz| = \int_\gamma f(z)\, |dz|.$

(3) $\left| \int_\gamma f(z)\, dz \right| \leq \int_\gamma |f(z)|\, |dz| \leq \max_\gamma |f(z)| \cdot (\gamma\text{の長さ}).$

[証明] 滑らかな曲線について証明すれば十分である．曲線 γ の径数表示を

$$\gamma : z = \psi(t) = x(t) + iy(t), \quad a \leq t \leq b$$

とし，$f = u + iv$ とおくと，

$$\begin{aligned}
\overline{\int_\gamma f(z)\, dz} &= \overline{\int_\gamma (u + iv)(dx + idy)} \\
&= \int_\gamma (u\, dx - v\, dy) - i \int_\gamma (v\, dx + u\, dy) \\
&= \int_\gamma (u - iv)(dx - idy) = \int_\gamma \overline{f(z)}\, d\bar{z}.
\end{aligned}$$

よって (1) が示された．(2) のためには $-\gamma$ の定義を思い出す．径数を用いて積分を計算すれば

$$\int_{-\gamma} f(z)\,dz = \int_a^b f(\psi(b+a-t))\psi'(b+a-t)(-1)\,dt$$

となるが，変数変換 $\tau := b+a-t$ を行うと上の式はさらに変形されて

$$\int_b^a f(\psi(\tau))\psi'(\tau)(-1)\,(-d\tau) = -\int_a^b f(\psi(\tau))\psi'(\tau)\,d\tau = -\int_\gamma f(z)\,dz$$

となる．(2) の後半も同様に示される．最後に，(3) を示すために $I := \int_\gamma f(z)\,dz$ とすると，絶対値が 1 のある複素数 ω に対して

$$I = |I|\omega \quad \text{すなわち} \quad |I| = I\bar{\omega}$$

と書け，$|I|$ は実数であるから

$$\begin{aligned}
|I| = \mathrm{Re}\,|I| &= \mathrm{Re}\left[I\bar{\omega}\right] = \mathrm{Re}\int_\gamma \bar{\omega} f(z)\,dz \\
&= \mathrm{Re}\int_a^b \bar{\omega} f(\psi(t))\psi'(t)\,dt = \int_a^b \mathrm{Re}\left[\bar{\omega}\,f(\psi(t))\psi'(t)\right]\,dt \\
&\leq \int_a^b \left|\bar{\omega} f(\psi(t))\psi'(t)\right|\,dt = \int_a^b |f(\psi(t))\psi'(t)|\,dt = \int_\gamma |f(z)|\,|dz|.
\end{aligned}$$

(3) の最後の不等式については[11]

$$\begin{aligned}
\int_\gamma |f(z)|\,|dz| &= \int_a^b |f(\psi(t))|\,|\psi'(t)|\,dt \\
&\leq \max_{a\leq t \leq b} |f(\psi(t))| \int_a^b |\psi'(t)|\,dt = \max_\gamma |f(z)| \cdot (\gamma\,\text{の長さ}). \qquad \text{(証明終)}
\end{aligned}$$

3.4 グリーンの公式

微分積分学がニュートンとライプニッツによって創始されて以来，多くの性質や公式が証明されたが，任意の $f \in C^1[a,b]$ について

$$\int_a^b f'(x)\,dx = f(b) - f(a)$$

が成り立つことを述べた**微分積分学の基本定理**はとりわけ重要である．

---

[11] これは 47 ページの注意にある一般的な定義を見ればほとんど明白な不等式ではあるが，今後も頻繁かつ有効に用いられる．

3.4 グリーンの公式

ここで条件 $f \in C^1[a,b]$ について念のために注意を喚起しておくと，区間 $[a,b]$ の境界——すなわちその両端点 a,b——では，片側だけの連続性と微分可能性を考える．多変数関数の場合には偏導関数を考えるのが自然であるが，微分操作は内点で考えるのが合理的であるから，まず平面開集合 G の上の関数を考察する．関数 f は r 階までの (x,y についての) すべての偏導関数をもちそれらがすべて連続であるとき，G 上で $\boldsymbol{C^r}$ **級** (あるいは $\boldsymbol{r}$ **回連続的微分可能**) の関数であるといい，

$$f \in C^r(G)$$

と書き表す．また，一般の集合 E の上の関数については微分可能性は E を含むある開集合 O の上で微分可能であることとする[12]．すなわち，f がある O で r 階までのすべての偏導関数をもちそれらがすべて O で連続であるとき，f を E 上の C^r 級の関数であるといい $f \in C^r(E)$ と書き表す．

微分積分学の基本定理を線積分へと拡張するものとして次の定理がある．

定理 3.9 平面領域 G 上の 2 点 $(x_0, y_0), (x_1, y_1)$ を始点および終点とする滑らかな曲線 $\gamma : x = \xi(t), y = \eta(t)\ (a \le t \le b)$ と G 上の連続関数 $p(x,y), q(x,y)$ について，もしも G 上の C^1 級関数 $f(x,y)$ が

$$p = \frac{\partial f}{\partial x}, \qquad q = \frac{\partial f}{\partial y}$$

を満たせば[13]，

$$\int_\gamma p\,dx + q\,dy = f(x_1, y_1) - f(x_0, y_0).$$

---

[12] この定義では片側微分可能性を放棄したことに注意．また，開集合 O は関数 f に依存してもよい．

[13] このとき，微分形式 $p\,dx + q\,dy$ は**完全**であると言われる．ベクトル解析の言葉を借りれば，ベクトル場 $\boldsymbol{X} := p\boldsymbol{i} + q\boldsymbol{j}$ は**保存的**——すなわち $\operatorname{grad} f = \boldsymbol{X}$ を満たすスカラー場 (関数) が存在する——で f はその (**スカラー**) **ポテンシャル**である．このとき，定理の主張は

$$\int_\gamma \operatorname{grad} f \cdot d\boldsymbol{r} = f(x_1, y_1) - f(x_0, y_0)$$

と書ける．ここで $\boldsymbol{r} = x\boldsymbol{i} + y\boldsymbol{j}$ は位置ベクトル表示である．

証明
$$\int_\gamma p\,dx + q\,dy = \int_a^b [p(\xi(t),\eta(t))\xi'(t) + q(\xi(t),\eta(t))\eta'(t)]\,dt$$
$$= \int_a^b \frac{d}{dt}f(\xi(t),\eta(t))\,dt = f(\xi(b),\eta(b)) - f(\xi(a),\eta(a))$$
$$= f(x_1,y_1) - f(x_0,y_0). \qquad \text{(証明終)}$$

　この定理で考えられている積分は依然として 1 次元である．グリーンの公式は上に述べた微分積分学の基本定理の思想を 2 次元の世界で継承するものの 1 つであるが，直線上の区間とその両端点の代わりに領域とその境界が用いられる．一般の集合の境界は非常に複雑であり得るから，領域の境界が明瞭な意味をもつ場合を考えるのが賢明であろう．また，微分積分学の基本定理への帰着を行うために，まず図 3.5 のような領域——2 つのグラフと座標軸に平行な線分とで囲まれた領域——を考える．

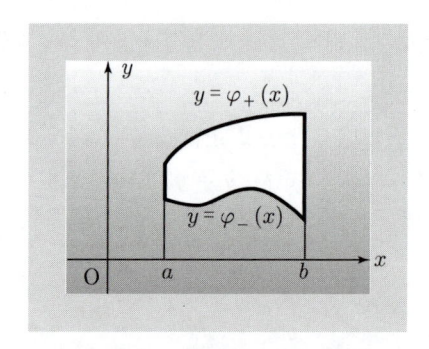

図 **3.5**

定義　2 つの関数 $\varphi_+, \varphi_- \in C^1[a,b]$ が
$$\varphi_-(x) < \varphi_+(x), \qquad \forall x \in (a,b)$$
を満たすとき，集合
$$G := \{(x,y) \in \mathbb{R}^2 \mid a < x < b,\ \varphi_-(x) < y < \varphi_+(x)\}$$
を独立変数 x の**グラフ型領域**と呼ぶ．このような領域 G の**境界** ∂G は，集合としては 2 つのグラフと 2 つの線分[14]からなるが，さらに強く，G の内部が左側に眺められ続けるように向きづけられた曲線と定める．このとき境界 ∂G は $\widetilde{G}$

[14)]この 2 つの線分の一方または双方は 1 点に退化することも許す．

3.4 グリーンの公式

に関して正の向きに向きづけられているという．この約束の下では，領域 G の境界 ∂G は 4 つの (向きづけられた) 曲線

$$\begin{cases} \gamma_- : x = t,\ y = \varphi_-(t), & a \leq t \leq b \\ \delta_+ : x = b,\ y = t, & \varphi_-(b) \leq t \leq \varphi_+(b) \\ \gamma_+ : x = t,\ y = \varphi_+(t), & a \leq t \leq b \\ \delta_- : x = a,\ y = t, & \varphi_-(a) \leq t \leq \varphi_+(a) \end{cases}$$

を用いて (曲線の向きも考慮して) $\partial G = \gamma_- + \delta_+ - \gamma_+ - \delta_-$ と書けている．

注意 この種の議論を真に厳密な形で行おうとすれば，相当の深い考察と長い時間とを要する．そもそも領域が先か境界が先かという問題は，卵と鶏の議論と同様になかなかの難問である．ここではしかし直観にしたがって了解されたものとして先へ進む．

補題 独立変数 x のグラフ型領域

$$G := \{(x, y) \in \mathbb{R}^2 \mid a < x < b,\ \varphi_-(x) < y < \varphi_+(x)\}$$
$$(\varphi_+, \varphi_- \in C^1[a, b];\ \varphi_-(x) < \varphi_+(x),\ \forall x \in (a, b))$$

と任意の $p \in C^1(\bar{G})$ に対し，

$$\iint_G \frac{\partial p}{\partial y}\,dxdy = -\int_{\partial G} p\,dx.$$

証明 2 重積分を繰り返し積分として書き表し，先に述べた微分積分学の基本定理を用いる．すなわち，

$$\iint_G \frac{\partial p}{\partial y}\,dxdy = \int_a^b \left(\int_{\varphi_-(x)}^{\varphi_+(x)} \frac{\partial p}{\partial y}\,dy\right) dx$$
$$= \int_a^b \{p(x, \varphi_+(x)) - p(x, \varphi_-(x))\}\,dx$$

ここで，

$$\int_{\gamma_+} p(x, y)\,dx = \int_a^b p(t, \varphi_+(t))\,dt, \qquad \int_{\gamma_-} p(x, y)\,dx = \int_a^b p(t, \varphi_-(t))\,dt$$

と

$$\int_{\delta_+} p(x,y)\,dx = \int_{\delta_-} p(x,y)\,dx = 0$$

に注意すれば,

$$\int_{\gamma_-} p(x,y)\,dx - \int_{\gamma_+} p(x,y)\,dx$$
$$= \int_{\gamma_-} p(x,y)\,dx + \int_{\delta_+} p(x,y)\,dx + \int_{-\gamma_+} p(x,y)\,dx + \int_{-\delta_-} p(x,y)\,dx$$

は積分 $\int_{\partial G} p(x,y)\,dx$ に等しい. (証明終)

注意 $\varphi_-(a) = \varphi_+(a)$ などが起こっていても,線分が退化した曲線であると考えれば何ら不都合はない.

全く同じ方法を用いれば,次の補題が得られる.

補題 独立変数 y のグラフ型領域

$$G := \{(x,y) \in \mathbb{R}^2 \mid c < y < d,\ \psi_-(y) < x < \psi_+(y)\}$$
$$(\psi_+, \psi_- \in C^1[c,d];\ \psi_-(y) < \psi_+(y) \quad \forall y \in (c,d))$$

と任意の $q \in C^1(\bar{G})$ に対して,

$$\iint_G \frac{\partial q}{\partial x}\,dxdy = \int_{\partial G} q\,dy.$$

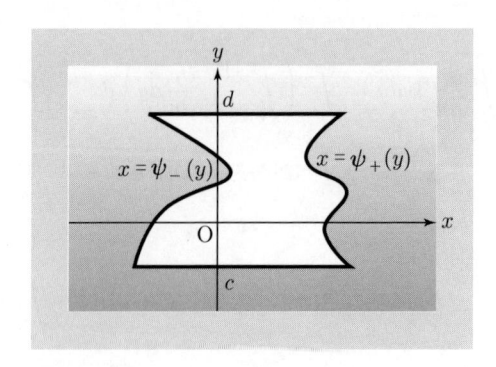

図 3.6

3.4 グリーンの公式

さて，今後は次のようなより一般の領域を考える：

定義 有界平面領域 G_0 から互いに他の外部にある有限個の凸領域 $G_1, G_2, \ldots, G_N$ の閉包を除いて得られる領域

$$G_0 \setminus \bigcup_{n=1}^{N} \bar{G}_n$$

を**コーシー領域**と呼ぶ[15] [16]．

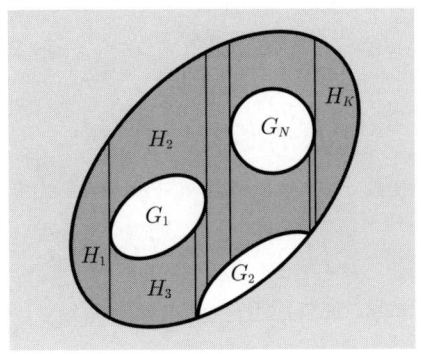

図 3.7

コーシー領域 G の境界は，有限個の (互いに交わらない) 単純閉曲線からなる．G の点が左側に眺められ続けるように個々の曲線を向きづけた上で，これらの向きづけられた曲線の和が G の境界 ∂G であると約束する．ここで "和" は単なる集合の合併ではなく，(向きづけられた) 曲線の和である (脚注 10 参照)．

以下ではコーシー領域の境界はつねに滑らかであると仮定する．コーシー領域は，y 軸に平行な有限個の直線によって，x を独立変数とする有限個のグラフ型領域 $H_1, H_2, \ldots, H_K$ に分割される[17]．同様に，x 軸に平行な有限個の直線によって，y を独立変数とする有限個のグラフ型領域にも分割される．

このとき，

---

[15] 各 G_n は G_0 に含まれると仮定することができる；そうでない G_n については G_n を $G_n \cap G_0$ に置き換えればよい．
[16] コーシー領域は「関数論講義」で用いられた言葉．この領域上では，コーシーの積分公式や留数定理などが応用上の損失なく自然な形で得られる．
[17] 分割によってできた各部分領域の合併を考えても元の領域には戻らない．分割に用いた線分を併せて —— 各部分領域の (相対的な) 閉包の合併を考えて —— 初めて元の領域が再現される．

> **定理 3.10** (グリーンの公式) 平面内のコーシー領域 G と任意の $p, q \in C^1(\bar{G})$ に対して
> $$\iint_G \left(\frac{\partial q}{\partial x} - \frac{\partial p}{\partial y} \right) dxdy = \int_{\partial G} p\,dx + q\,dy.$$

[証明] 上に述べたような独立変数 x の有限個のグラフ型領域 $H_1, H_2, \ldots, H_K$ のそれぞれで $\iint_{H_k} \frac{\partial p}{\partial y} dxdy = -\int_{\partial H_k} p\,dx$ が成り立つから,辺々加えて

$$\iint_G \frac{\partial p}{\partial y} dxdy = -\int_{\partial G} p\,dx$$

を得る.同様に,独立変数 y のグラフ型領域への分解を経由すれば

$$\iint_G \frac{\partial q}{\partial x} dxdy = \int_{\partial G} q\,dy$$

が得られるから,先の結果と併せて期待された関係式が得られる. (証明終)

参考までに述べておくと,ベクトル解析でよく知られたストークスの定理とガウスの発散定理は,いずれもこのグリーンの公式を 3 次元に拡張したものである.それらを再び 2 次元内で書き表せば

> **定理 3.11** 3 次元空間内に埋め込まれた (x,y) 平面の位置ベクトルを $\boldsymbol{r} = x\boldsymbol{i} + y\boldsymbol{j} + 0\boldsymbol{k}$ と表すとき,コーシー領域 G の閉包 $\bar{G}$ における C^1 級のベクトル場 $\boldsymbol{X}$ に対して
> $$\int_{\partial G} \boldsymbol{X} \cdot \boldsymbol{t}\,ds = \iint_G \operatorname{rot} \boldsymbol{X} \cdot \boldsymbol{k}\,dxdy \qquad \text{(ストークスの定理)}$$
> $$\int_{\partial G} \boldsymbol{X} \cdot \boldsymbol{n}\,ds = \iint_G \operatorname{div} \boldsymbol{X}\,dxdy \qquad \text{(ガウスの発散定理)}$$
> が成り立つ.ここに $\boldsymbol{t}$ は向きづけられた平面曲線 ∂G の単位接ベクトルであり,また $\boldsymbol{n}$ は ∂G の (G について外向きの) 単位法線ベクトルである.

注意 $\bar{G}$ 上のベクトル場 $\boldsymbol{X}$ は,完全流体の流れや静電場,あるいは熱伝導現象の記述するのに便利である.特に,いたるところ $\operatorname{div} \boldsymbol{X} = 0$ を満たす $\boldsymbol{X}$ を湧き出し・吸

い込みのないベクトル場[18]）, また, いたるところ rot $X = O$ であるベクトル場を渦なしのベクトル場[19]）と呼ぶが, これらはそれぞれ対応する物理現象の特徴を言い表したものである.

演習問題 III

1　定理 3.3 の逆は成り立たないことを (例をもって) 示せ.
2　曲線 $x = 2t - 1,\ y = 4t^2 - 4t\ (0 \leq t \leq 1)$ が正則曲線であることを示し, その概形を描け.
3　曲線 $x = t^2,\ y = t^3\ (-1 \leq t \leq 1)$ の点 $t = 0$ での状況——特に接ベクトルの変化について——を調べよ.
4　曲線 $x = 3t/(1+t^3),\ y = 3t^2/(1+t^3)$　$(-\infty < t < \infty)$ の概形を描け.
5　曲線 $x = \cos^3 t,\ y = \sin^3 t\ (0 \leq t \leq 2\pi)$ の接ベクトルについて調べよ. またこの曲線の長さを求めよ.
6　定数 $a, b > 0$ に対して, 曲線 $x = a\cosh t,\ y = b\sinh t\ (0 \leq t < \infty)$ の概形を描け.
7　コーシー領域 G について, 積分
$$\frac{1}{2i}\int_{\partial G} \bar{z}\,dz$$
は G の面積を表すことを示せ.
8　$a, b \in \mathbb{R}$ とするとき, 曲線 $z = a\cos t + ib\sin t\ (0 \leq t \leq 2\pi)$ によって囲まれる部分の面積を求めよ.
9　曲線 $x = \cos^3 t,\ y = \sin^3 t\ (0 \leq t \leq 2\pi)$ の囲む部分の面積を求めよ.
10　楕円 (の周) $x^2/a^2 + y^2/b^2 = 1\ (a, b > 0)$ を正の向きに (反時計回りに) まわる曲線を γ とするとき, 線積分 $\int_\gamma \dfrac{dz}{z}$ の値を計算せよ.
11　反時計回りに向きづけられた円周 $C(a, R)$ に沿う線積分

---

[18]）例えば, X を速度ベクトル場とするいわゆる完全流体の流れにおいては, 上のガウスの発散定理の左辺の線積分は境界上での速度 X の法線成分の境界の長さによる積分であり, (一定と仮定された) 密度を乗じた積分は G の境界を過ぎて流れ出る (あるいは流れ込む) 流体の総質量が表される. G 全体にではなく G の任意の点 $P_0(x_0, y_0)$ を中心とする小さな半径の円板にガウスの発散定理を使い, 半径をどんどん小さくしてゆけば, 条件 "G 上で div $X = 0$" は "各点 P_0 において湧き出しも吸い込みも存在しない" 状況を意味することが分かる.

[19]）これも前注と同様の議論によって分かるので割愛する; 詳細は例えば「関数論講義」(特にその第 16 章) を参照.

$$\int_{C(a,R)} |z|^2\, dz$$

を求めよ.

12 どんな自然数 n についても
$$\int_{P[\alpha,\beta,\gamma,\alpha]} z^n\, dz = 0$$
であることを定義にしたがって確かめよ.

13 反時計回りに向きづけられた単位円周 C に沿う次の線積分を計算せよ.
$$\int_C z\, dz,\quad \int_C \bar{z}\, dz,\quad \int_C |z|\, dz,\quad \int_C z\, d\bar{z}.$$

14 反時計回りに向きづけられた単位円周 C に沿う次の線積分を計算せよ.
$$\int_C z\, |dz|,\quad \int_C \bar{z}\, |dz|,\quad \int_C |z|\, |dz|,\quad \int_C (\mathrm{Re}\, z)\, |dz|.$$

15 反時計回りに向きづけられた単位円周 C に沿う次の線積分を計算せよ.
$$\int_C \mathrm{Re}\, z\, dz,\quad \int_C (\mathrm{Re}\, z)^2\, dz,\quad \int_C \mathrm{Re}\,(z^2)\, dz,\quad \mathrm{Re}\int_C z\, dz.$$

16 z が線分 $S[-1,1]$ 上にはないとき,
$$f(z) := \int_{S[-1,1]} \frac{dt}{t-z}$$
とおく. 関数 f の虚部は上半単位円周 C^+ および下半単位円周 C^- 上で定数値をとることを示せ. またそれぞれの定数を求めよ.

17 関数 $w = f(z)$ が $z = 0$ の近傍で連続であるとき,
$$\lim_{\varepsilon \to 0} \int_0^{2\pi} f(\varepsilon e^{it})\, dt = 2\pi f(0)$$
が成り立つことを示せ.

18 反時計回りにまわる上半単位円周を C^+ で, また反時計回りにまわる半径 2 の下半円周を $C^-(0,2)$ で書き表すとき, 曲線 $\Gamma := S[-2,-1] - C^+ + S[1,2] - C^-(0,2)$ に沿う線積分 $\int_\Gamma \dfrac{z}{\bar{z}}\, dz$ の値を求めよ.

19 線積分 $\displaystyle\int_{S[0,2+4i]} \mathrm{Im}\, z^2\, dz,\quad \int_{S[0,2]+S[2,2+4i]} \mathrm{Im}\, z^2\, dz$ の値を求めよ.

20 原点を始点, 点 $2+4i$ を終点とする放物線 $\Gamma : x = t,\ y = t^2\ (0 \leq t \leq 2)$ に沿う線積分
$$\int_\Gamma \mathrm{Im}\, z^2\, dz$$
を計算せよ.

第4章

正則関数

4.1 関数の複素微分可能性

平面の開集合 O の上で定義された複素関数 f があるとする．O の1点 z_0 を固定する．ある複素数 ω_0 に対して

$$\lim_{z \to z_0} \frac{f(z) - f(z_0)}{z - z_0} = \omega_0$$

であるならば，関数 f は z_0 において**複素微分可能**であるといい，ω_0 を f の z_0 における**微分商**または**微分係数**と呼んでこれを記号

$$f'(z_0) \quad \text{あるいは} \quad \frac{df}{dz}(z_0)$$

で表す．この定義は実変数関数の場合の考え方を逐語的に複素数の世界に移行させている．文脈から明らかなときには形容詞"複素"を省略することもあるが，誤解を避けるため保持する方が賢明であろう．

$f : O \to \mathbb{C}$ が点 $z_0 \in O$ で複素微分可能であるとする．関数

$$g(z) := \begin{cases} \dfrac{f(z) - f(z_0)}{z - z_0} & z \neq z_0 \text{のとき} \\ f'(z_0) & z = z_0 \text{のとき} \end{cases}$$

は，その定義から点 z_0 で連続であり，等式

$$f(z) = f(z_0) + g(z)(z - z_0)$$

を満たしている[1]．このことから特に，

---

[1] 逆に，この関係式を満たす z_0 で連続な関数 g があれば，f は複素微分可能である．

第 4 章 正則関数

定理 4.1 点 z_0 で複素微分可能な関数は z_0 で連続である．

具体的な 2, 3 の例を考察しよう．複素平面 $\mathbb{C}$ 上の関数 $f(z) := z$ は，任意の点で複素微分可能な関数である．実際，

$$\lim_{z \to z_0} \frac{f(z) - f(z_0)}{z - z_0} = \lim_{z \to z_0} \frac{z - z_0}{z - z_0} = 1.$$

一方で，関数 $f(z) := \bar{z}$ で定義された関数は平面上のどの点でも複素微分可能ではない．なぜならば，$z = z_0 + r(\cos t + i \sin t)$ とおくとき

$$\frac{f(z) - f(z_0)}{z - z_0} = \frac{\bar{z} - \bar{z}_0}{z - z_0} = \overline{\frac{z - z_0}{z - z_0}} = \cos 2t - i \sin 2t$$

は z が z_0 の近くを動くとき絶対値 1 の複素数をすべてとり得るから，$r \to 0$ のときある定まった値に近づくことはできない．すなわち，関数 $z \mapsto \bar{z}$ はどんな点でも複素微分可能ではない．

定理 4.2 点 z_0 で複素微分可能な関数の和・差・積・商はまた z_0 で複素微分可能である．ただし，商については分母が z_0 で 0 にはならないとする．さらに，

$$(f \pm g)'(z_0) = f'(z_0) \pm g'(z_0), \quad (fg)'(z_0) = f'(z_0)g(z_0) + f(z_0)g'(z_0),$$

$$\left(\frac{f}{g}\right)'(z_0) = \frac{f'(z_0)g(z_0) - f(z_0)g'(z_0)}{\{g(z_0)\}^2}.$$

証明 商についてのみ証明し残りは読者に委ねる．まず，点 z_0 が $g(z_0) \neq 0$ を満たすとき，連続性に関する定理の証明におけるのと同様，$z \to z_0$ のとき $g(z) \neq 0$ であり続けると考えてよいことに注意する．このとき

$$\frac{1}{z - z_0}\left(\frac{f(z)}{g(z)} - \frac{f(z_0)}{g(z_0)}\right) = \frac{f(z)g(z_0) - f(z_0)g(z)}{z - z_0} \cdot \frac{1}{g(z)g(z_0)}$$

$$= \frac{f(z)g(z_0) - f(z_0)g(z_0) + f(z_0)g(z_0) - f(z_0)g(z)}{z - z_0} \cdot \frac{1}{g(z)g(z_0)}$$

$$= \left(g(z_0)\frac{f(z) - f(z_0)}{z - z_0} - f(z_0)\frac{g(z) - g(z_0)}{z - z_0}\right)\frac{1}{g(z)g(z_0)}$$

$$\to \frac{g(z_0)f'(z_0) - f(z_0)g'(z_0)}{\{g(z_0)\}^2}.$$

よって，商 f/g の点 z_0 における複素微分可能性と等式

$$\left(\frac{f}{g}\right)'(z_0) = \frac{f'(z_0)g(z_0) - f(z_0)g'(z_0)}{\{g(z_0)\}^2}$$

とが示された． (証明終)

例題 4.1 ─────────────────── 単項式の微分係数 ─

自然数 n について，関数 $z \mapsto z^n$ は $\mathbb{C}$ の各点で複素微分可能な関数で，点 $z_0 \in \mathbb{C}$ におけるその微分係数は nz_0^{n-1} である．

[解答] 帰納法による．$n=1$ ときは既に見た．n のとき証明できたとすると，$z^{n+1} = z \cdot z^n$ は複素微分可能な関数の積として複素微分可能で，点 z_0 におけるその微分係数は $1 \cdot z_0^n + z_0 \cdot nz_0^{n-1} = z_0^n + nz_0^n = (n+1)z_0^n$． ▨

定理 4.3 (合成関数の微分法) 関数 $z = f(\zeta)$ は点 ζ_0 で，また関数 $w = g(z)$ は点 $z_0 := f(\zeta_0)$ で，それぞれ複素微分可能であるならば，合成関数 $w = h(\zeta) := g(f(\zeta))$ は点 ζ_0 で複素微分可能であって，$h'(\zeta_0) = g'(f(\zeta_0))f'(\zeta_0)$ が成り立つ[2)3)]．

[証明] f の点 ζ_0 における複素微分可能性からその点における f の連続性が分かる．したがって，$\zeta \to \zeta_0$ とき，$z \to z_0$ である．ゆえに，$\zeta \to \zeta_0$ とするとき

$$\begin{aligned}\frac{h(\zeta) - h(\zeta_0)}{\zeta - \zeta_0} &= \frac{g(f(\zeta)) - g(f(\zeta_0))}{\zeta - \zeta_0} \\ &= \frac{g(z) - g(z_0)}{z - z_0} \cdot \frac{f(\zeta) - f(\zeta_0)}{\zeta - \zeta_0} \to g'(z_0)f'(\zeta_0).\end{aligned}$$

よって，$\dfrac{dw}{d\zeta}(\zeta_0) = \dfrac{dw}{dz}(z_0) \cdot \dfrac{dz}{d\zeta}(\zeta_0)$ を得る． (証明終)

[2)] 合成関数 h を表すのに記号 $g \circ f$ が用いられることもある．
[3)] ここで微分を表す記号には注意を要する；g' の $'$ は z による微分を表し，他の 2 つ h', f' は変数 ζ に関する微分操作である．

> **定理 4.4** （逆関数の微分法）　関数 $w = f(z)$ は z_0 で複素微分可能かつ $f'(z_0) \neq 0$ を満たし，さらに $w_0 := f(z_0)$ の近くで f の逆関数 $z = g(w)$ が存在してしかも w_0 で連続であるならば，g は点 w_0 で複素微分可能で $g'(w_0) = 1/f'(z_0)$ である[4]．

[証明]　関数 g の連続性によって，$w \to w_0$ のとき $z \to z_0$ である．したがって，$w \to w_0$ のとき

$$\frac{g(w) - g(w_0)}{w - w_0} = \frac{z - z_0}{f(z) - f(z_0)} \to \frac{1}{f'(z_0)}.$$

よって g は点 w_0 で複素微分可能でその点での微分係数は $1/f'(z_0)$ である．(証明終)

既に見たように複素関数 f は 2 実変数の実関数 u, v を用いて $f = u + iv$ と表されるから，f の代わりに u, v を考えてこれまで蓄積してきた実解析学を利用しようと考えるのは至極もっともなことである．この考えに沿って，複素微分可能な関数 f の実部 u と虚部 v の性質を調べてみよう．

平面領域 G 上の複素関数 $f = u + iv$ は G の 1 点 $z_0 = x_0 + iy_0$ で複素微分可能であるとする．定義によって，$h = \xi + i\eta$ が 0 に近づくとき，

$$\begin{aligned}\frac{\delta f}{\delta z} &:= \frac{f(z_0 + h) - f(z_0)}{h} \\ &= \frac{u(x_0 + \xi, y_0 + \eta) - u(x_0, y_0)}{\xi + i\eta} + i\frac{v(x_0 + \xi, y_0 + \eta) - v(x_0, y_0)}{\xi + i\eta}\end{aligned}$$

は，h の 0 への近づき方によらず一定の極限値をもつ．特に，h が実数であり続けながら 0 に近づくと，$\eta = 0$ であり続けるから，$\xi \to 0$ のとき

$$\begin{aligned}\frac{\delta f}{\delta z} &= \frac{u(x_0 + \xi, y_0) - u(x_0, y_0)}{\xi} + i\frac{v(x_0 + \xi, y_0) - v(x_0, y_0)}{\xi} \\ &\to \frac{\partial u}{\partial x}(x_0, y_0) + i\frac{\partial v}{\partial x}(x_0, y_0).\end{aligned}$$

ここで最終項に現れる $\frac{\partial u}{\partial x}(x_0, y_0), \frac{\partial v}{\partial x}(x_0, y_0)$ の存在も導き出されたことに注意する．同様に，h が純虚数であり続けながら 0 に近づくと，$\xi = 0$ であり続

---

[4] この定理では逆関数 g の存在保障には関与していない．仮定 $f'(z_0) \neq 0$ から g の存在がいえる (逆関数定理) が，これはむしろ実解析学的問題なのでここでは割愛する．

4.1 関数の複素微分可能性

けるから，$\eta \to 0$ とき

$$\frac{\delta f}{\delta z} = \frac{u(x_0, y_0 + \eta) - u(x_0, y_0)}{i\eta} + i \frac{v(x_0, y_0 + \eta) - v(x_0, y_0)}{i\eta}$$

$$= -i \frac{\partial u}{\partial y}(x_0, y_0) + \frac{\partial v}{\partial y}(x_0, y_0).$$

したがって，

$$\frac{\partial u}{\partial x}(x_0, y_0) = \frac{\partial v}{\partial y}(x_0, y_0), \quad \frac{\partial u}{\partial y}(x_0, y_0) = -\frac{\partial v}{\partial x}(x_0, y_0)$$

が分かった．点 (x_0, y_0) で偏微分可能な関数によって満たされるこの1組の等式を (x_0, y_0) における**コーシー-リーマンの関係式**と呼ぶ．

次の定理が得られた：

定理 4.5 平面領域 G で定義された複素関数 $f = u + iv$ が G の1点 $z_0 = x_0 + iy_0$ で複素微分可能であるならば，u, v は (x_0, y_0) で偏微分可能であってコーシー-リーマンの関係式が成り立つ．

この定理で得た条件は，$h \to 0$ の2つの特別な場合について考察しただけだから，あくまでも特別な場合としての必要条件に過ぎない．その逆を示すためには，このような2つの近づき方が実は一般の近づき方をも規制することが前提となるが，この前提は u, v が C^1 級である[5]ときに満たされることが知られている．すなわち，この付加条件の下では，コーシー-リーマンの関係式は複素微分可能性の十分条件にもなっている．これをより具体的に見るために，記号を単純化して $A := \dfrac{\partial u}{\partial x}(x_0, y_0)$，$B := \dfrac{\partial u}{\partial y}(x_0, y_0)$ とする．関数 u が C^1 級であることから，

$$\lim_{(\xi, \eta) \to (0, 0)} \frac{\varepsilon_1(\xi, \eta)}{\sqrt{\xi^2 + \eta^2}} = 0$$

を満たす $\varepsilon_1 = \varepsilon_1(\xi, \eta)$ を用いて，点 (x_0, y_0) の近くで

$$u(x_0 + \xi, y_0 + \eta) - u(x_0, y_0) = A\xi + B\eta + \varepsilon_1$$

---

[5] このとき，簡単のために f が C^1 級であるともいう．

と書ける．v についても同様に，コーシー-リーマンの関係式に注意すれば，

$$\lim_{(\xi,\eta)\to(0,0)} \frac{\varepsilon_2(\xi,\eta)}{\sqrt{\xi^2+\eta^2}} = 0$$

を満たす $\varepsilon_2 = \varepsilon_2(\xi,\eta)$ を用いて，点 (x_0, y_0) の近くで

$$v(x_0+\xi, y_0+\eta) - v(x_0, y_0) = -B\xi + A\eta + \varepsilon_2$$

と書ける．したがって，$h = \xi + i\eta$ とおくとき

$$\begin{aligned}
&f(z_0+h) - f(z_0) \\
&= \{u(x_0+\xi, y_0+\eta) - u(x_0, y_0)\} + i\{v(x_0+\xi, y_0+\eta) - v(x_0, y_0)\} \\
&= \{A\xi + B\eta + \varepsilon_1\} + i\{-B\xi + A\eta + \varepsilon_2\} \\
&= (A - iB)\xi + (B + iA)\eta + (\varepsilon_1 + i\varepsilon_2) = h(A - iB) + (\varepsilon_1 + i\varepsilon_2)
\end{aligned}$$

すなわち $\dfrac{f(z_0+h) - f(z_0)}{h} = (A - iB) + \dfrac{\varepsilon_1 + i\varepsilon_2}{h}$ となるが，$h \to 0$ のとき

$$\left|\frac{\varepsilon_1 + i\varepsilon_2}{h}\right| \leq \frac{|\varepsilon_1|}{|h|} + \frac{|\varepsilon_2|}{|h|} = \frac{|\varepsilon_1|}{\sqrt{\xi^2+\eta^2}} + \frac{|\varepsilon_2|}{\sqrt{\xi^2+\eta^2}} \to 0$$

であるから，

$$\lim_{h\to 0} \frac{f(z_0+h) - f(z_0)}{h} = A - iB.$$

よって f は点 z_0 で複素微分可能である．

以上をまとめると，

> **定理 4.6** 平面領域 G 上の C^1 級複素関数 $f = u + iv$ が G の 1 点 $z_0 = x_0 + iy_0$ で複素微分可能であるための必要十分条件は，u, v が (x_0, y_0) でコーシー-リーマンの関係式を満たすことである．また，このとき，x に依る偏微分だけ，あるいは f の実部 u の偏微分係数だけを用いて，
>
> $$f'(z_0) = \frac{\partial u}{\partial x}(x_0, y_0) + i\frac{\partial v}{\partial x}(x_0, y_0) = \frac{\partial u}{\partial x}(x_0, y_0) - i\frac{\partial u}{\partial y}(x_0, y_0).$$

4.2 正則性の定義

複素関数 $w = f(z)$ が点 z_0 で**正則**である[6]とは，ある正数 ρ に対して f が開円板 $\mathbb{D}(z_0, \rho)$ の各点で複素微分可能のときをいう[7]．このとき，定義から，f は $\mathbb{D}(z_0, \rho)$ の各点で正則になる[8]．また，集合 $E (\subset \mathbb{C})$ で定義された複素関数 f が E の各点で正則であるとき，f は E で正則であるという．E で正則な関数 f に対して各点 $z \in E$ にその点での微分係数を対応させる関数を f' と書くこと，f' を f の**導関数**と呼ぶことなどは，実関数の場合と同様である．すべての $z \in \mathbb{C}$ に同一の値 c を対応させる定数関数は最も簡単な正則関数で，その導関数は恒等的に 0 である．

コーシー自身は f の正則性を定義するのに f' の連続性を暗に要求した．正則関数の理論[9]は，今日では，f' についてその存在だけを要求し連続性は仮定しない[10]で美しく構築されているが，本書のような入門書では f' の連続性までを要求することが多い．次の定理は本質的に証明済みである．

> **定理 4.7** 平面開集合 O で正則な関数 f, g に対して，それらの和 $f + g$，差 $f - g$，積 fg はまた O で正則である．また，商 f/g は分母の g が 0 にならない点で正則である．さらに，
> $$(f \pm g)' = f' \pm g', \quad (fg)' = f'g + fg', \quad \left(\frac{f}{g}\right)' = \frac{f'g - fg'}{g^2}.$$

例題 4.1 で見たことから，

---

[6] ここに与えた定義は，正則性の定義としては少数派に属するものであろう．しかし，この方法に依れば，領域 (あるいは開集合) の概念をことさら意識する必要がない上に，(連続性の定義などと同様に) 集合の各点における性質に依ってその集合での性質を定義できるので，多くの教科書とは異なるこの定義をあえて採用する正当な理由がある．
[7] 1 点における複素微分可能性と正則性との違いに注意せよ．
[8] 特に，開集合における正則性はその各点での複素微分可能性に一致する．また，関数 f が閉集合 E で正則であるというのは，f が E を含むある開集合で正則であるときにほかならない．
[9] 歴史的に複素関数論あるいは単に関数論とも呼ばれる．
[10] この方向についてはたとえば「関数論講義」を参照．

> **定理 4.8** 自然数 n について，関数 $z \mapsto z^n$ は $\mathbb{C}$ で正則な関数で，その導関数は nz^{n-1} である．

$\mathbb{C}$ 全体で正則な関数を**整関数**という．そのような関数の例としては定数関数および変数の値 z 自身を値としてもつ恒等関数がある．これらを基にして組み立てられた関数

$$P(z) := a_n z^n + a_{n-1} z^{n-1} + \cdots + a_0 \quad (a_k \in \mathbb{C}, k = 0, 1, \ldots, n; a_n \neq 0)$$

は**多項式**と呼ばれる．上の 2 つの定理から直ちに次の定理が得られる．

> **定理 4.9** 多項式は整関数である．

上の多項式の定義における n を多項式 P の**次数**と呼び，記号 $\deg P$ によって表す．(複素数を係数にもつ) n 次代数方程式が——重複解は重複度だけ重ねて数えれば——いつでもちょうど n 個の (複素数) 解をもつことを主張する**代数学の基本定理** (ガウスの定理ともいう) は，多項式が整関数であるという性質を利用して本書の後半で証明される (162 ページ参照)．

正則関数の商の正則性について，ここでは簡単な (しかし重要な) 関数

$$z \mapsto \frac{1}{z}$$

が $\mathbb{C}^*$ で正則で，その導関数が $-1/z^2$ であることを注意するに留める．

次の定理は定理 4.6 から直ちにしたがう．

> **定理 4.10** 領域 G で C^1 級の複素関数 f が G で正則である[11]ための必要十分条件は，その実部および虚部が G で**コーシー-リーマンの微分方程式**
>
> $$\frac{\partial u}{\partial x} = \frac{\partial v}{\partial y}, \quad \frac{\partial u}{\partial y} = -\frac{\partial v}{\partial x}$$
>
> を満たすことである．

---

[11] すでに注意したように，"G の各点で複素微分可能である" といっても同じこと．

4.2 正則性の定義

注意 複素平面 $\mathbb{C}$ と $\mathbb{R}^2$ とを, 点 $z = x + iy$ と位置ベクトル $\boldsymbol{r} = x\boldsymbol{i} + y\boldsymbol{j}$ が対応するように同一視し, 複素関数 $f = u + iv$ にベクトル場 $\boldsymbol{X} := u\boldsymbol{i} - v\boldsymbol{j}$ を対応させれば[12]), $\boldsymbol{i}, \boldsymbol{j}$ とともに正規直交基底をつくる第3のベクトル $\boldsymbol{k}$ を用いるとき, コーシー-リーマンの微分方程式は

$$\operatorname{div} \boldsymbol{X} = u_x - v_y = 0, \qquad \operatorname{rot} \boldsymbol{X} = -(u_y + v_x)\boldsymbol{k} = \boldsymbol{O}$$

と同値であるから, 前章の注意 (60 ページ) に述べたことによって, 正則関数 f は渦なしでしかも湧き出し・吸い込みなしの流れを表していると考えることができる.

さて, 一般の複素関数 $f : G \to \mathbb{C}$ は独立変数として z が用いられているが, 平面の複素座標 z と古典的なデカルト座標 (x, y) との関係は

$$x = \frac{1}{2}(z + \bar{z}), \qquad y = \frac{1}{2i}(z - \bar{z})$$

であったから, f は2実変数 x, y の関数とも考えられる. そこで, 形式的に合成関数の偏微分法を適用すると

$$\begin{cases} \dfrac{\partial f}{\partial z} = \dfrac{\partial f}{\partial x}\dfrac{\partial x}{\partial z} + \dfrac{\partial f}{\partial y}\dfrac{\partial y}{\partial z} = \dfrac{\partial f}{\partial x}\dfrac{1}{2} + \dfrac{\partial f}{\partial y}\dfrac{1}{2i} = \dfrac{1}{2}\left(\dfrac{\partial f}{\partial x} - i\dfrac{\partial f}{\partial y}\right) \\[2mm] \dfrac{\partial f}{\partial \bar{z}} = \dfrac{\partial f}{\partial x}\dfrac{\partial x}{\partial \bar{z}} + \dfrac{\partial f}{\partial y}\dfrac{\partial y}{\partial \bar{z}} = \dfrac{\partial f}{\partial x}\dfrac{1}{2} - \dfrac{\partial f}{\partial y}\dfrac{1}{2i} = \dfrac{1}{2}\left(\dfrac{\partial f}{\partial x} + i\dfrac{\partial f}{\partial y}\right) \end{cases}$$

を得る. それゆえ, あらためて, 任意の[13])複素関数 f に対して

$$\frac{\partial f}{\partial z} := \frac{1}{2}\left(\frac{\partial f}{\partial x} - i\frac{\partial f}{\partial y}\right), \qquad \frac{\partial f}{\partial \bar{z}} := \frac{1}{2}\left(\frac{\partial f}{\partial x} + i\frac{\partial f}{\partial y}\right)$$

と定義する. これを**ヴィルティンガーの微分法**と呼ぶ. もちろん, この微分法を実際に適用するには, 具体的に $f = u + iv$ とおいて

$$\begin{cases} \dfrac{\partial f}{\partial z} = \dfrac{1}{2}\left[\left(\dfrac{\partial u}{\partial x} + \dfrac{\partial v}{\partial y}\right) + i\left(\dfrac{\partial v}{\partial x} - \dfrac{\partial u}{\partial y}\right)\right] \\[2mm] \dfrac{\partial f}{\partial \bar{z}} = \dfrac{1}{2}\left[\left(\dfrac{\partial u}{\partial x} - \dfrac{\partial v}{\partial y}\right) + i\left(\dfrac{\partial v}{\partial x} + \dfrac{\partial u}{\partial y}\right)\right] \end{cases}$$

のように計算する. 任意の複素関数 f について, $\bar{f} := \operatorname{Re} f - i \operatorname{Im} f$ とする

---

[12])ここで, $f = u + iv$ と $\boldsymbol{X} = u\boldsymbol{i} - v\boldsymbol{j}$ の対応 (特に第2成分の符号) に注意.
[13])任意とはいっても以下の微分操作が可能であることは自明に要求されている; すなわち結果的に見れば f の実部・虚部はともに (x, y) について) 微分可能と要請されている.

とき，$\dfrac{\partial \bar{f}}{\partial z} = \overline{\dfrac{\partial f}{\partial \bar{z}}}$ であることは容易に確かめられる．

> **定理 4.11** 関数 f が開集合 O 上で正則であるための必要十分条件は O 上で**複素コーシー-リーマン微分方程式**
> $$\dfrac{\partial f}{\partial \bar{z}} = 0$$
> が成り立つことであり，このとき $f' = \dfrac{\partial f}{\partial z}$ である．

4.3 正則関数の基本的な性質

次の定理は実関数論に照らしてみれば想像どおりの結果であろう．

> **定理 4.12** 領域 G で正則な関数 f が G 上で $f' = 0$ であれば，f は G 上で定数である．

証明 コーシー-リーマンの方程式から $f' = u_x + iv_x = v_y - iu_y$ であるから，仮定によって，G 上で $u_x = u_y = 0$, $v_x = v_y = 0$ が成り立つ．したがって G 上で $u = \text{const.}, v = \text{const.}$ である[14]．すなわち，f は定数関数である．　　　　　　（証明終）

実部だけに関する (別の) 仮定でも同じ結論に達することができる：

---

[14] この部分を余り安易に考えてはならない．たとえば u について考える．まず最初に，各点 $\zeta \in G$ に対して適当な正数 $\rho = \rho(\zeta)$ があって，$\mathbb{D}(\zeta, \rho)$ 上で u が定数関数となることが分かる．次に，$z_0 \in G$ を 1 つ止めて $E := \{z \in G \mid u(z) = u(z_0)\}$ を考えれば，これは明らかに空集合ではない (実際 $z_0 \in E$ である！)．任意の $z \in E$ は定義によって $u(z) = u(z_0)$ であり，上の考察から z のある近傍でも $u = u(z_0)$ となるので E は $(G$ の) 開集合である．一方で E は，連続関数 $u - u(z_0)$ が値 0 をとる点の全体として $(G$ の) 閉集合でもある．G の連結性によって $E = G$, すなわち G 全体で u は定数．
領域 G 上の偏微分可能な関数 u が $u_x = 0$ を満たせば u は x に依らない関数であるという主張は，もっともらしくみえるが一般には成り立たない．例えば，$G = \mathbb{R}^2 \setminus \{x = 0, y \geq 0\}$ における関数
$$u(x, y) = \begin{cases} y^2 & (x > 0,\ y > 0) \\ 0 & (\text{それ以外の } G \text{ の点 } (x, y) \text{ で}). \end{cases}$$

4.3 正則関数の基本的な性質

> **定理 4.13** 領域 G で正則な関数の実部が G で定数ならば，f 自身 G で定数である．

[証明] $f = u + iv$ と書くとき，仮定によって G 上で $u = \text{const.}$ であるから，G 上で $u_x = u_y = 0$ が成り立つ．コーシー-リーマンの方程式によって G の各点 $z = x + iy$ で $f'(z) = u_x(x,y) - iu_y(x,y) = 0$．期待された結論は前定理から直ちに得られる．

(証明終)

さらにまた，

> **定理 4.14** 領域 G で正則な関数 f について，その絶対値 $|f|$ が G 上で定数ならば f 自身 G 上で定数である．

[証明] 仮定は $|f(z)| = k\ (z \in G)$ と書き直せるが，実定数 k は正であるとしてよい；実際，$k = 0$ ならば明らかに G 上で $f \equiv 0$．このとき $f(z)\overline{f(z)} = k^2$ であるから

$$\frac{\partial(f\bar{f})}{\partial z} = \bar{f}\frac{\partial f}{\partial z} + f\frac{\partial \bar{f}}{\partial z} = 0.$$

ところが，f の正則性によって $\dfrac{\partial \bar{f}}{\partial z} = \overline{\dfrac{\partial f}{\partial \bar{z}}} = 0$ であるから，$\bar{f}\dfrac{\partial f}{\partial z} = 0$．仮定から f は値 0 を決してとらないから，G 上で $f' = \dfrac{\partial f}{\partial z} = 0$．この節冒頭の定理によって G 上で $f = \text{const.}$

(証明終)

注意 定理 4.14 の別証明を与える：仮定は f の実部 u と虚部 v を用いて $u^2 + v^2 = k^2$ と書けるが，上の証明と同じ理由で $k > 0$ としてよい．この両辺をそれぞれ x, y で偏微分して $uu_x + vv_x = 0$, $uu_y + vv_y = 0$ を得るが，これらはコーシー-リーマンの方程式を用いて

$$\begin{cases} uu_x - vu_y = 0 \\ vu_x + uu_y = 0 \end{cases}$$

と書き直される．これを (G の各点で) u_x, u_y に関する連立方程式と考えるとき，係数行列式は

$$\begin{vmatrix} u & -v \\ v & u \end{vmatrix} = u^2 + v^2 = k^2 > 0$$

だから，解は $u_x = u_y = 0$ に限られる．したがって f は G で定数関数である．

このような数々の一意性定理の他に，正則関数の顕著な性質の1つとして，

例題 4.2 ───────────────────────── 正則関数と等角写像 ─

1点 z_0 (の近傍) で正則で $f'(z_0) \neq 0$ を満たす関数は，点 z_0 で等角的かつ線分比一定であることを示せ．

[解答] 点 z_0 を通る2つの (向きづけられた正則な) 曲線 γ_1, γ_2 は関数 $w = f(z)$ によって，$w_0 := f(z_0)$ を通る2つの (向きづけられた正則な) 曲線 Γ_1, Γ_2 に写される．曲線 γ_1, γ_2 はともに径数 $t \in [-1, 1]$ によって表されているとし，z_0 は $t = 0$ に対応するとしてよい．すなわち，$k = 1, 2$ について

$$\gamma_k : z = \psi_k(t), \quad -1 \le t \le 1; \quad \psi_k(0) = z_0,$$

$$\Gamma_k : w = f(\psi_k(t)) =: \Psi_k(t), \quad -1 \le t \le 1; \quad \Psi_k(0) = w_0.$$

曲線 γ_1, γ_2 が点 z_0 でなす角を θ とし，像曲線 Γ_1, Γ_2 が点 w_0 でなす角を Θ とする．これらの角は，$\gamma_1, \gamma_2; \Gamma_1, \Gamma_2$ の接線のなす角として定義される．それぞれの (z_0 あるいは w_0 における) 接ベクトルは

$$\psi_1'(0), \ \psi_2'(0); \quad \Psi_1'(0), \ \Psi_2'(0)$$

であるから，

$$\cos\theta = \mathrm{Re}\left[\frac{\psi_1'(0)\overline{\psi_2'(0)}}{|\psi_1'(0)||\psi_2'(0)|}\right], \quad \cos\Theta = \mathrm{Re}\left[\frac{\Psi_1'(0)\overline{\Psi_2'(0)}}{|\Psi_1'(0)||\Psi_2'(0)|}\right]$$

である．ここで次の性質を用いた： 2つの平面ベクトル $\boldsymbol{v}_k := (a_k, b_k) (\neq \boldsymbol{0}), k = 1, 2,$ のなす角を ϕ とすると，

$$\cos\phi = \frac{\boldsymbol{v}_1 \cdot \boldsymbol{v}_2}{\|\boldsymbol{v}_1\|\|\boldsymbol{v}_2\|} = \frac{a_1 a_2 + b_1 b_2}{\sqrt{a_1^2 + b_1^2}\sqrt{a_2^2 + b_2^2}} = \mathrm{Re}\left[\frac{(a_1 + ib_1)(a_2 - ib_2)}{|a_1 + ib_1||a_2 - ib_2|}\right].$$

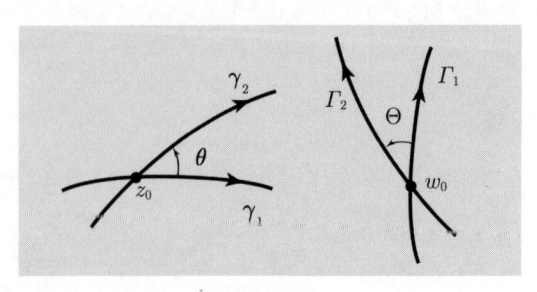

図 4.1

4.3 正則関数の基本的な性質

関数 f の正則性と合成関数の微分法によって $k=1,2$ について

$$\Psi'_k(0) = f'(\psi_k(0))\psi'_k(0) = f'(z_0)\psi'_k(0)$$

であるから，$\cos\Theta = \cos\theta$ が分かる．したがって，$\Theta = \pm\theta + 2m\pi$ (m : 整数) である．ここで複号 ($\pm$) は実際には正符号 ($+$) だけが可能である．これを見るためには (余弦と内積の関係ではなく) 正弦と外積の関係を考察すればよい．上の記号を用い，さらに z 平面に垂直で複素数 $1, i$ の表すベクトルとあわせて右手系をなすような単位ベクトルを $\boldsymbol{k}$ で示すとき，

$$\sin\phi = \frac{\boldsymbol{v}_1 \times \boldsymbol{v}_2}{\|\boldsymbol{v}_1\|\|\boldsymbol{v}_2\|} \cdot \boldsymbol{k} = \frac{a_1 b_2 - a_2 b_1}{\sqrt{a_1^2 + b_1^2}\sqrt{a_2^2 + b_2^2}} = -\mathrm{Im}\left[\frac{(a_1+ib_1)(a_2-ib_2)}{|a_1+ib_1||a_2-ib_2|}\right]$$

であるから，

$$\begin{aligned}\sin\Theta &= -\mathrm{Im}\left[\frac{\Psi'_1(0)\overline{\Psi'_2(0)}}{|\Psi'_1(0)||\Psi'_2(0)|}\right] = -\mathrm{Im}\left[\frac{f'(z_0)\psi'_1(0)\overline{f'(z_0)\psi'_2(0)}}{|f'(z_0)\psi'_1(0)||f'(z_0)\psi'_2(0)|}\right]\\ &= -\mathrm{Im}\left[\frac{\psi'_1(0)\overline{\psi'_2(0)}}{|\psi'_1(0)||\psi'_2(0)|}\right] = \sin\theta.\end{aligned}$$

この関係と先ほどの余弦に関する結果とから，期待されたとおり $\Theta = \theta + 2m\pi$ (m : 整数) であることが分かる．

さらに，また

$$\frac{|\Psi'_1(0)|}{|\Psi'_2(0)|} = \frac{|f'(\psi_1(0))\psi'_1(0)|}{|f'(\psi_2(0))\psi'_2(0)|} = \frac{|f'(z_0)\psi'_1(0)|}{|f'(z_0)\psi'_2(0)|} = \frac{|\psi'_1(0)|}{|\psi'_2(0)|}$$

であるから，線分比は一定である． ▨

上の例題で得た結果は定理 1.4 の一部分を複素数の性質を用いて書き直したものであるが，より完全な形では次のようになるであろう．

> **定理 4.15** 1 点 z_0 (の近傍) で正則な関数は，その点 z_0 における導関数が $f'(z_0) \neq 0$ を満たすならば，点 z_0 で等角的かつ線分比一定である．
>
> また，点 z_0 の近傍での C^1 同相写像 f について，f が点 z_0 で等角的であるならば f は点 z_0 において複素微分可能であり，f が点 z_0 で線分比一定であるならば，f もしくは $\bar{f}$ は点 z_0 において複素微分可能である．

証明 前半は，$z = x+iy$, $f(z) = u(x,y) + iv(x,y)$ とおくとき，

$$|f'(z)|^2 = \left(\frac{\partial u}{\partial x}\right)^2 + \left(\frac{\partial v}{\partial x}\right)^2 \bigg|_{(x,y)} = J_f(x,y)$$

であることと定理 1.4 から直ちに分かる．後半も，正則性のコーシー-リーマン方程式による特徴づけと定理 1.4 を経由すればよい． (証明終)

例題 4.3 ─────────────── z^2 の等角性 ─

整関数 $z \mapsto z^2$ の等角性について調べよ．

解答 関数 $z \mapsto z^2$ は，穴あき平面 $\mathbb{C}^*$ で導関数が決して 0 にはならないから，そこで等角的である．しかし原点では導関数が 0 になり，等角性は破れる；実際，原点を通過する 2 曲線の交角は像曲線では 2 倍になる． ▨

4.4 リーマン球面

この節では，第 1 章の内容を複素数を活用して再述する[15]．複素平面 $\mathbb{C}$ が実 2 次元の平面 $\mathbb{R}^2$ と同一視されることは既に見た．その対応は複素数の実部と虚部による表示 $z = x+iy$ を通して与えられた．平面は 3 次元ユークリッド空間内に埋め込むが，その際に，平面の x 軸および y 軸がそれぞれ (ξ, η, ζ) 空間の ξ 軸および η 軸に重なるように置く．次に，(ξ, η, ζ) 空間内の球面 $\Sigma : \xi^2 + \eta^2 + \zeta^2 = 1$ の北極 $N(0,0,1)$ から $z = x+iy$ 平面への**立体射影** pr を

$$\mathrm{pr} : (\xi, \eta, \zeta) \mapsto z := \frac{\xi + i\eta}{1 - \zeta}$$

によって定義する．立体射影は 1 対 1 の写像でその逆写像は，7 ページの図 1.6 から明らかなように，

---

[15] 以下の大部分は第 1 章を仮定すればほとんど明らかな事実の再確認が主で，いくつかの言葉の導入と新しい表現が加わるのみである．しかし，第 1 章をスキップしてきた読者が大きな支障を感じないで済むように，要点は重複を厭わず述べることにする．ただし，図版だけは (紙幅の節約のために) 第 1 章の図版を用いることがある．本節の話題とその応用については「関数論講義」が特に詳しい．

4.4 リーマン球面

$$\xi = \frac{2x}{|z|^2+1}, \quad \eta = \frac{2y}{|z|^2+1}, \quad \zeta = \frac{|z|^2-1}{|z|^2+1} \quad (z = x+iy \in \mathbb{C})$$

によって与えられる．この 1 対 1 両連続の対応によって $\Sigma \setminus \{N\}$ と $\mathbb{C}$ とを同一視する．北極 N に対応すべき点を新しく $\mathbb{C}$ に付加し，この点を**無限遠点**と呼び記号 ∞ によって表す．立体射影は $\mathrm{pr} : \Sigma \to \mathbb{C} \cup \{\infty\} =: \hat{\mathbb{C}}$ に拡張されるが，これも同じ記号 pr で表す．Σ を**リーマン球面**と呼ぶが，実質的に同じものである $\hat{\mathbb{C}}$ もまた同じ名で呼ばれる[16]ことが多い．

リーマン球面 $\hat{\mathbb{C}}$ の部分集合 U は，ある $R > 0$ に対して

$$U \supset \{z \in \mathbb{C} \mid |z| > R\} \cup \{\infty\}$$

であるとき[17]**無限遠点の近傍**と呼ぶ[18]．このように近傍を定義することは，複素数からなる点列 $(z_n)_{n=1,2,\ldots}$ が無限遠点 ∞ に収束することを "$|z_n| \to \infty \ (n \to \infty)$" が満たされることとして定めたことに他ならない．この定義の下では，pr は $\Sigma \to \hat{\mathbb{C}}$ の両連続な対応である．

無限遠点を追加した世界であるリーマン球面はもはや数の世界ではない；$a, b \in \hat{\mathbb{C}}$ に対して $a+b, a-b, ab, a/b$ 等が常に意味をもつわけではない．しかし特殊な場合には次のように約束するのが自然であろう：

$a \in \mathbb{C}^*$ に対して $\quad a\infty = \infty a = \infty, \quad a/\infty = 0, \quad \infty/a = \infty, \quad a/0 = \infty.$

前節までは複素微分可能性を中心に考えてきたが，そのためには複素関数

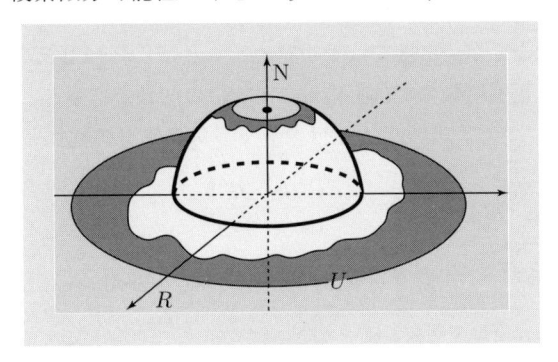

図 4.2

---

[16] 拡張された複素平面という名もある．
[17] 言い換えれば，$\mathbb{C} \setminus U \subset \overline{\mathbb{D}}(0, R)$ とき．この表現の方が集合の包含関係としては分かりやすいが，無限遠点の近傍の定義としては本文の言い表し方の方がより基本的である．
[18] 集合 $\{z \in \mathbb{C} \mid R < |z|\}$ は**無限遠点の穴あき近傍**と呼ばれることもある．

$w = f(z)$ の独立変数 z は複素数としておく必要があった．しかし，上のように変数が動く範囲を拡大した今では，無限遠点における複素関数の振る舞い[19)]を考慮する必要が生じた．次の定義が重要である[20)]．

定義 無限遠点の近傍で定義された複素関数 $w = f(z)$ は，ある $R > 0$ について変数変換 $z \mapsto 1/z = \zeta$ によって得られる関数

$$w = F(\zeta) := \begin{cases} f(1/\zeta), & \zeta \in \mathbb{D}^*(0, 1/R) \\ f(\infty), & \zeta = 0 \end{cases}$$

が $\zeta = 0$ で複素微分可能であるとき**無限遠点で複素微分可能**であるといい，$F(\zeta)$ が $\mathbb{D}(0, 1/R)$ の各点で複素微分可能であるとき**無限遠点で正則**であるという．

注意 関数 $w = f(z)$ が無限遠点で複素微分可能というときには，

$$f(\infty) = \lim_{z \to \infty} f(z)$$

は (有限な複素数として) 存在することを前提としている．

4.5 調和関数

正則関数はその定義域においていたるところ複素微分可能な関数として定義された．その導関数の連続性は，存在だけから証明されることであって本来仮定すべきことではないが，本書では予め認めることにした (4.2 節を参照)．本節ではさらに強く，正則関数の実部も虚部も C^2 級の関数であることを仮定する[21)]．

平面の領域 G で C^2 級の関数 u は，**ラプラスの微分方程式**

$$\Delta u := \frac{\partial^2 u}{\partial x^2} + \frac{\partial^2 u}{\partial y^2} = 0$$

が G 上で満たされる [22)] とき，G 上の**調和関数**と呼ばれる．

[19)] 厳密な意味ではもはや関数とはいえない．
[20)] このように定義する根拠は，(1) 第 1 章で見たように $z \mapsto 1/z$ は $\mathbb{C}^*$ から $\mathbb{C}^*$ への等角写像であること，および (2) 複素微分可能な関数は (導関数が 0 にならない限り局所的に) 等角写像であること，であるが，ここでは紙幅の都合もあって割愛する．詳細な議論については「関数論講義」を参照されたい．
[21)] 実は，驚くべきことに，上の C^1 級の仮定と同様に，この仮定も不必要であることが後に判明する．第 6 章参照．
[22)] ここに登場する微分作用素 Δ はラプラシアンと呼ばれている．

4.5 調和関数

正則関数と調和関数との深い関わりを示す定理として，

> **定理 4.16** (1) 領域 G で正則な関数 $f = u + iv$ があるとき，u, v はともに G 上で調和な関数である．
> (2) 逆に，領域 G で調和な関数 u があるとき，任意の点 $z_0 \in G$ に対して適当な正数 ρ_0 をとれば，$\mathbb{D}(z_0, \rho_0)$ での調和関数 v を見つけて $f := u + iv$ が $\mathbb{D}(z_0, \rho_0)$ 上の正則関数であるようにできる．

証明 前半は直接的な計算による： 実部 u については，コーシー-リーマンの関係式によって，

$$\Delta u = \frac{\partial}{\partial x}\frac{\partial u}{\partial x} + \frac{\partial}{\partial y}\frac{\partial u}{\partial y} = \frac{\partial}{\partial x}\frac{\partial v}{\partial y} - \frac{\partial}{\partial y}\frac{\partial v}{\partial x} = 0.$$

虚部 v についても同様である．

次に後半を示す．任意の点 $z_0 \in G$ に対して $\mathbb{D}(z_0, \rho_0) \subset G$ となる正数 ρ_0 がとれる．このとき，この円板の上で方程式

$$\frac{\partial v}{\partial x} = -\frac{\partial u}{\partial y}, \qquad \frac{\partial v}{\partial y} = \frac{\partial u}{\partial x}$$

を満たす関数 v を探し出す．この目的のために言葉を1つ用意する[23]．折れ線のうちでそれを構成する各線分が座標軸に平行であるものを**座標系に従属した折れ線**と呼ぶことにしよう．点 $z_0 = x_0 + iy_0$ から任意の点 $z = x + iy \in \mathbb{D}(z_0, \rho_0)$ に到る座標系に従属した折れ線に沿う線積分を用いて $\mathbb{D}(z_0, \rho_0)$ 上の関数

$$v(x, y) := \int_{(x_0, y_0)}^{(x, y)} -\frac{\partial u}{\partial y} dx + \frac{\partial u}{\partial x} dy$$

が定まる．実際，座標系に従属した2つの異なる折れ線に沿う線積分は同じ値を生み出すことがグリーンの公式と u の調和性によって分かる[24]．偏微分を行うには折れ線が (x, y) に到達する最後の段階を上手に選べばよい．たとえば

$$\frac{v(x+\xi, y) - v(x, y)}{\xi} = \frac{1}{\xi} \int_{S[x+iy, (x+\xi)+iy]} -\frac{\partial u}{\partial y} dx + \frac{\partial u}{\partial x} dy = -\frac{1}{\xi} \int_x^{x+\xi} \frac{\partial u}{\partial y} dx$$

---

[23] この言葉は本書においてだけ用いられるものであって一般的なものではない．
[24] 折れ線が始点と終点以外には共有点を持たない場合には，これらの折れ線でできる長方形に対してグリーンの公式を使えばよい；折れ線が始終点以外の点で交わる場合にはいったんその点までを考えればよい．

となるが，最後の項は，積分法における平均値の定理[25]によって，ある数 $\theta\,(0<\theta<1)$ を用いて
$$-\frac{\partial u}{\partial y}(x+\theta\xi)$$
と書ける．ここで $\xi\to 0$ とすれば $\dfrac{\partial v}{\partial x}=-\dfrac{\partial u}{\partial y}$ が分かる．同様に，y で偏微分すれば $\dfrac{\partial v}{\partial y}=\dfrac{\partial u}{\partial x}$ が分かる．

したがって，v は $\mathbb{D}(z_0,\rho_0)$ 上で調和な関数であり，$f:=u+iv$ は $\mathbb{D}(z_0,\rho_0)$ 上の正則な関数である． (証明終)

注意 上の (1) を示す計算では，C^2 級関数 u に対して関係式
$$\frac{\partial^2 u}{\partial x\partial y}=\frac{\partial^2 u}{\partial y\partial x}$$
が成り立つことを用いている．この等式は証明の必要な事実ではあるが，本書に現れる具体的な個々の関数については直接に検証できるので，ここでは深入りしない．気になる読者は，**シュヴァルツの定理** を鍵として，実解析学の書物を参照されたい．

調和関数 u に対して上のように定義して得られた関数 v は u の **共役調和関数** と呼ばれている．上の定理は，局所的にはいつでも共役調和関数が作れることを主張する．共役調和関数は加法定数を除けば一意的である．

次の結果は，調和性と正則性との関係についての簡明な説明を与える．

例題 4.4 ────────── ラプラシアンのヴィルティンガー微分表示

ラプラス微分作用素 Δ はヴィルティンガー微分法を用いれば
$$\Delta=4\frac{\partial^2}{\partial\bar{z}\partial z}$$
と計算されることを示せ．

解答 任意の C^2 級関数 u に対して，

---
[25] **積分法における (第 1) 平均値の定理** とは，閉区間 $[a,b]$ で連続な関数 φ に対して，ある数 $c\,(a<c<b)$ を見つけて
$$\int_a^b \varphi(t)\,dt=(b-a)\,\varphi(c)$$
とできることをいう．関数 φ の連続性を条件から落とすことはできない．章末問題参照．

$$4\frac{\partial^2 u}{\partial \bar{z}\partial z} = 4\frac{\partial}{\partial \bar{z}}\frac{\partial u}{\partial z} = 4\cdot\frac{1}{2}\left(\frac{\partial}{\partial x}+i\frac{\partial}{\partial y}\right)\left[\frac{1}{2}\left(\frac{\partial}{\partial x}-i\frac{\partial}{\partial y}\right)u\right]$$

$$= \frac{\partial^2 u}{\partial x^2} - i\frac{\partial^2 u}{\partial x \partial y} + i\frac{\partial^2 u}{\partial y \partial x} + \frac{\partial^2 u}{\partial y^2} = \frac{\partial^2 u}{\partial x^2} + \frac{\partial^2 u}{\partial y^2} = \Delta u.$$ ▨

注意 (1) ここでもシュヴァルツの定理がこっそり用いられている．
(2) 上の計算は，まるで 2 つの実数 a, b に対する等式 $(a+ib)(a-ib) = a^2 + b^2$ を適用したような結果になっているので，覚えやすいであろう．

例題 4.5 ─────────────── 共役調和関数の多価性 ─

(1) $u(x, y) := \log\sqrt{x^2 + y^2}$ は穴あき平面 $\mathbb{C}^*$ で調和な関数であることを示せ．
(2) u の共役調和関数の $\mathbb{C}^*$ における挙動について調べよ．

解答 (1) まず，関数 u は

$$u(x, y) = \frac{1}{2}\log(x^2 + y^2)$$

であるから，

$$\frac{\partial^2 u}{\partial x^2} = \frac{y^2 - x^2}{x^2 + y^2}, \quad \frac{\partial^2 u}{\partial y^2} = \frac{x^2 - y^2}{x^2 + y^2}.$$

すなわち u は $\mathbb{C}^*$ で調和な関数である．

次に，点 $(x_0, y_0) \in \mathbb{C}^*$ を任意に 1 つ固定する．また，u の共役調和関数 (の 1 つ) を v とする．点 $(x, y) \in \mathbb{C}^*$ における v の値は，(x_0, y_0) から (x, y) へと到る曲線に沿う線積分

$$\int_{(x_0, y_0)}^{(x, y)}\left(-\frac{\partial u}{\partial y}dx + \frac{\partial u}{\partial x}dy\right) + \text{const.}$$

で与えられるが，この計算のために極座標系 (r, θ) を用いると，

$$\frac{\partial u}{\partial x} = \frac{x}{x^2 + y^2} = \frac{\cos\theta}{r}, \quad \frac{\partial u}{\partial y} = \frac{y}{x^2 + y^2} = \frac{\sin\theta}{r}.$$

よって，(r_0, θ_0) が点 (x_0, y_0) を表すとし，積分路を少し変形して[26]さらに積分定数

---

[26] これが可能であるのはグリーンの公式による．

を無視すれば,

$$v(x,y) = \int_{r_0}^{r} \left(-\frac{\sin\theta}{r}\cos\theta + \frac{\cos\theta}{r}\sin\theta\right) dr$$
$$+ \int_{\theta_0}^{\theta} \left(\frac{\sin\theta}{r} r\sin\theta + \frac{\cos\theta}{r} r\cos\theta\right) d\theta$$
$$= \int_{\theta_0}^{\theta} d\theta = \theta - \theta_0.$$

この結果は, v が $\mathbb{C}^*$ 全体での関数としては定義されないことを示している.

ラプラシアンは, その線形性を考慮して, 複素関数についても容易に定義される: 複素関数 $f = u + iv$ に対して $\Delta f := \Delta u + i\Delta v$. 微分方程式 $\Delta f = 0$ を満たす複素関数 f を**複素調和関数**と呼び, これに対して従来の調和関数を**実調和関数**と呼んで区別することがある. 任意の正則関数は複素調和関数である.

演習問題 IV

1. 関数 $f_1(z) = \bar{z}$, $f_2(z) = \bar{z}/z$ および $f_3(z) = \bar{z}^2/z$ の連続性について調べよ.
2. 関数 $(x,y) \mapsto (e^x \cos y, e^x \sin y)$ の連続性について調べよ. また, その有界性について調べよ.
3. 複素数 $a \in \mathbb{D}$ を1つ固定するとき, 関数 $z \mapsto \dfrac{z-a}{1-\bar{a}z}$ は単位開円板 $\mathbb{D}$ から $\mathbb{D}$ の上への1対1等角な写像であることを示せ.
4. $u(x,y) := x^2 - y^2$ が全平面 $\mathbb{C}$ で調和関数であることを確かめ, その共役調和関数を求めよ.
5. $\mathbb{C}^*$ は領域であることを確認せよ. 次に, 関数
$$u(x,y) = x^2 - y^2 + 3y - \frac{y}{2(x^2+y^2)}$$
が $\mathbb{C}^*$ での調和関数であることを示し, その共役調和関数を見い出せ. さらに, u を実部とする正則関数 $f(z)$ $(z = x + iy)$ を見い出せ.
6. ヴィルティンガーの微分作用素を極座標系 (r, θ) によって表せ.
7. ラプラシアンを極座標系を用いて表せ.
8. 穴あき平面 $\mathbb{C}^*$ において, 原点からの距離 r だけに依存する (すなわち偏角 θ には依存しない) 調和関数を決定せよ. またその共役調和関数について調べよ.
9. 極座標系 (r, θ) によって
$$u(r, \theta) := \frac{1-r^2}{1 - 2r\cos\theta + r^2}$$

と表される関数 u は単位開円板 $\mathbb{D}$ で調和であることを確認せよ．

10 コーシー-リーマンの微分方程式を極座標系を用いて表現し，さらにこの結果を応用して定理 4.13, 4.14 などの別証を与えよ．

11 脚注 25) に述べた積分法における第 1 平均値の定理を証明せよ．また，関数 φ の連続性を条件から落とすことはできないことを示せ．

12 整関数 f と (滑らかな) 閉曲線 γ に対して積分 $\int_\gamma \overline{f(z)} f'(z)\, dz$ は純虚数値であることを示せ．

13 関数 $w = f(z)$ が単位閉円板 $\overline{\mathbb{D}}$ 上で正則で，1 対 1 の写像を定めるとき，像 $f(\mathbb{D})$ の面積は
$$\frac{1}{2i} \int_C \overline{f(z)} f'(z)\, dz$$
で与えられることを示せ．

14 関数 $f(z) := \bar{z}$ は $\mathbb{C}$ のいかなる点でも正則ではないことを確認せよ．

15 次の関数 f が $z = x + iy$ の整関数となるように，実係数 a, b, c, p, q などを定め，f を z で表し，さらに $f'(i)$ を計算せよ．
  (1) $f(z) := (ax^2 + by^2) + 2xyi$.
  (2) $f(z) := (2x^3 + axy^2) + i(by^3 + cxy^2 + px^2 y + qx^3)$.

16 実関数
$$u(x, y) := 5x^2 + pxy + qy^2, \quad v(x, y) := rx^2 + sxy - 3y^2$$
の係数 p, q, r, s をうまく選んで変数 $z = x + iy$ の関数 $f(z) = u(x, y) + iv(x, y)$ が整関数であるようにできるか．もしできるならば，そのときの値 $f'(5 - 3i)$ を求めよ．

17 $a, b, c, d \in \mathbb{C}$, $c \neq 0$, $ad - bc \neq 0$ に対して，関数
$$T : z \mapsto az + b \quad \text{および} \quad S : z \mapsto \frac{az + b}{cz + d}$$
はそれぞれ $\mathbb{C}$ あるいは $\mathbb{C} \setminus \{-d/c\}$ での正則関数を定めることを確認せよ．さらに，それぞれの像集合 $T(\mathbb{C})$, $S(\mathbb{C} \setminus \{-d/c\})$ を決定せよ．関数 S の定義においては，$ad - bc = 1$ と考えてもよいことを確認せよ．

18 前問における T, S の逆関数の定義域とそれらの正則性を調べよ．またそれらの導関数を計算せよ．

19 関数 $z \mapsto |z|^2$ の複素微分可能性および正則性について調べよ．関数 $z \mapsto |z|$ や $z \mapsto |z|^3$ についてはどうか．

20 直線 $x = \text{const.}$, $y = \text{const.}$ の写像 $z \mapsto z^3$ による像曲線を描け．

21 (平面の) 領域 G と G で正則な関数 f があるとき，
  (1) $G^* := \{z \in \mathbb{C} \mid \bar{z} \in G\}$ は領域であることを確かめよ．また，

(2) 関数 $f^*(z) := \overline{f(\bar{z})}$ は領域 G^* 上の正則関数であることを示せ.

22 正則関数 f について $\Delta|f(z)|^2 = 4|f'(z)|^2$ であることを示せ. また，非定数正則関数によって与えられる写像のヤコビアンは決して負にはならない[27]ことを確認せよ.

23 複素調和関数 f について，$zf(z)$ もまた複素調和関数であるための必要十分条件は f が正則な関数であることである. これを示せ.

24 C^2 級の実関数 u について，u, u^2 ともに調和関数であるという. このとき u について何が分かるか？

25 次の各問に答えよ.
(1) $\varepsilon > 0$ に対して $G_\varepsilon := \{z \in \mathbb{C} \mid \varepsilon \operatorname{Re} z + |\operatorname{Im} z| > 0\}$ とおくとき，G_ε を図示せよ.
(2) $G := \bigcup_{\varepsilon > 0} G_\varepsilon$ とするとき，任意の $z \in G$ に対して $S[1,z] \subset G$ であることを示せ.
(3) 関数
$$F(z) := \int_{S[1,z]} \frac{dz}{z}, \qquad z \in G$$
は G 上で 1 価な関数として定義されることを示せ.

26 正則関数 $w = f(z)$ に対して
$$\{f, z\} := \frac{f'''(z)}{f'(z)} - \frac{3}{2}\left(\frac{f''(z)}{f'(z)}\right)^2$$
とおいて，これを f のシュヴァルツ微分[28]と呼ぶ. このとき，
(1) $\{f, z\} = \left(\frac{f''(z)}{f'(z)}\right)' - \frac{1}{2}\left(\frac{f''(z)}{f'(z)}\right)^2$ を示せ.
(2) $\{f, z\} = 0$ となる関数 f の一般な形を求めることができるか？

27 正則関数 $w = f(z), z = g(\zeta)$ があって，合成関数 $f \circ g$ が意味を持つとする. このとき，前問で定義した $\{f, z\}$ について，等式
$$\{f \circ g, \zeta\} = \{f, z\}g'(\zeta)^2 + \{g, \zeta\}$$
が成り立つことを示せ.

---

[27] 特に，$f' \neq 0$ を満たす限り写像は向きを保つ.
[28] これは重要な概念ではあるがここで記憶に留める必要はない；次章の章末問題で引用するためにのみその名を挙げた.

第 5 章

基本的な正則関数

5.1 有理関数

最も基本的な正則関数として既に多項式関数を例示した．数の体系を 1.1 節や 2.1 節で考えたときのように，2 つの多項式関数 $P(z), Q(z)$ の商として新しい関数 $R(z) := P(z)/Q(z)$ を考えるのは自然な方向であろう．このように作った関数を**有理関数**と呼ぶことを私たちは既に知っている．有理関数 R を考える際には，$\max(\deg P, \deg Q) \geq 1$ であって，さらに 2 つの方程式 $P(z) = 0$ と $Q(z) = 0$ とは共通の解を持たないとしてよい[1]．すなわち，(定数関数ではない) 有理関数 R は，非負整数 μ, ν $(\mu + \nu > 0)$ と複素数 a_m, b_n, c $(a_m \neq b_n; c \neq 0)$ を用いて ($\mu = 0$ のときは分子があらわれない；$\nu = 0$ のときも同様)

$$R(z) = c \frac{(z-a_1)(z-a_2)\cdots(z-a_\mu)}{(z-b_1)(z-b_2)\cdots(z-b_\nu)},$$

と書ける．R は領域 $\mathbb{C} \setminus \{b_1, b_2, \ldots, b_\nu\}$ で正則な関数である．

例題 5.1　──────── ジューコフスキー変換による写像 ──

有理関数の簡単な例としてジューコフスキー変換

$$w = J(z) := \frac{1}{2}\left(z + \frac{1}{z}\right)$$

がある．その写像の様子を概観せよ．

[解答] 容易に分かるように，

---
[1] これらを厳密に述べるためにはもっと詳しい議論が必要であるが，ここでは代数学の基本定理 (70 ページ；証明については 162 ページを参照) を含む必要な知識を借用する．

$$J(z_1) = J(z_2),\ z_1 \neq z_2 \implies z_1 z_2 = 1$$

である；すなわち J は $\mathbb{D}^* = \mathbb{D} \setminus \{0\}$ と $\mathbb{C} \setminus \overline{\mathbb{D}}$ それぞれにおいて 1 対 1 であり，単位円の内部と外部を同じ集合に写す[2]．原点と無限遠点での状況は，$J(0) = J(\infty) = \infty$．したがって，単位円板 $\mathbb{D}$ および単位円周 $\partial \mathbb{D}$ で考察すれば十分である．まず $|z| = 1$ のときには，$z\bar{z} = 1$ であることから

$$J(z) = \frac{1}{2}(z + \bar{z}) = \operatorname{Re} z,$$

すなわち，単位円周 $\partial \mathbb{D}$ の像は線分 $S := \{w \in \mathbb{C} \mid -1 \leq \operatorname{Re} w \leq 1,\ \operatorname{Im} w = 0\}$ である．点 z が単位円周上を $z = 1$ から出て反時計回りに 1 周するとき，像点 $J(z)$ は $w = 1$ から出て左へ $w = -1$ まで進み，そこで向きを変えて右へ $w = 1$ まで戻る．

次に，$\mathbb{D}$ では，原点を除いて J は正則で，その導関数は

$$J'(z) = \frac{1}{2}\left(1 - \frac{1}{z^2}\right), \qquad z \in \mathbb{D}^*$$

である．したがって，J は $\mathbb{D}^*$ で 1 対 1 等角的である．先程注意したことから，J は $\mathbb{C} \setminus \overline{\mathbb{D}}$ でも 1 対 1 等角的である．

極座標表示 $z = r(\cos\theta + i\sin\theta)$ と直交座標表示 $w = u + iv$ で書くと

$$u = \frac{1}{2}\left(r + \frac{1}{r}\right)\cos\theta, \quad v = \frac{1}{2}\left(r - \frac{1}{r}\right)\sin\theta$$

であるから，R および Θ を $1 < R < +\infty$ および $0 \leq \Theta < 2\pi$ にそれぞれ固定すると，円 $\{z \in \mathbb{C} \mid |z| = R\}$ は楕円

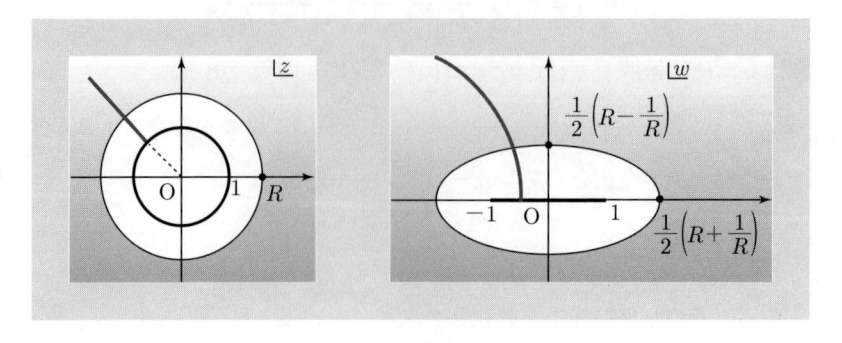

図 5.1

---

[2] このことは変換 J が z と $1/z$ との対称式であることからも分かる．

$$\frac{u^2}{a^2} + \frac{v^2}{b^2} = 1 \quad \left(a := \frac{1}{2}\left(R + \frac{1}{R}\right), \quad b := \frac{1}{2}\left(R - \frac{1}{R}\right)\right)$$

に，また半直線 $\{z \in \mathbb{C} \mid \arg z = \Theta, |z| > 1\}$ は双曲線

$$\frac{u^2}{\cos^2 \Theta} - \frac{v^2}{\sin^2 \Theta} = 1$$

の2つの枝のうちの1つの一部分に，それぞれ写される． ▨

有理関数

$$f : z \mapsto \frac{az+b}{cz+d}, \qquad a, b, c, d \in \mathbb{C}, \quad ad - bc \neq 0$$

を **[分数]1次変換** あるいは **メービウス変換** と呼ぶ．条件 $ad - bc \neq 0$ は，この関数が定数関数になってしまわないようにするためのものであるが，さらに，分母分子に適当な複素数をかけることによって見かけ上はより強い条件 $ad - bc = 1$ が満たされていると仮定することもできる．この条件をつける方がより扱い易いので，今後メービウス変換と呼ぶものはいつでも $ad - bc = 1$ を満たすとする．

メービウス変換 f は，穴あき平面 $\mathbb{C} \setminus \{-d/c\}$ で正則で[3]，さらに容易に分かるように，$f(\mathbb{C} \setminus \{-d/c\}) = \mathbb{C} \setminus \{a/c\}$ である．f は1対1の関数であり，逆関数

$$f^{-1} : w \mapsto \frac{dw - b}{-cw + a}$$

は $\mathbb{C} \setminus \{a/c\}$ で正則である．$f(-d/c) = \infty, f(\infty) = a/c$ と定義するのはごく自然であって，このとき f は除外された点を含めてリーマン球面からリーマン球面の上への1対1写像であるが，$c = 0$ ならば整関数であり，$c \neq 0$ ならば $\hat{\mathbb{C}} \setminus \{-d/c\}$ で正則である．

> **定理 5.1** メービウス変換は恒等変換でない限り高々2つの不動点[4] を $\hat{\mathbb{C}}$ でもつ．

系 3つの不動点をもつメービウス変換は恒等写像に限る．

---

[3] $c = 0$ の場合の演算は 77 ページの約束にしたがうものとする．
[4] 一般に写像 $f : X \to X$ に対して，$f(x_0) = x_0$ を満たす $x_0 \in X$ を f の **不動点** と呼ぶ．

定理 5.2 与えられた異なる 3 点 z_1, z_2, z_3 をそれぞれ与えられた異なる 3 点 w_1, w_2, w_3 に写すメービウス変換が唯 1 つ存在する．

証明 $a, b, c, d \in \mathbb{C}\,(ad - bc = 1)$ を未知数として方程式

$$\frac{az_k + b}{cz_k + d} = w_k, \qquad k = 1, 2, 3$$

が一意的に解けることを示せばよい．いくつかの場合分けが必要であるが，困難な仕事ではないので略．（一意性に関しては既に証明した結果が使えるから，実際には解の存在だけ示せば十分である．） (証明終)

定理 5.3 メービウス変換は円を円に[5] 写す．ただし直線は円の一種と見なす．

証明 ここでは $c \neq 0$ の場合の証明を与え，$c = 0$ の場合にはもっと簡単であるので省略する．任意のメービウス変換

$$S : z \mapsto \frac{az + b}{cz + d}, \qquad a, b, c, d \in \mathbb{C},\ ad - bc = 1$$

は，

$$z \mapsto z + \frac{d}{c} \mapsto \frac{1}{z + \dfrac{d}{c}} \mapsto -\frac{1}{c^2} \cdot \frac{1}{z + \dfrac{d}{c}} \mapsto \frac{a}{c} - \frac{1}{c^2} \cdot \frac{1}{z + \dfrac{d}{c}}$$

と分解され，各段階は基本的に

$$\begin{aligned}
&z \mapsto z + \alpha && \text{平行移動} \\
&z \mapsto \beta z && \text{拡大縮小・回転} \\
&z \mapsto 1/z && \text{単位円周に関する鏡映 } z \mapsto 1/\bar{z} \text{ と} \\
&&& \text{実軸に関する鏡映 } z \mapsto \bar{z} \text{ の組み合わせ}
\end{aligned}$$

のどれかである．これらの変換はすべて円を円に写す写像であることが直接に検証されるから，全体を通じても円は円に写される． (証明終)

---

[5] 円周と円板の区別は明確にすべきだから，ここで円といっているものは円周というのが本来である．しかしこのような略式表現も好んで用いられるのであえて慣用にしたがった．

注意 変換 $z \mapsto 1/z$ は，リーマン球面の変換と考えれば ξ 軸のまわりの π だけの回転である．実際，$z = (\xi + i\eta)/(1-\zeta)$ であったから

$$\frac{1}{z} = \frac{1-\zeta}{\xi + i\eta} = \frac{(1-\zeta)(\xi - i\eta)}{\xi^2 + \eta^2} = \frac{(1-\zeta)(\xi - i\eta)}{1-\zeta^2} = \frac{\xi - i\eta}{1+\zeta}$$

となるが，これは $z \mapsto 1/z$ が変換

$$\xi \mapsto \xi, \quad \eta \mapsto -\eta, \quad \zeta \mapsto -\zeta$$

であることを示している．すなわち ξ 軸の周りの π だけの回転である (1.4 節参照). したがって平面上の円を円に写すことも容易に分かる．

5.2 指数関数

既に実解析学で学んだように，指数関数 e^x は

$$e^x = 1 + \frac{x}{1!} + \frac{x^2}{2!} + \frac{x^3}{3!} + \cdots$$

と展開された．この関数を複素数を変数とする関数に拡張するには，オイラーが考えたように形式的に x を複素数まで許して考えるのが自然であろう．そのために，まず x を ix に置き換えて[6]，次に実部と虚部に分ければ，

$$\begin{aligned}e^{ix} &= 1 + i\frac{x}{1!} - \frac{x^2}{2!} - i\frac{x^3}{3!} + \frac{x^4}{4!} + \cdots \\ &= \left\{1 - \frac{x^2}{2!} + \frac{x^4}{4!} - \cdots\right\} + i\left\{\frac{x}{1!} - \frac{x^3}{3!} + \cdots\right\}.\end{aligned}$$

ところが一方で，これもよく知られているように，

$$\cos x = 1 - \frac{x^2}{2!} + \frac{x^4}{4!} - \cdots, \quad \sin x = \frac{x}{1!} - \frac{x^3}{3!} + \cdots$$

が成り立つから，結局

$$e^{ix} = \cos x + i\sin x, \quad x \in \mathbb{R}$$

を得る．これを**オイラーの公式**と呼ぶ．

---

[6] 実変数 x をいきなり複素変数 $x+iy$ に置き換えることはしていない．その可能性・妥当性については後に改めて考察する．

注意 上の計算は厳密に正当化されたものではない；e^{ix} を考えること自体が問題を孕んでいる．したがって"公式"という呼称は大いに問題があるが，今日では慣用である．むしろ以下に見るように，この関係式は定義である．

この考察を踏まえ，さらに実変数の関数として成り立つ等式 $e^x \cdot e^y = e^{x+y}$ $(x, y \in \mathbb{R})$ が複素数 x, y に対しても成り立つと期待して，改めて次の定義を設ける．

> **定義** 複素変数 z の**指数関数** e^z（あるいは $\exp z$ とも書く）は
> $$e^z = e^x(\cos y + i \sin y), \qquad z = x + iy \in \mathbb{C}$$
> によって定義される関数をいう．

この定義から容易に，次の定理が得られる．

> **定理 5.4**
> (1) 任意の整数 m に対して $e^{2m\pi i} = 1$．
> (2) 任意の実数 t に対して $|e^{it}| = 1$．
> (3) 任意の複素数 z に対して $|e^z| = e^{\mathrm{Re}\, z}$．
> (4) 任意の複素数 z に対して $e^z \neq 0$．
> (5) 任意の複素数 z と任意の整数 m に対して $e^{z+2m\pi i} = e^z$．
> (6) 任意の複素数 z_1, z_2 に対して $e^{z_1} e^{z_2} = e^{z_1+z_2}$．

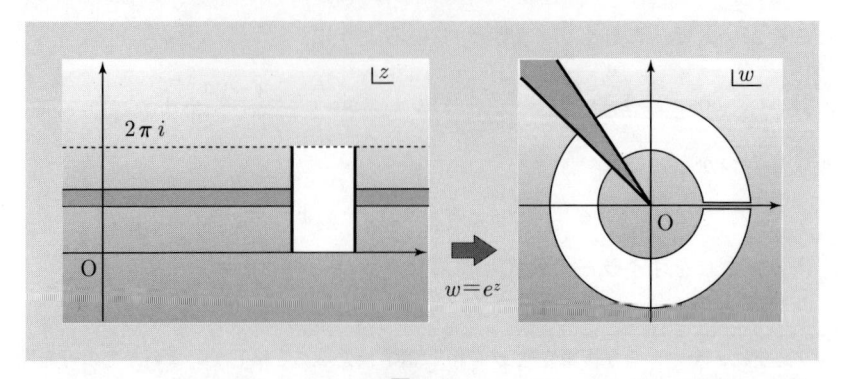

図 5.2

5.2 指数関数

[証明] 主張 (1)〜(5) は定義から直接的である．最後の主張については $z_n = x_n + iy_n \ (n=1,2)$ とおくとき

$$\begin{aligned}
e^{z_1}e^{z_2} &= e^{x_1}(\cos y_1 + i\sin y_1) \cdot e^{x_2}(\cos y_2 + i\sin y_2) \\
&= e^{x_1}e^{x_2}(\cos y_1 + i\sin y_1)(\cos y_2 + i\sin y_2) \\
&= e^{x_1+x_2}[(\cos y_1 \cos y_2 - \sin y_1 \sin y_2) + i(\cos y_1 \sin y_2 + \sin y_1 \cos y_2)] \\
&= e^{x_1+x_2}[\cos(y_1+y_2) + i\sin(y_1+y_2)] = e^{z_1+z_2}. \quad \text{(証明終)}
\end{aligned}$$

一般に，複素変数の関数 f がある定まった複素数 $T (\neq 0)$ に対して

$$f(z+T) = f(z), \qquad \forall z \in \mathbb{C}$$

を満たすとき，f を**周期関数**と呼び，数 T をその**周期**と呼ぶ．T が f の周期であれば 0 でない任意の整数 m に対して mT は周期であるが，逆に，定数ではない周期関数 f があればいつでも最小の絶対値をもつ周期 T_0 が見つかる[7]．これを f の**基本周期**と呼ぶ．上の定理で述べられた性質は "指数関数の周期性" と "その基本周期 (の 1 つ) が $2\pi i$ であること" を示している．

次の定理は非常に基本的である．

定理 5.5 指数関数 e^z は整関数で，$(e^z)' = e^z$．

[証明] 複素変数を $z = x + iy$ と書くとき，指数関数の実部および虚部はそれぞれ

$$e^x \cos y, \quad e^x \sin y$$

であり，これらは明らかに C^1 級の関数である．さらにコーシー-リーマンの微分方程式が満たされていることは直接的に確かめられる：

$$\begin{cases} \dfrac{\partial(e^x \cos y)}{\partial x} = e^x \cos y \\ \dfrac{\partial(e^x \sin y)}{\partial y} = e^x \cos y, \end{cases} \quad \begin{cases} \dfrac{\partial(e^x \cos y)}{\partial y} = -e^x \sin y \\ \dfrac{\partial(e^x \sin y)}{\partial x} = e^x \sin y. \end{cases} \quad \text{(証明終)}$$

上の定理の証明は，コーシー-リーマンの微分方程式を利用したものであるが，実解析学と正則性の定義に直接的に訴えた素朴な証明も可能である：

---

[7] 1 つとは限らない．

―― 例題 5.2 ――――――――――――――――――――― 指数関数の正則性 ――

指数関数 e^z は整関数で，$(e^z)' = e^z$ が成り立つことを，正則性の定義にしたがって示せ．

[解答] 実際に複素微分できることを示せばよい．指数関数の基本的性質によって

$$\frac{e^{z+h} - e^z}{h} = e^z \cdot \frac{e^h - e^0}{h} = e^z \cdot \frac{e^h - 1}{h}$$

が分かるから，実関数の知識に帰着させるために $h = \xi + i\eta$ とおいて

$$\lim_{h \to 0} \frac{e^h - 1}{h} = \lim_{(\xi, \eta) \to (0,0)} \frac{e^{\xi + i\eta} - 1}{\xi + i\eta} = \lim_{(\xi, \eta) \to (0,0)} \frac{e^\xi (\cos \eta + i \sin \eta) - 1}{\xi + i\eta}$$

を調べればよい[8]．実関数 e^x, $\cos y$, $\sin y$ の点 $x = 0$ ないし $y = 0$ における微係数についてよく知られた結果 (この結果は本節冒頭で与えた級数展開の一部分でもある)

$$\lim_{\xi \to 0} \frac{e^\xi - 1}{\xi} = 1, \qquad \lim_{\eta \to 0} \frac{\cos \eta - 1}{\eta} = 0, \qquad \lim_{\eta \to 0} \frac{\sin \eta - 0}{\eta} = 1$$

によって，$\xi \to 0$ とき 0 に近づく $\varepsilon_1 = \varepsilon_1(\xi)$ および $\eta \to 0$ とき 0 に近づく $\varepsilon_2 = \varepsilon_2(\eta), \varepsilon_3 = \varepsilon_3(\eta)$ を用いて

$$e^\xi = 1 + \xi(1 + \varepsilon_1), \qquad \cos \eta = 1 + \eta \varepsilon_2, \qquad \sin \eta = \eta(1 + \varepsilon_3)$$

と書ける．したがって

$$\frac{e^\xi (\cos \eta + i \sin \eta) - 1}{\xi + i\eta}$$

$$= \frac{\{1 + \xi(1 + \varepsilon_1)\}(1 + \eta \varepsilon_2) - 1 + i\{1 + \xi(1 + \varepsilon_1)\}(1 + \varepsilon_3)\eta}{\xi + i\eta}$$

$$= 1 + \frac{\{\xi \varepsilon_1 + \eta \varepsilon_2 + \xi \eta \varepsilon_2 (1 + \varepsilon_1)\} + i\eta \varepsilon_3 + i\xi \eta (1 + \varepsilon_1)(1 + \varepsilon_3)}{\xi + i\eta}$$

と変形できるが，最終辺の第 2 項の複雑な分数は適当な複素数 A, B を用いて

$$\frac{\xi A + \eta B}{\xi + i\eta}$$

の形をしている．しかも A, B は $\displaystyle\lim_{(\xi, \eta) \to (0,0)} A = \lim_{(\xi, \eta) \to (0,0)} B = 0$ を満たすように選

―――――――――――――――――
[8] 記号 $(\xi, \eta) \to (0,0)$ は $\xi \to 0$ かつ $\eta \to 0$ を示す．$\xi^2 + \eta^2 \to 0$ と書いても同じこと．

べる．実際，たとえば

$$A := \varepsilon_1 + \eta\varepsilon_2(1+\varepsilon_1), \quad B := \varepsilon_2 + i\varepsilon_3 + i\xi(1+\varepsilon_1)(1+\varepsilon_3)$$

とおけばよい．

ここでコーシー-シュヴァルツの不等式 (例題 2.3 参照) に注意すれば

$$\left|\frac{\xi A + \eta B}{\xi + i\eta}\right| \leq \frac{\sqrt{|\xi|^2+|\eta|^2}\sqrt{|A|^2+|B|^2}}{\sqrt{\xi^2+\eta^2}} = \sqrt{|A|^2+|B|^2} \to 0 \quad ((\xi,\eta) \to (0,0)).$$

したがって $\lim_{h\to 0}\frac{e^h-1}{h}=1$ を得た．すなわち指数関数 e^z が各点で複素微分可能であること，およびその導関数が再び e^z であることが示せた． ▨

ここで再び複素数の極座標表示について触れておく．任意の複素数 $z(\neq 0)$ がその絶対値 $r := |z|$ と偏角 $\theta := \arg z \pmod{2\pi}$ を用いて $z = r(\cos\theta + i\sin\theta)$ と書けることは，既に見たように，複素座標系，デカルト座標系，極座標系の関係から明らかであるが，いまやより簡潔に，

$$z = re^{i\theta}$$

と書けることが分かった．今後はこの表現も z の**極座標表示**と呼ぶ．

5.3　3角関数・双曲線関数

この節では従来からの 3 角関数を複素変数の関数に拡張する．オイラーの公式によって実数 t に対して

$$\cos t = \frac{e^{it}+e^{-it}}{2}, \quad \sin t = \frac{e^{it}-e^{-it}}{2i}$$

であったから，指数関数が複素関数に拡張された今では，次のように定めるのが自然であろう：

定義　$\cos z := \dfrac{e^{iz}+e^{-iz}}{2}, \quad \sin z := \dfrac{e^{iz}-e^{-iz}}{2i}, \quad \tan z := \dfrac{\sin z}{\cos z}.$

さらに，実関数のときと同様に，上の 3 つの関数によって $\sec z, \operatorname{cosec} z, \cot z$ などを定義する．これら 6 つの関数をそれぞれ**余弦関数，正弦関数，正接関数，正割関数，余割関数，余接関数**と呼び，まとめて **3 角関数**と呼ぶことも実関数

の場合と同様である[9]．

たとえ定義が同様であっても，すべてが実関数の場合と同じと安易に考えてはならない．たとえば，従来の3角関数に関しては，すべての実数 x に対して

$$|\sin x| \leq 1$$

が成り立っていたが，複素関数 $\sin z$ については，平面全体で不等式 $|\sin z| \leq 1$ が成り立つわけではない．実際，$y \to +\infty$ とき，$y > 0$ と考えてよいから

$$|\sin(iy)| = \left|\frac{e^{-y} - e^{y}}{2}\right| = \frac{e^{y} - e^{-y}}{2} \to +\infty$$

が容易に確かめられる．

一方で，次のように，そっくり同じ形の関係式もある．これらはいずれも直接的な計算によって容易に確かめられる．

定理 5.6

(1) $\cos^2 z + \sin^2 z = 1;$

(2) $\cos(-z) = \cos z, \quad \sin(-z) = -\sin z, \quad \tan(-z) = -\tan z;$

(3) (**周期性**) 任意の整数 k に対して，$\cos(z + 2k\pi) = \cos z,$
$\sin(z + 2k\pi) = \sin z, \quad \tan(z + k\pi) = \tan z;$

(4) (**加法定理**)

$$\begin{cases} \cos(z_1 + z_2) = \cos z_1 \cos z_2 - \sin z_1 \sin z_2, \\ \sin(z_1 + z_2) = \sin z_1 \cos z_2 + \cos z_1 \sin z_2, \\ \tan(z_1 + z_2) = \dfrac{\tan z_1 + \tan z_2}{1 - \tan z_1 \tan z_2}; \end{cases}$$

(5) $\cos z, \sin z$ は整関数であって $(\cos z)' = -\sin z, \quad (\sin z)' = \cos z;$

(5′) $\tan z$ は，$\mathbb{C} \setminus \{z \in \mathbb{C} \mid$ ある整数 n に対して $z = (n + 1/2)\pi\}$ で正則で，$(\tan z)' = \sec^2 z.$

---

[9] ここで定義した関数は z が実数 x であるときには従来の定義に帰着することが容易に確認できる．

5.4 対数関数

双曲線関数は実関数の場合と同じく次のように定義される：

定義 $\cosh z := \dfrac{e^z + e^{-z}}{2}, \quad \sinh z := \dfrac{e^z - e^{-z}}{2}, \quad \tanh z := \dfrac{\sinh z}{\cosh z}.$

定義から直ちに，z が実変数のときには既知の双曲線関数に一致することが分かる．さらに，

定理 5.7

(1) $\cosh(iz) = \cos z, \quad \sinh(iz) = i \sin z, \quad \tanh(iz) = i \tan z;$

(2) $\cosh^2 z - \sinh^2 z = 1;$

(3) $\cosh z, \sinh z$ は整関数で，$(\cosh z)' = \sinh z, \quad (\sinh z)' = \cosh z;$

(3′) $\tanh z$ は $\mathbb{C}$ 上 $\{z \in \mathbb{C} \mid$ ある整数 n に対して $z = (n+1/2)\pi i\}$ を除いて正則で，$(\tanh z)' = \operatorname{sech}^2 z.$

5.4 対数関数

指数関数 $w = e^z$ は z 平面の各点 $z = x + iy$ に w 平面の 1 点 $e^x(\cos y + i \sin y)$ を対応させる．すなわち，$w = u + iv$ と書くならば

$$u = e^x \cos y, \qquad v = e^x \sin y$$

である．これを x, y について解いて

$$x = \log\sqrt{u^2 + v^2} = \log|w|, \qquad y = \tan^{-1}\frac{v}{u} = \arg w$$

が得られる．注目すべきことは，$x = \operatorname{Re} z$ が w によって一義的に定まるのに対して，$y = \operatorname{Im} z$ はそうではないことである．この困難を避けるためには，w の動く範囲を．たとえば

$$T := \{w \in \mathbb{C} \mid w \text{ は } 0 \text{ でも負の実数でもない}\}$$

に制限して考えればよい．通常はさらに条件として $\arg w$ が $w = 1$ のときには値 0 をとるように要求する．関数 $\arg w$ の値がこのように制限されていることを示すために記号 $\operatorname{Arg} w$ がよく用いられ，偏角の**主値**あるいは**主枝**と呼ばれている．さらに，対応

$$T \ni w \mapsto \log|w| + i \operatorname{Arg} w \in \mathbb{C}$$

を**対数関数の主値**あるいは**主枝**と呼び，特別な記号 $\text{Log}\, w$ で表す．すなわち

定義　　$\text{Log}\, w := \log |w| + i \,\text{Arg}\, w, \qquad -\pi < \text{Arg}\, w \leq \pi.$

ここで定義した $\text{Log}\, w$ は，容易に確かめられるように，複素数 w が正の実数であるときには高等学校で習った対数関数に一致する．

定理 5.8　　対数関数の主値 $\text{Log}\, w$ は T で正則であって，その導関数は $1/w$ である．

証明　2実変数 u, v の関数

$$x = \log|w| = \log\sqrt{u^2+v^2}, \qquad y = \text{Arg}\, w = \text{Tan}^{-1}\frac{v}{u}$$

は，いずれも T で C^1 級であって，さらにコーシー-リーマン微分方程式

$$\frac{\partial x}{\partial u} = \frac{u}{u^2+v^2} = \frac{\partial y}{\partial v}, \qquad \frac{\partial x}{\partial v} = \frac{v}{u^2+v^2} = -\frac{\partial y}{\partial u}$$

が成り立つから，$\text{Log}\, w$ は T で正則である．　　　　　　　　　　(証明終)

　もちろん，このように負の実軸で w 平面を切るのは人工的であって全く好ましくない．これを克服するためには，w が (T 内を動き回るだけではなく) 負の実軸を下からあるいは上から越えるのを妨げるべきではない．一方，上では $\text{Arg}\, 1 = 0$ と指定したが，代わりに $\text{Arg}\, 1 = 2\pi$ と指定することにも何等不都合はない．これらの要請に応えることは，とりもなおさず "もう1つ別の" T の上で $\text{Log}\, z$ を定義することである．区別を明確にするために旧来の T を T_0，新しい T を T_1 と記し，それぞれの上の対応する $\text{Log}\, w$ を $L_0(w), L_1(w)$ と書くことにすれば，T_0 の負実軸の第2象限側と T_1 の負実軸の第3象限側とを (負の実軸に沿って) 繋いでできる新しい世界の上で L_0 と L_1 とを併せたものが新たに連続関数を定義している[10]．このように定義域と関数を拡げる操作は，さらに T_1 から次の T_2，さらに $T_3, T_4, \ldots$ と続けられるが，同時に反対側に向かっ

---

[10] 任意に負の実数 w_0 を固定する．容易に分かるように，w が負実軸の第2象限側から w_0 に近づくとき $L_0(w)$ は $\log|w_0| + i\pi$ に近づく，同様に，w が負実軸の第3象限側から同じ w_0 に近づくとき $L_1(w)$ は同じ極限値 $\log|w_0| + i\pi$ をもつ．したがって，T_0 と T_1 とをそれぞれの負の実軸の上と下に沿って繋いで得られる面の上で連続な関数が L_0, L_1 から得られる．

5.4 対数関数

ても $T_{-1}, T_{-2}, \ldots$ と拡げることができる．最終的に，w 平面上に無限枚重ねられて原点の回りでは螺旋階段のように見える世界 $\mathfrak{T}$ が得られ[11]，**対数関数**

$$\log w := \log |w| + i \arg w$$

は $\mathfrak{T}$ の上で定義されたものと考えることができる．無限枚重なったこの $\mathfrak{T}$ は平面の上に覆い被さるように拡げられたもので，この理由でこれを**被覆面**と呼ぶ．このようなことを最初に考えたリーマンに因んで，$\mathfrak{T}$ は指数関数の**逆関数のリーマン面**と呼ばれている[12]．指数関数の逆関数のリーマン面を作ることは，その逆関数が 1 価な関数として捉えられる世界を構築したことになる．この場合の原点 $w = 0$ のように，その点のごく近くを w がぐるりと回ったときに関数の値が変化する (今の場合は $\log w$ の値が $2\pi i$ だけ増減する) ような点を**分岐点**と呼ぶ．特に何度回っても決して元の値には戻らないこのような分岐点は**対数的分岐点**と呼ばれている．T_0 上の関数 L_0 を主枝と呼んだのと同じ理由で，各 T_n 上の関数 L_n を対数関数の**分枝**と呼ぶことがある．

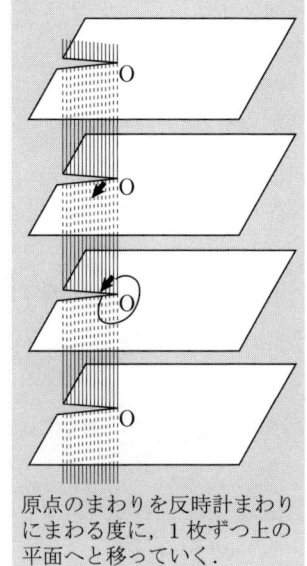

原点のまわりを反時計まわりにまわる度に，1 枚ずつ上の平面へと移っていく．

図 **5.3**

この被覆リーマン面は無限枚数の平面から拵えられた複雑なものであるとはいえ，有り難いことに $w = 0$ 以外では局所的には複素数の座標 w がそのまま使える．この座標に関して関数 $\log w$ は連続関数で，しかも局所的にはいつでも正則関数 $w = e^z$ の逆関数で，$(e^z)' = e^z \neq 0$ だから $(\log w)' = 1/w$ であって，関数 $z = \log w$ は局所的には w の正則関数である．すなわち $\log w$ はこのような構造によって "リーマン面 $\mathfrak{T}$ の上の正則関数" である[13]．こうして，リーマ

---

[11] 上のような構成方法から見ると繋ぎ目での状況はいかにも特殊であると思えるかもしれないが，実際には他の場所とまったく変わるところがない；これを見るためには，負の実軸の代わりに，原点から出る別の半直線を考えればよい．
[12] 逆関数が本質的に対数関数であることを悟った今となっては，対数関数のリーマン面という呼び名にも市民権がある．
[13] 正則性が局所的な性質であることを今一度思い出しておく．

ン面 $\mathfrak{T}$ の上では，平面の上でと同様に，"関数の正則性" が意味をもつことが分かった．対数関数とはこの意味で考えられた曲面 $\mathfrak{T}$ の上の "正則関数" である．

対数関数は，指数関数の逆関数としては被覆リーマン面上の関数として捉えるのが理念的には自然であるが，複素変数の関数としての計算的・実用的な側面も無視できない．その鍵となるのは局所的考察である： 対数関数 $\log w$ は平面全体の上での関数ではないが，勝手な複素数を 1 つとめるたびにその十分小さな近傍を選べば各分枝はそこでは曖昧さなく定義された関数であって，その導関数は (分枝によらず) $1/w$ に等しい．この事実は次のような形で述べられることが多い．

> **定理 5.9** 対数関数 $\log w$ は，穴あき平面 $\mathbb{C}^*$ において局所的には w の 1 価正則関数であって，その導関数は $1/w$ である．

ここで用いた **1 価関数** という語は定義域の各点に対しその値が一意に定まる関数を意味する[14]．これに対して，対数関数の穴あき平面全体での様子を表すには **多価関数** という言葉が用いられる；この場合には変数の 1 つの値に複数個の値が対応する[15]．多価関数のうちで，特に定義域の各点でとられる値の個数が一定数以下であるものを **有限多価関数** と呼び，そうでないものを **無限多価関数** と呼ぶ．

5.5 べき関数

指数関数と対数関数が定義された今，複素数の根号をどのように考えればよいかという問題が厳密に扱える．さらに一般に

> **定義** 任意の複素数 λ に対して，
> $$z^\lambda := \exp(\lambda \log z), \qquad z \in \mathbb{C}^*$$
> によって定義された関数を **べき関数** と呼ぶ．

---

[14]数学で普通に用いられる "対応" や "写像" あるいは "関数" などの語はすべてこの性質をもつ．言い換えれば，通常はわざわざ付加される語ではない．
[15]複数個とはいっても規則性はある：局所的には 1 価な分枝がとれて，さらに，同じ点 w における 2 つの分枝の値の差は (少なくとも局所的には) w には依らない．

5.5 べき関数

べき関数は一般には多価関数であるが，各分枝は $\mathbb{C}^*$ において正則であることが合成関数の微分法によって確かめられる；すなわち $z \mapsto z^\lambda$ は多価正則関数である．特に λ が有理数のときには有限多価である．実際，$\lambda = q/p$ (p, q は互いに素な整数で，$p > 0$) と書けていれば，関数 z^λ の値として考えられるのは整数 m を使った

$$\exp\left\{\frac{q}{p}(\operatorname{Log} z + 2m\pi i)\right\}$$

のすべてであるが，$m = 0, 1, 2, \ldots, p-1$ に対する値は互いに異なる一方で，それ以外の m に対する値はいつもこれらのどれかに等しい．すなわち，変数 w の各々に対して値 w が 1 つに決まるわけではないが，w を 1 つとめるごとに有限個数 (p 個) の異なる値しかとらない．このことを "関数 z^λ は p 価である" といい表す．これに対して，λ が無理数のときには関数 z^λ は無限多価関数である．

例題 5.3 ──────────────── べき関数 $z \mapsto z^2$ ──

べき関数 $z \mapsto z^2$ は $\mathbb{C}$ で 1 価正則であることを示せ．

[解答] 極座標を用いて $r := |z|, \theta := \operatorname{Arg} z$ とおくとき，

$$z^2 = e^{2\log z} = e^{2(\log|z|+i\arg z)} = e^{2\log r + 2i(\theta+2m\pi)} \quad (m : \text{整数})$$
$$= r^2(\cos 2\theta + i \sin 2\theta)$$

であって，θ を $\theta + 2k\pi$ (k : 整数) で置き換えても z^2 の値は変わらない．すなわち，べき関数 $z \mapsto z^2$ は 1 価である．上の式の最終項は zz とも書けるから，ここで考えたべき関数は既によく知っている関数に他ならない．$z = 0$ における 1 価性・正則性は直接に確かめられる．

もう 1 つの例として

例題 5.4 ──────────────── べき関数 $z \mapsto \sqrt{z}$ ──

べき関数 $z \mapsto \sqrt{z}$ は $\mathbb{C}^*$ で 2 価正則であることを示せ．

[解答] w を未知数とする方程式 $w^2 = z$ は $z \neq 0$ である限りちょうど 2 つの (異なる)

解をもつから，写像 $w = \sqrt{z}$ は $z \neq 0$ である限り 2 価である．関数 $w \mapsto w^2 = z$ は前例題で見たとおり $\mathbb{C}$ で 1 価正則であって，$w = 0$ 以外では $dz/dw = 2w \neq 0$．よって，各分枝は正則で，その導関数は $dw/dz = 1/(dz/dw) = 1/(2w) = 1/(2\sqrt{z})$．また，この関数を $z = w^2$ の逆関数と考えて対数関数の場合のようにリーマン面が作れる．それは，負の実軸に切り込みを入れた 2 枚の平面を z 平面の上に重ねて置いて，図 5.4 に指定されたように接合したものである．原点はそのごく近くを 2 回まわると再び初めの値に戻るという (不思議な) 状況にある． ▨

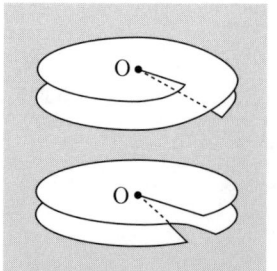

ハイブリッドのようにそれぞれのつなぎ方が個別に，しかし全体としては同時に起こっていると考えるのがよい．

図 **5.4**

この例題のように，有限回まわった後で元の値に戻るような分岐点を**代数的分岐点**と呼ぶ．また，元の値に戻るために必要な分岐点の周りを回る回数をこの分岐点の**分岐度**，それから 1 を減じたものを**分岐指数**と呼ぶ．

5.6　逆 3 角関数

これまでに指数関数と対数関数との関係を調べた方法から，3 角関数と**逆 3 角関数**の関係を調べる手段は自ずから明らかであろう．ここでは例として正則関数 $w = \sin z$ を考察する．$w = u + iv, z = x + iy$ とおくと，定義と簡単な計算から

$$u = \sin x \cdot \frac{e^y + e^{-y}}{2}, \qquad v = \cos x \cdot \frac{e^y - e^{-y}}{2}$$

を得る[16]．

等式 $\sin(z + \pi) = -\sin z = \sin(-z)$ のお蔭で，

$$S_+ := \{z = x + iy \in \mathbb{C} \mid -\pi/2 < x < \pi/2, \, y > 0\}$$

およびその境界において考察すれば十分であることが分かる．S_+ の境界上を z が動くときその像がどのように動くかを調べてみよう．まず $x = -\pi/2, y \geq 0$ は $u = -\cosh y \leq -1, v = 0$ に 1 対 1 に写される．次に $-\pi/2 < x \leq \pi/2, y = 0$ はすぐに分かるように，区間 $-1 \leq u \leq 1, v = 0$ に 1 対 1 に写される．最後に

---

[16] ついでながら，こうして $\sin(x + iy) = \sin x \cosh y + i \cos x \sinh y$ という公式が得られた；多くの公式はこのように作られる．

$x = \pi/2$, $y \geq 0$ は $u = \cosh y \geq 1$, $v = 0$ に 1 対 1 に写される．以上で w 平面の実軸が完成する．

さて，S_+ の異なる 2 点 z_1, z_2 で $\sin z$ が同じ値をとったとすると，

$$\frac{e^{iz_1} - e^{-iz_1}}{2i} = \frac{e^{iz_2} - e^{-iz_2}}{2i}$$

である．見やすくするために $\zeta_n := e^{iz_n}$ $(n = 1, 2)$ とおくと

$$(\zeta_1 - \zeta_2)\left(1 + \frac{1}{\zeta_1 \zeta_2}\right) = 0$$

を得る．$\zeta_1 \neq \zeta_2$ と仮定したから $\zeta_1 \zeta_2 = -1$ すなわち $e^{i(z_1+z_2)} = -1$ となるが，これはある整数 m について

$$\mathrm{Re}\,(z_1 + z_2) = (2m+1)\pi, \quad \mathrm{Im}\,(z_1 + z_2) = 0$$

のときのみ起こり得る．この関係は z_1, z_2 が S_+ の内点ならば成立し得ない．よって，関数 $w = \sin z$ は z 平面の S_+ を上半平面 $\mathbb{H} = \{-\infty < u < +\infty, v > 0\}$ の中に 1 対 1 に写している．実際に隙間なく埋めていること，すなわち S_+ から $\mathbb{H}$ の上への写像であることも，$w = u + iv$ を与えてその逆像 $z = x + iy$ を見い出すことによって，容易に分かる．この結果と正弦関数が奇関数であることとから，

$$S_- := \{-\pi/2 < x < \pi/2,\ y < 0\}$$

は下半平面 $\{-\infty < u < +\infty, v > 0\}$ の上に 1 対 1 写像されることが分かる．

これで**逆正弦関数** $z = \sin^{-1} w$ が厳密に定義された [17]．$\sin^{-1} w$ の代わりに $\arcsin w$ と書く流儀もある．それは対数関数と同様に w 平面上の多価正則関数で[18]，上で定めた方法にしたがえば主値（もしくは主枝）は w 平面から実軸上の 2 つの無限半閉区間

$$\{-\infty < u \leq -1\} \quad \text{および} \quad \{1 \leq u < +\infty\}$$

を取り去って得られる領域 R_0 で定義され，値を**帯状領域**

---

[17] $\sin^{-1} w$ の肩に書かれた -1 を馴染み深い記号 $\sin^2$ からの類推で捉え逆数 $1/\sin w$ の意味ととらないように注意せよ．逆写像や逆行列などの場合と同じ用法である；むしろ $\sin^2 w$ という書き方の方が特殊である．

[18] 2 点 $w = \pm 1$ の周りでは，いくら小さな近傍をとっても 1 価な分枝はとれない．

$$S_0 := \{-\pi/2 < x < \pi/2,\ -\infty < y < +\infty\}$$

にもつ関数である．

逆 3 角関数 $\sin^{-1} w$ のリーマン面は対数関数の場合と同様な方法で構築される．R_0 のコピーを用意する．何枚用意すべきかはこれから決まる．正弦関数によって S_0 は R_0 に写されたが，S_0 の左右両隣にある帯状領域 S_{-1}, S_1 はそれぞれ R_0 のコピーに写されるから，それらを R_{-1}, R_1 と記すことにする．これらの帯状領域と S_0 との共通の境界での $\sin z$ の値を丁寧に調べる．R_0 上にある w が点 $w = 1$ の近くを反時計まわりに 1 回まわるとき，S_1 へ移り，さらに 1 回まわるとき，S_0 に戻る．すなわち $w = 1$ は分岐度 2 の代数分岐点である．一方，R_0 上にある w が点 $w = -1$ の近くを反時計まわりに 1 回まわると S_{-1} へ移り，さらに 1 回まわると S_0 に戻る．すなわち $w = -1$ もまた分岐度 2 の代数分岐点である．結局，無限枚の $\ldots, R_{-2}, R_{-1}, R_0, R_1, R_2, \ldots$ が，2 枚ずつが対になって，交互に $\{-\infty < u \leq -1\}$ および $\{1 \leq u < +\infty\}$ に沿って交叉的に繋がっている（これら 2 つの半直線の一方に沿って繋がった 2 枚は，もう一方の半直線に沿っては繋がっていない）．

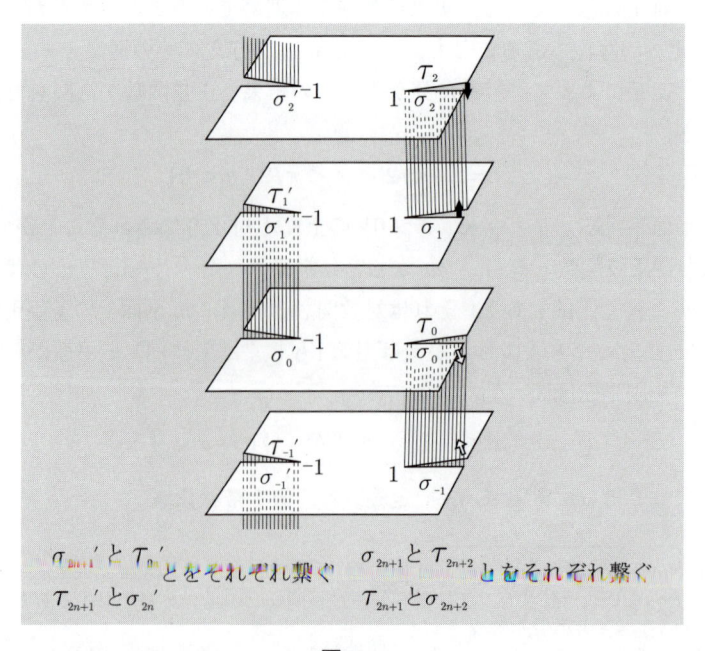

図 **5.5**

5.7 リーマン面の体験的構成

この節は，これまで考察してきた関数のいくつかについて，その (逆関数の) リーマン面を拵える練習をする．理論的にははさみと糊を用意すれば十分であるが，実際にはセロハンテープも必要になるであろう．ここで行うことは単なる"被覆リーマン面の構成"に留まらず，それぞれの場合における関数のより正確な情報を認識するのに非常に有用である．読者は，付録にある図版を用いて，

$$w = \sqrt{z}, \quad w = \log\frac{z-1}{z+1}, \quad w = \sin^{-1} z$$

のリーマン面を自分で拵えてみることができる．第 1 の例については図 5.4 のほかに図 5.6 を，また第 3 の例については図 5.5 を参照せよ．第 2 の例については，図 5.3 を想い起こせ．最終的には図 5.7 のようになるであろう．

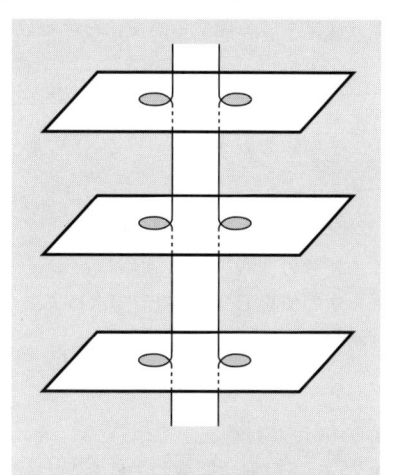

物理的には不可能なことを行っているように見える．

上の円板を裏返すことによって物理的に自然な繋ぎ方が可能である．現実を離れたものではないことが垣間見えるであろう．

$z=-1$, $z=1$ のまわりを少し大きくくりぬき，1 つの平面から次の平面へ移る際の "橋" を誇張して描いている．

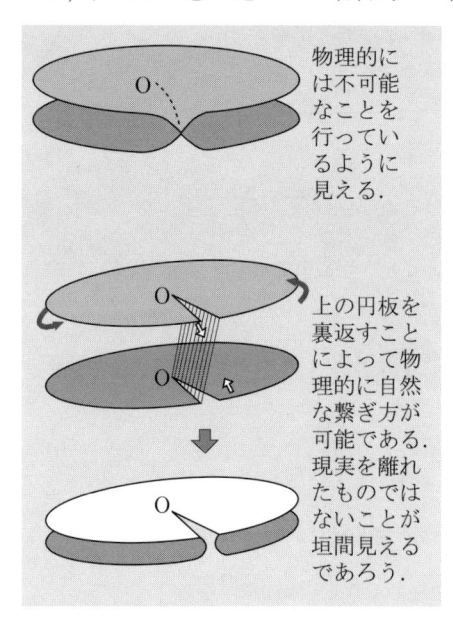

図 **5.6** $w = \sqrt{z}$ のリーマン面　　図 **5.7** $w = \log\dfrac{z+1}{z-1}$ のリーマン面

演習問題 V

1 メービウス変換は
$$z \mapsto \frac{az+b}{cz+d} \quad (a,b,c,d \in \mathbb{C};\, ad-bc \neq 0)$$
の形で与えられたが，さらに $ad-bc=1$ と仮定できることを示せ．

2 上のように正規化されたメービウス変換が唯1つの不動点しかもたない場合の特徴をいえ．

3 メービウス変換の全体は行列の同値類の作る集合
$$\left\{ \begin{bmatrix} a & b \\ c & d \end{bmatrix} \,\middle|\, a,b,c,d \in \mathbb{C},\ \det \begin{bmatrix} a & b \\ c & d \end{bmatrix} = 1 \right\} \middle/ \left\{ \pm \begin{bmatrix} 1 & 0 \\ 0 & 1 \end{bmatrix} \right\}$$
と対応づけられることを示せ．また，この対応によって逆変換と逆行列はどのように対応するか明示せよ．

4 次に挙げる関数の点 i における値を $\alpha + i\beta$ の形で求めよ．
$$e^z, \quad \log z, \quad \sin z, \quad \tan z, \quad \sqrt[3]{z}.$$

5 次の値を $\alpha + i\beta\ (\alpha, \beta \in \mathbb{R})$ の形で表せ：
$$\tan\left(\frac{\pi}{4} - i\log 2\right), \quad \cos\left(\frac{\pi}{6} + i\right).$$

6 任意の複素数 z に対して $\overline{e^z} = e^{\bar{z}}$, $|e^z| \leq e^{|z|}$ が成り立つことを示せ．

7 次の値を $\alpha + i\beta$ の形で求めよ．
$$\sin^{-1}\frac{1}{2}, \quad \cos^{-1}\left(-\frac{e+e^{-1}}{2}\right), \quad \sin^{-1} i, \quad \tan^{-1}(1+2i).$$

8 $\lim_{z \to \infty} e^z$ は存在するか？

9 $\operatorname{Log} z$ は対数関数の主値を表すものとする．すなわち $\operatorname{Log} 1 = 0$. このとき
$$2\operatorname{Log}(-z) = \operatorname{Log}(-z)^2 = \operatorname{Log}(z)^2 = 2\operatorname{Log} z$$
であるから $\operatorname{Log}(-z) = \operatorname{Log} z$. この議論の誤りを指摘せよ．

10 切り込みの入った平面 $\mathbb{C} \setminus \{z \in \mathbb{C} \mid \operatorname{Re} z = 0,\ \operatorname{Im} z < 0\}$ の上で $(\operatorname{Log} z)' = 1/z$ が成り立つことを示せ．

11 極限値
$$\lim_{|z| \to \infty} \cos z, \quad \lim_{|z| \to 0} e^{1/z}, \quad \lim_{|z| \to \infty} e^{1/z}$$
は存在するか．存在する場合には極限値を求めよ．

演 習 問 題 V

12 関数等式 $\cos^2 z + \sin^2 z = 1$ の成立を確認せよ．
13 $t = |\cos^2 z|$ のグラフの概形を ((x, y, t) 空間の中で) 描け ($z = x + iy$)．また，この関数の極大・極小について調べよ．
14 不等式 $|\cos z| \leq 1$ の成り立つ z の全体を図示せよ．
15 $z = x + iy$ とき，不等式
$$|\sinh y| \leq |\sin z| \leq |\cosh y|$$
を示せ．
16 $\delta > 0$ がどれほど小さくとも，関数 e^{-z} は扇形 $\left\{ z : \left| \arg z - \dfrac{\pi}{2} \right| < \delta \right\}$ の内部で 0 以外のすべての (有限複素数) 値を無限回とることを示せ．
17 半時計回りにまわる単位円周 C の上半部分および下半部分をそれぞれ C^+, C^- で表す．関数 $\sqrt{z}$ は $\sqrt{1} = 1$ となる分枝を選ぶとき，複素線積分
$$\int_C \frac{dz}{\sqrt{z}}, \quad \int_{C^+} \frac{dz}{\sqrt{z}}, \quad \int_{C^-} \frac{dz}{\sqrt{z}}$$
の値を求めよ．また，関数 $\sqrt{z}$ の分枝を $\sqrt{-1} = -i$ であるように選んだ場合はどうなるか．
18 正方形 $\{z = x + iy \mid |x| \leq \pi, |y| \leq \pi\}$ における関数 $\mathrm{Re}\, e^z$ および $e^{|z|}$ の最大値と最小値を求めよ．
19 メービウス変換
$$z \mapsto \frac{z - i}{z + i}$$
は上半平面 $\mathbb{H}$ を単位円板 $\mathbb{D}$ の上に 1 対 1 等角写像することを示せ．
20 関数 $w = \log z$ $(\log 1 = 0)$ は右半平面を帯状領域 $\{w = u + iv \in \mathbb{C} \mid -\infty < u < \infty, -\pi/2 < v < \pi/2\}$ の上に 1 対 1 等角写像することを示せ．
21 $\mathbb{D}$ を帯状領域 $\{w = u + iv \in \mathbb{C} \mid -\infty < u < \infty, 0 < v < 1\}$ の上に 1 対 1 等角写像する関数を探せ．
22 立体駐車場の構造はある種の分岐点の状況をよく表している[19]ことを確かめよ．
23 関数 $f(z)$ のシュヴァルツ微分 (前章章末問題 26 参照) を $\{f, z\} = 0$ で示すとき，メービウス変換 f は $\{f, z\} = 0$ を満たすことを示せ．
24 関数 $w = f(z)$ は正則，$z = A(\zeta), \omega = B(w)$ はメービウス変換とするとき，$\{f \circ A, \zeta\}, \{B \circ f, z\}$ を求めよ．
25 図 5.6 のリーマン面と付録 (202 ページ) で構成された例との関係を調べよ．

---

[19] 「関数論講義」120 ページの図版参照．

第6章
コーシーの2つの定理:──
積分定理と積分公式

6.1 コーシーの積分定理

第4章で述べた複素微分可能性や正則性の定義では導関数の連続性についての表立った言及はなかった．実際，コーシーの時代には正則関数 f の導関数 f' はいつでも連続であるとして議論されたし，現代でも入門の段階ではこの仮定を設けるのが普通である．本書もこの慣習にしたがう[1]．

次の定理は中心的な役割を果たす．

> **定理 6.1** (コーシーの積分定理) コーシー領域 G の閉包上で正則な関数 f があるとき，
> $$\int_{\partial G} f(z)\,dz = 0.$$

[証明] 変数 z を $z = x + iy$，関数 f を $f = u + iv$ と表示して，$\bar{G}$ にグリーンの公式を適用すれば，コーシー-リーマンの関係式 $u_x = v_y, u_y = -v_x$ によって

$$\int_{\partial G} f(z)\,dz = \int_{\partial G}(u\,dx - v\,dy) + i\int_{\partial G}(v\,dx + u\,dy)$$
$$= \iint_G (-v_x - u_y)\,dxdy + i\iint_G (u_x - v_y)\,dxdy = 0.$$

(証明終)

---

[1] 導関数の連続性を仮定しなくても正則関数の理論は全く損傷を受けないことがずっと後になって (20世紀初頭) 分かった；この仮定を設けない一般の取り扱いについては，たとえば「関数論講義」を参照されたい．そこではジョルダンの曲線定理からも自由な証明が与えられている．

6.1 コーシーの積分定理

3角形はコーシー領域の一種だから，容易に次の系を得る．

系　平面領域 G で正則な関数 f があるとき，内部も周も G にすっかり含まれる3角形 $P = P[\alpha, \beta, \gamma, \alpha]$ について

$$\int_P f(z)\, dz = 0.$$

注意　71ページの注意で述べたように，複素関数 $f = u + iv$ にベクトル場 $\boldsymbol{X} := u\boldsymbol{i} - v\boldsymbol{j}$ を対応させればコーシー-リーマンの微分方程式は $\operatorname{div} \boldsymbol{X} = 0$, $\operatorname{rot} \boldsymbol{X} = \boldsymbol{O}$ に他ならなかった．これらの式は，60ページの注意にもある通り，湧き出し・吸い込みも渦ももたない流れを表している．一方，コーシーの定理に登場する積分は

$$\int_{\partial G} f(z)\, dz = \int_{\partial G} (u\, dx - v\, dy) + i \int_{\partial G} (v\, dx + u\, dy)$$
$$= \int_{\partial G} \boldsymbol{X} \cdot \boldsymbol{t}\, ds + i \int_{\partial G} \boldsymbol{X} \cdot \boldsymbol{n}\, ds$$

と書けるから，まさに G の境界に沿って運ばれる流体の質量と G の境界を過ぎて運ばれる流体の質量とを表している．f の正則性によって G に湧き出し・吸い込みや渦が存在しないのだから，これらの量が0であるのは明白である (ストークスの定理とガウスの発散定理[2])．

コーシーの積分定理は次の形で用いられることが多い．

定理 6.2　コーシー領域 $G = G_0 \setminus \bigcup_{n=1}^{N} \bar{G}_n$ の閉包で正則な関数 f に対して

$$\int_{\partial G_0} f(z)\, dz = \sum_{n=1}^{N} \int_{\partial G_n} f(z)\, dz.$$

ただし，$n = 0, 1, 2, \ldots, N$ について，曲線 ∂G_n は領域 G_n に関して正の向きに (すなわち G_n を常に左側に見るように) 向きづけられているとする．

---

[2] 60ページで述べたこれらの定理は2次元においてはグリーンの公式に帰着するから，ここで与えた "直観的証明" は先ほどの証明と本質的にかわるところはない．にもかかわらずあえてこれらの定理に訴えて期待した結果を得ようとするのは，正則関数 f が記述する G での流れ現象に渦や湧き出しが存在しないことを印象づけるためである．

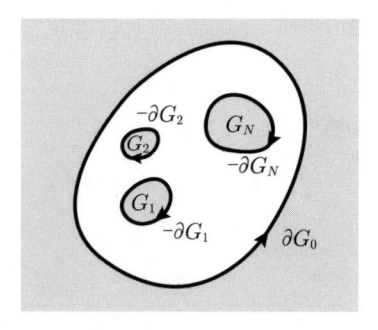

図 6.1

先ほどの系の一般化として，

> **定理 6.3** 凸領域 G で正則な関数 f と G 内の任意の閉折れ線 P に対して
> $$\int_P f(z)\,dz = 0.$$

証明 与えられた閉折れ線 P が $P = P[\alpha_0, \alpha_1, \ldots, \alpha_{N-1}, \alpha_0]$ と書かれていたとしよう．領域 G の凸性によって，各 $j = 1, 2, \ldots, N-2$ について 3 角形 $P[\alpha_0, \alpha_j, \alpha_{j+1}, \alpha_0]$ はそれ自身のみならずその内部もまた G に含まれているから，前々定理 (定理 6.1) の系から $\int_{P[\alpha_0, \alpha_j, \alpha_{j+1}, \alpha_0]} f(z)\,dz = 0$ が成り立つ．折れ線 P に沿う線積分は曲線の和 $\sum_{j=1}^{N-2} P[\alpha_0, \alpha_j, \alpha_{j+1}, \alpha_0]$ に沿うものとして求められるから，

$$\int_P f(z)\,dz = \sum_{j=1}^{N-2} \int_{P[\alpha_0, \alpha_j, \alpha_{j+1}, \alpha_0]} f(z)\,dz = 0$$

が示された． (証明終)

6.2 原始関数

平面領域 G で連続な (複素数値) 関数 f に対し $F' = f$ を満たす G 上の正則関数 F があるとき，F を f の G における**原始関数**といい，関数 f は G で原始関数 F をもつという．次の結果は定理 3.9 から容易にしたがう：

6.2 原始関数

> **定理 6.4** 平面領域 G で原始関数 F をもつ関数 f と G 内の 2 点 α, β があるとき，α を始点とし β を終点とする G 内の区分的に滑らかな任意の曲線 γ に対して
> $$\int_\gamma f(z)\,dz = F(\beta) - F(\alpha).$$

この定理の応用として

> **例題 6.1** ―――――――――――――― 線分に沿う多項式の線積分 ―
> 線分 $S[\alpha, \beta]$ と $n = 0, 1, 2, \ldots$ に対して
> $$\int_{S[\alpha,\beta]} z^n\,dz = \frac{1}{n+1}\left(\beta^{n+1} - \alpha^{n+1}\right)$$
> となることを示せ．

[解答] 線分 $S[\alpha,\beta]$ を含む適当な領域 (例えば十分大きな半径の開円板) で考えるとき，被積分関数の原始関数の 1 つは関数 $z \mapsto z^{n+1}/(n+1)$ であるから，49 ページの注意で述べた計算方法
$$\int_{S[\alpha,\beta]} z^n\,dz = \left[\frac{1}{n+1}z^{n+1}\right]_\alpha^\beta = \frac{1}{n+1}\left(\beta^{n+1} - \alpha^{n+1}\right)$$
は実際には正当なものである． ▨

上の定理の理論的帰結の 1 つは，

> **系** 平面領域 G で原始関数をもつ関数 f と G 内の区分的に滑らかな任意の閉曲線 γ に対して，
> $$\int_\gamma f(z)\,dz = 0.$$

以上をまとめて次の結果を得る：

> **定理 6.5** 平面領域 G 上の連続関数 f が原始関数をもつための必要十分条件は，G 内の任意の閉折れ線 P に対して
> $$\int_P f(z)\,dz = 0$$
> が成り立つことである．

証明 上の系から必要性は明らかである．十分性を証明するためには原始関数を実際に作り出せることを示す．G の中に 1 点 z^* を固定する．任意の $z \in G$ に対して z^* を始点，z を終点とする G 内の折れ線 P をとり，

$$F(z, P) := \int_P f(\zeta)\,d\zeta$$

とおく．この値が折れ線の選び方に依らずただ終点 z のみによって定まることを示すために，このような折れ線を 2 つとって P_1, P_2 とする．このとき，$P_1 - P_2$ は閉折れ線となるので，仮定によって

$$\int_{P_1 - P_2} f(\zeta)\,d\zeta = 0 \qquad \text{すなわち} \qquad \int_{P_1} f(\zeta)\,d\zeta = \int_{P_2} f(\zeta)\,d\zeta$$

である．したがって，値 $F(z) := \displaystyle\int_{z^*}^{z} f(\zeta)\,d\zeta$ は，積分路として折れ線のみを考える限り，積分路に依らずただ z のみによって定まる．よって G 上の関数 F が定義された．

関数 F の G での正則性と関係式 $F' = f$ の成立を見るために，任意の $z_0 \in G$ をとめる．任意の $\varepsilon > 0$ をとるとき，正数 ρ を十分小さくとって

$$\overline{\mathbb{D}(z_0, \rho)} \subset G \qquad \text{かつ} \qquad \max_{\overline{\mathbb{D}(z_0, \rho)}} |f(\zeta) - f(z_0)| < \varepsilon$$

とできる．したがって，

$$\left| \frac{F(z) - F(z_0)}{z - z_0} - f(z_0) \right| = \left| \frac{1}{z - z_0} \int_{S[z_0, z]} f(\zeta)\,d\zeta - \frac{f(z_0)}{z - z_0} \int_{S[z_0, z]} d\zeta \right|$$

$$\leq \frac{1}{|z - z_0|} \int_{S[z_0, z]} |f(\zeta) - f(z_0)|\,|d\zeta| \leq \max_{\overline{\mathbb{D}(z_0, \rho)}} |f(\zeta) - f(z_0)| < \varepsilon.$$

点 z_0 は G 内から任意にとったから f は G で原始関数 F をもつことが分かった．

(証明終)

コーシーの積分定理と上の定理とから，

6.3 コーシーの積分公式

定理 6.6 正則な関数は局所的には原始関数をもつ.

さらに次の定理も得られた.

定理 6.7 (凸領域におけるコーシーの積分定理) 平面凸領域 G で正則な関数 f と G 内の区分的に滑らかな任意の閉曲線 γ に対して
$$\int_\gamma f(z)\,dz = 0.$$

6.3 コーシーの積分公式

次の定理は応用的にも理論的にも極めて重要なものである.

定理 6.8 (コーシーの積分公式) コーシー領域 G の閉包 $\bar{G}$ 上で正則な関数 f と任意の $z_0 \in G$ に対して
$$f(z_0) = \frac{1}{2\pi i}\int_{\partial G}\frac{f(z)}{z-z_0}\,dz.$$

[証明] 正数 ρ を十分小さく選び,$\overline{\mathbb{D}(z_0,\rho)} \subset G$ が成り立つようにする.このとき,$G_\rho := G\setminus\overline{\mathbb{D}(z_0,\rho)}$ はコーシー領域であり,その向きづけられた境界は曲線 $\partial G - C(z_0,\rho)$ である.さらに,関数 $f(z)/(z-z_0)$ は領域 G_ρ の閉包で正則だから,コーシーの積分定理によって,
$$\int_{\partial G}\frac{f(z)}{z-z_0}\,dz = \int_{C(z_0,\rho)}\frac{f(z)}{z-z_0}\,dz$$
が成り立つ.ところが,円周 $C(z_0,\rho)$ は
$$C(z_0,\rho): z = z_0 + \rho e^{it}, \qquad 0 \le t \le 2\pi$$
と径数表示されるから,上の式の右辺は $\rho \to 0$ のとき
$$\int_0^{2\pi}\frac{f(z_0+\rho e^{it})}{\rho e^{it}}i\rho e^{it}\,dt = i\int_0^{2\pi}f(z_0+\rho e^{it})\,dt \to 2\pi i f(z_0)$$

となる．実際，最後の極限操作の部分については

$$\left|\int_0^{2\pi} f(z_0 + \rho e^{it})\,dt - 2\pi f(z_0)\right| = \left|\int_0^{2\pi} \{f(z_0 + \rho e^{it}) - f(z_0)\}\,dt\right|$$

$$\leq 2\pi \max_{t \in [0,2\pi]} |f(z_0 + \rho e^{it}) - f(z_0)|$$

$$\leq 2\pi \max_{\mathbb{D}(z_0,\rho)} |f(z) - f(z_0)|$$

が成り立つからである． (証明終)

注意 たとえ関数 f が点 z_0 では正則ではなくても，関数 $(f(z) - f(z_0))/(z - z_0)$ の (点 z_0 の周りでの) 有界性が知られている[3]ならば，関数 $f(z)/(z - z_0)$ を関数 $(f(z) - f(z_0))/(z - z_0) + f(z_0)/(z - z_0)$ と変形した上で類似の議論を行うことによって，同じ結論が得られる．

例題 6.2 ━━━━━━━━━━━━━━━━━━━━━ 基本的な複素積分 ━

複素数 a ($|a| \neq 1$) について線積分

$$\int_C \frac{dz}{z - a} = \begin{cases} 2\pi i & |a| < 1 \text{ のとき} \\ 0 & |a| > 1 \text{ のとき} \end{cases}$$

を示せ．ただし，C は反時計回りにまわった単位円周を表す．

[解答] 場合 $|a| > 1$ については容易である．関数 $1/(z - a)$ は閉単位円板 $\overline{\mathbb{D}}$ で正則であるから，コーシーの積分定理によって積分の値は 0 である．また，場合 $|a| < 1$ については，$\overline{\mathbb{D}}$ で正則な関数 $f(z) \equiv 1$ にコーシーの積分公式を適用すればよい[4]． ▨

残された場合 $|a| = 1$ は積分路 C の上に点 a が乗ってしまっていてそこで被積分関数は有限の値をもたないから，積分可能性は自明な問題ではない．このような場合には，積分範囲をいきなり曲線全体としてとろうとはせず，問題となる点 (今の場合は a) の近くを取り去った区間での積分をいったん求めて

---

[3] 念のために注意しておくが，関数 f が点 z_0 で正則ならば関数 $(f(z) - f(z_0))/(z - z_0)$ は点 z_0 の周りでは有界である．なぜか？
[4] $a = 0$ のときは例題 3.7 で済んでいる．

6.3 コーシーの積分公式

その極限として定積分を定義することが多い[5]．この考えに沿い，まず適当な t_0 $(0 \leq t_0 < 2\pi)$ を用いて $a = e^{it_0}$ と書き表し[6]，さらに十分小さな正数 $\varepsilon', \varepsilon''$ をとる．曲線

$$\Gamma_a(\varepsilon', \varepsilon'') : z = e^{it}, \qquad t_0 + \varepsilon' \leq t \leq t_0 + 2\pi - \varepsilon''$$

は単位円周 C から点 a の近傍を取り去って得られたものである．このとき

$$\int_{\Gamma_a(\varepsilon', \varepsilon'')} \frac{dz}{z-a} = \int_{t_0+\varepsilon'}^{t_0+2\pi-\varepsilon''} \frac{ie^{it}dt}{e^{it}-e^{it_0}} = \int_{t_0+\varepsilon'}^{t_0+2\pi-\varepsilon''} \frac{ie^{i(t-t_0)}dt}{e^{i(t-t_0)}-1}$$

$$= \int_{\varepsilon'}^{2\pi-\varepsilon''} \frac{ie^{it}dt}{e^{it}-1} = \int_{\varepsilon'}^{2\pi-\varepsilon''} \frac{ie^{it}(e^{-it}-1)dt}{|e^{it}-1|^2}$$

$$= \int_{\varepsilon'}^{2\pi-\varepsilon''} \frac{i(1-e^{it})dt}{|e^{it}-1|^2}$$

と変形されるが，さらに最終辺の被積分関数に第 2 余弦定理を用いれば，

$$i \int_{\varepsilon'}^{2\pi-\varepsilon''} \frac{(1-\cos t) - i\sin t}{2(1-\cos t)} dt = \frac{i}{2} \int_{\varepsilon'}^{2\pi-\varepsilon''} dt + \frac{1}{2} \int_{\varepsilon'}^{2\pi-\varepsilon''} \frac{\sin t}{1-\cos t} dt$$

$$= i \left[\frac{t}{2}\right]_{\varepsilon'}^{2\pi-\varepsilon''} + \left[\frac{1}{2} \log (1-\cos t)\right]_{\varepsilon'}^{2\pi-\varepsilon''}$$

$$= i \left(\pi - \frac{\varepsilon' + \varepsilon''}{2}\right) + \frac{1}{2} \log \frac{1-\cos \varepsilon''}{1-\cos \varepsilon'}$$

であることが分かる．ここで $\varepsilon', \varepsilon''$ を 0 に近づけると，虚部は極限値 π をもつが，実部は定まった極限値をもたない．しかし $\varepsilon', \varepsilon''$ が $\varepsilon' = \varepsilon''$ を満たして 0 に近づくならば，容易に分かるように実部は極限値 0 をもつ．このように制限された極限操作を通じて求めたものを (コーシーの) **主値積分** と呼び，積分記号の前に p.v.(= principal value) をつけて表す．

---

[5] **特異積分**という名で知られる．
[6] $t_0 = 0$ すなわち $a = 1$ として一般性を失うことはないのだが，ここでは計算練習のためにあえて一般の a について考える．

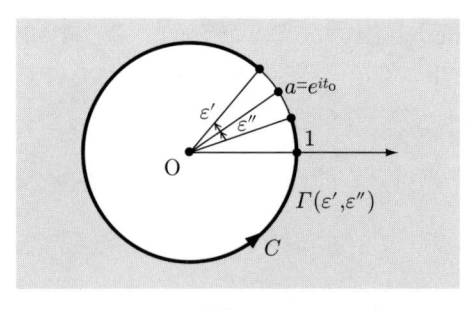

第 6 章　コーシーの 2 つの定理：── 積分定理と積分公式

図 6.2

> **定理 6.9**　複素数 $a\,(|a|=1)$ について,
> $$\text{p.v.}\int_C \frac{dz}{z-a} = \pi i.$$
> ここに，C は反時計回りにまわった単位円周である．

この定理は，主値積分の値が，例題 6.2 で考察した 2 つの場合の (中間に位置するものとしてそれらの) 平均値であろうという予想の正当性を主張している．円周の代わりに長方形を考え，点 a がその頂点の 1 つであったときはどうであろうか？　この問いに答える次の結果は前定理と同じ手法を丁寧に使えば示せる．

> **定理 6.10**　$\xi, \eta > 0$ とし，長方形
> $$Q := \{z \in \mathbb{C} \mid |\operatorname{Re} z| \leq \xi,\ |\operatorname{Im} z| \leq \eta\}$$
> の頂点の 1 つを a とするとき,
> $$\text{p.v.}\int_{\partial Q} \frac{dz}{z-a} = \frac{\pi i}{2}.$$

例題 6.3 ─────────────────── 有理関数の複素積分

積分
$$\int_C \frac{dz}{z^2 + 2az + 1}$$
を計算せよ．ただし $a > 1$ とする．

[解答] 被積分関数の分母が 0 になるのは $z = -a \pm \sqrt{a^2 - 1}$ であるが，これらのうちの 1 つ $\lambda := -a + \sqrt{a^2 - 1}$ だけが単位円の中にあり，もう 1 つの零点 $\mu := -a - \sqrt{a^2 - 1}$ は単位円の外にある．したがって，

$$\int_C \frac{dz}{z^2 + 2az + 1} = \int_C \frac{dz}{(z - \lambda)(z - \mu)}$$

$$= \int_C \frac{\frac{1}{z - \mu}}{z - \lambda} dz = \frac{2\pi i}{\lambda - \mu} = \frac{\pi i}{\sqrt{a^2 - 1}}.$$ ▨

6.4 導関数の積分表示

正則関数自身と同じようにその導関数もまた積分表示される：

定理 6.11 領域 G で正則な関数 f の導関数は，点 $z_0 \in G$ に対して $\mathbb{D}(z_0, \rho_0) \subset G$ が成り立つほどに十分小さな $\rho_0 > 0$ をとるとき[7]，

$$f'(z) = \frac{1}{2\pi i} \int_{C(z_0, \rho_0)} \frac{f(\zeta)}{(\zeta - z)^2} d\zeta, \qquad z \in \mathbb{D}(z_0, \rho_0/2)$$

と表示される．

[証明] 基本方針はコーシーの積分公式によって表示された関数を定義にしたがって微分することである．そのために，点 $z_0 \in G$ をとめて $\rho_0 > 0$ を主張にあるように十分小さくとる．任意の点 $z, z' \in \mathbb{D}(z_0, \rho_0/2)$ に対して，コーシーの積分公式から

---

[7] 38 ページの記号 $\delta_G(z_0)$ を用いれば，$0 < \rho_0 < \delta_G(z_0)$ でありさえすればよい．

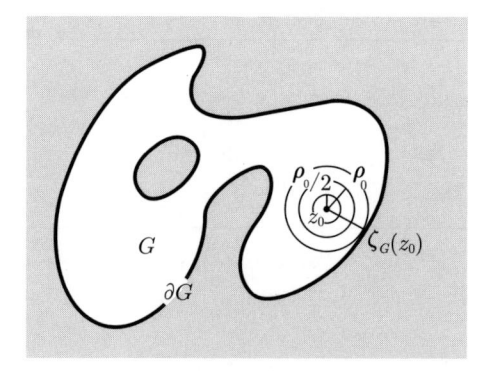

第 6 章　コーシーの 2 つの定理：―― 積分定理と積分公式

図 6.3

$$f(z') - f(z) = \frac{1}{2\pi i}\left(\int_{C(z_0,\rho_0)} \frac{f(\zeta)}{\zeta - z'}\,d\zeta - \int_{C(z_0,\rho_0)} \frac{f(\zeta)}{\zeta - z}\,d\zeta\right)$$

$$= \frac{1}{2\pi i}\int_{C(z_0,\rho_0)} \frac{(z'-z)f(\zeta)}{(\zeta - z')(\zeta - z)}\,d\zeta$$

であるから，

$$\left|\frac{f(z') - f(z)}{z'-z} - \frac{1}{2\pi i}\int_{C(z_0,\rho_0)} \frac{f(\zeta)}{(\zeta - z)^2}\,d\zeta\right|$$

$$= \left|\frac{1}{2\pi i}\int_{C(z_0,\rho_0)}\left\{\frac{f(\zeta)}{(\zeta - z')(\zeta - z)} - \frac{f(\zeta)}{(\zeta - z)^2}\right\}d\zeta\right|$$

$$\leq \frac{1}{2\pi}\int_{C(z_0,\rho_0)}\left|\frac{(z'-z)f(\zeta)}{(\zeta - z')(\zeta - z)^2}\right||d\zeta|.$$

ここで

$$M_f(z_0, \rho_0) := \max_{|z-z_0|=\rho_0} |f(z)|$$

とおく [8] と，

$$\frac{1}{2\pi}\int_{C(z_0,\rho_0)}\left|\frac{(z'-z)f(\zeta)}{(\zeta - z')(\zeta - z)^2}\right||d\zeta| \leq \frac{|z'-z|}{2\pi}\cdot M_f(z_0, \rho_0)\cdot\left(\frac{\rho_0}{2}\right)^{-3}\cdot 2\pi\rho_0$$

$$= \frac{8M_f(z_0, \rho_0)}{\rho_0^2}\cdot |z'-z| \to 0 \qquad (z' \to z)$$

したがって

---

[8] この記号は今後も度々用いるので記憶に留めておかれたい．

6.4 導関数の積分表示

$$f'(z) = \frac{1}{2\pi i} \int_{C(z_0, \rho_0)} \frac{f(\zeta)}{(\zeta - z)^2} \, d\zeta, \qquad z \in \mathbb{D}(z_0, \rho_0/2)$$

が分かった. (証明終)

この結果とコーシーの積分定理とから

> **定理 6.12** コーシー領域 G の閉包で正則な関数 f に対して
> $$f'(z) = \frac{1}{2\pi i} \int_{\partial G} \frac{f(\zeta)}{(\zeta - z)^2} \, d\zeta, \qquad z \in G.$$

証明 前定理の証明における最後の式の被積分関数 $f(\zeta)/(\zeta - z)^2$ は, コーシー領域 $G \setminus \overline{\mathbb{D}(z_0, \rho_0)}$ で正則な関数である. したがってコーシーの積分定理と前定理から

$$f'(z) = \frac{1}{2\pi i} \int_{\partial G} \frac{f(\zeta)}{(\zeta - z)^2} \, d\zeta, \qquad z \in \mathbb{D}(z_0, \rho_0/2).$$

この式は, 右辺が z_0 にも ρ_0 にも依らない量を表し, しかも任意の $z_0 \in G$ に対する任意の $z \in \mathbb{D}(z_0, \rho_0/2)$ について成り立つから, 実際にはすべての $z \in G$ について成り立つ. (証明終)

以上の議論を詳しく見れば, 積分表示された関数としての f の複素微分可能性が論じられていて, 関数 f の G での正則性は —— 最後の定理を除けば —— 全く使われていないことが分かる. すなわち, 本質的に次の定理が示された.

> **定理 6.13** (滑らかな) 曲線 γ 上で連続な関数 φ に対して
> $$\Phi(z) := \frac{1}{2\pi i} \int_\gamma \frac{\varphi(\zeta)}{\zeta - z} \, d\zeta, \qquad z \in \mathbb{C} \setminus \gamma$$
> は $\mathbb{C} \setminus \gamma$ で正則な関数であり, その導関数は次の式で与えられる[9]:
> $$\Phi'(z) = \frac{1}{2\pi i} \int_\gamma \frac{\varphi(\zeta)}{(\zeta - z)^2} \, d\zeta, \qquad z \in \mathbb{C} \setminus \gamma.$$

---

[9] γ は ∂G のようにいくつかの単純閉曲線の和でもよいが, 単なる閉弧 (2.4 節参照) でもよい.

注意 この節の結果は，コーシーの積分公式

$$f(z) = \frac{1}{2\pi i} \int_{\partial G} \frac{f(\zeta)}{\zeta - z} d\zeta, \qquad z \in G$$

の両辺を z について微分したものと思えば記憶しやすい．右辺に対する微分操作は本来積分を実行した後で行うべきものであるが，結果から見る限りは微分操作を積分操作よりも先に行ったのと同じになっている．無論このような交換手続きは，結果としてはいかに期待されるものとはいえ，一般には無思慮に行うべきではない．

6.5 導関数の正則性

前節の最後の定理を導関数 $f'(z)$ の積分表示に適用すれば，f の 2 階導関数 f'' も存在して——すなわち f' もまた $\mathbb{D}(z_0, \rho_0)$ で正則であって——，さらに

$$f''(z) = \frac{2}{2\pi i} \int_{C(z_0, \rho_0)} \frac{f(\zeta)}{(\zeta - z)^3} d\zeta, \qquad z \in \mathbb{D}(z_0, \rho_0)$$

であることが分かる．点 z_0 は任意にとれるから，f' の G における正則性が分かった．すなわち，

> **定理 6.14** 正則関数の導関数はまた正則である．

上で行ったのと同じ論法を繰り返して

> **定理 6.15** 正則関数は任意の回数だけ複素微分可能である；コーシー領域 G の閉包 $\bar{G}$ で正則な関数 f の n 回導関数 $f^{(n)}$ は
>
> $$f^{(n)}(z) = \frac{n!}{2\pi i} \int_{\partial G} \frac{f(\zeta)}{(\zeta - z)^{n+1}} d\zeta, \qquad z \in G$$
>
> と表示される $(n = 0, 1, 2, \ldots)$．

6.6 モレラの定理

次の定理は，正則性が微分操作によって伝播する性質を巧みに用いてコーシーの積分定理のある種の逆が成り立つことを示すもので，正則性の十分条件の1つを与える．

> **定理 6.16** （モレラの定理） 平面領域 G で連続な関数 f が，周も内部[10]もすっかり G に含まれるすべての3角形 $P[\alpha, \beta, \gamma, \alpha]$ について
> $$\int_{P[\alpha,\beta,\gamma,\alpha]} f(z)\,dz = 0$$
> を満たせば，f は G で正則である．

証明 G の各点 z_0 において正則であることをいえばよい．いつものように正数 ρ を $\mathbb{D}(z_0, \rho) \subset G$ であるようにとる．$\mathbb{D}(z_0, \rho)$ は凸領域であるから，定理の仮定によって f の原始関数が存在する．原始関数は定義によって正則であるから，その導関数である f もまた $\mathbb{D}(z_0, \rho)$ で正則である． (証明終)

モレラの定理を使えば，連続的微分可能な1対の実関数に対し，コーシー-リーマン関係式が正則性の十分条件であること[11]の別証明が得られる．

> **定理 6.17** 平面領域 G での複素関数 $f = u + iv$ において，u, v は C^1 級であるとする．さらに，u, v が G でコーシー-リーマン関係式を満たすならば，f は G で正則である．

証明 前定理の証明と同様に，各点 $z_0 \in G$ に対して，f がある円板 $\mathbb{D}(z_0, \rho) (\subset G)$ で正則であることを示せば十分である．$\mathbb{D}(z_0, \rho)$ 内の任意の3角形 $P := P[\alpha, \beta, \gamma, \alpha]$ の内部 T はコーシー領域だから，グリーンの公式によって

---

[10] 3つの線分によって囲まれる (有界な) 開集合．36 ページ参照．
[11] 68 ページ参照．

$$\int_P f(z)\,dz = \int_P (u\,dx - v\,dy) + i\int_P (v\,dx + u\,dy)$$
$$= \iint_T (-v_x - u_y)\,dxdy + i\iint_T (u_x - v_y)\,dxdy$$
$$= 0.$$

したがって，モレラの定理によって f は $\mathbb{D}(z_0,\rho)$ で正則である． (証明終)

演習問題 VI

1 単位円周 C 上で値 $\bar{z}$ をもつ $\overline{\mathbb{D}}$ 上の正則関数は存在するか？

2 任意の閉曲線 γ と γ 上にはない任意の複素数 a に対して
$$I(\gamma,a) := \frac{1}{2\pi}\int_\gamma \frac{dz}{z-a}$$
は整数しかとらないことを示せ．

3 $a > 1$ とし，中心 a，半径 a の円周を反時計回りにまわる曲線を γ とするとき，積分
$$\int_\gamma \frac{z\,dz}{z^4 - 1}$$
の値を求めよ．また，条件 $a > 1$ について吟味せよ．

4 $0 \leq a < 1$ のとき
$$\int_C \frac{e^z}{z^2(z^2 - a^2)}\,dz$$
の値を計算せよ．また，$a = 1$ のときはどうか．

5 2点 $\pm i$ を通らない閉曲線 γ に対し，積分
$$\int_\gamma \frac{dz}{z^2 + 1}$$
のとり得る値をすべて求めよ．

6 実数 λ に対し次の等式が成り立つことを示せ：
$$\frac{1}{2\pi i}\int_{C(0,2)} \frac{e^{\lambda z}}{z^2 + 1}\,dz = \sin\lambda.$$

7 正の実数 a について，次の積分の値を求めよ；
$$\int_{C(0,2a)} \frac{dz}{z(z^3 + a^3)}, \quad \int_{C(0,a/2)} \frac{dz}{z(z^3 + a^3)}.$$

演 習 問 題 VI

8 単位円周上で値 $1/z$ をもつ整関数は存在するか.

9 次の複素線積分の値は一意に求め得るか．一意に定まるならばその値をいえ．

(1) $\displaystyle\int_{-\pi i}^{\pi i} \cos z\, dz.$ 　　(2) $\displaystyle\int_0^{\pi i} \sinh z\, dz.$

(3) $\displaystyle\int_{-1}^{\sqrt{\pi i}} z\cosh(z^2)\, dz.$ 　　(4) $\displaystyle\int_{1-i}^{1+i} z^3 e^{z^4}\, dz.$

10 次の関数はそれぞれ ( ) 内に指定された領域で原始関数をもつか否かを判定せよ．

$$z^5\ (\mathbb{C}),\quad \frac{1}{z}\ (\mathbb{C}^*),\quad \frac{1}{z^3}\ (\mathbb{C}^*),$$

$$\frac{1}{(z-1)(z+1)}\ (\mathbb{C}\setminus S[-1,1]),\quad \frac{1}{z-1}+\frac{1}{z+1}\ (\mathbb{C}\setminus S[-1,1]).$$

11 単純閉曲線 γ に対して，複素線積分

$$\int_\gamma \frac{e^z}{z-a}\, dz$$

のとり得る値を求めよ．ただし $a\notin\gamma$ とする．

12 任意の自然数 n について次の積分の値を求めよ：

$$\frac{1}{2\pi i}\int_{C(0,R)} \frac{e^\zeta}{(\zeta-a)^n}\, d\zeta \qquad (a\in\mathbb{C},\,|a|>R).$$

13 任意の自然数 n について

$$f_n(z):=\frac{(n-1)!}{2\pi i}\int_{C(0,R)} \frac{\sin\zeta}{(\zeta-z)^n}\, d\zeta \qquad (|z|<R)$$

と定義されているとき，$f_n(z)^2+f_{n+1}(z)^2$ を求めよ．

14 単位円板 $\mathbb{D}$ 上で調和な関数 $u(re^{i\theta})$ の円周平均値が中心の値に等しいこと，すなわち

$$u(0)=\frac{1}{2\pi}\int_0^{2\pi} u(\rho e^{it})\, dt \qquad (0<\rho<1)$$

であることを，調和関数と正則関数との関係を用いて示せ．

15 単位円板 $\mathbb{D}$ 上で正則な関数 $f(z)$ と任意の $\rho\,(0<\rho<1)$ について

$$|f(0)|\le \frac{1}{2\pi}\int_0^{2\pi} |f(\rho e^{it})|\, dt$$

が成り立つことを示せ．

16 領域 G で正則な関数 $f(z)$ が G のある点 a で $f(a)\ne 0$ を満たせば，十分小さな正数 ρ について

$$\log|f(a)| = \frac{1}{2\pi}\int_0^{2\pi} \log|f(a+\rho e^{it})|\,dt$$

が成り立つことを示せ．

17 単位円板 $\mathbb{D}$ 上で調和な関数 $u(re^{i\theta})$ について次の等式を示せ：

$$u(0) = \frac{1}{\pi R^2}\iint_{\mathbb{D}(0,R)} u(x,y)\,dxdy \qquad (0 < R < 1).$$

18 単位円板 $\mathbb{D}$ 上で調和な関数 $u(re^{i\theta})$ に対して，積分表示

$$u(\rho e^{i\theta}) = \frac{1}{2\pi}\int_0^{2\pi} \frac{R^2 - \rho^2}{R^2 - 2\rho R\cos(\theta - t) + \rho^2} u(Re^{it})\,dt$$

$$(0 < \rho < R,\quad 0 \le \theta < 2\pi)$$

が成り立つことを確かめよ．

19 領域 G で調和な関数 $u(x,y)$ があるとき，$z = x + iy$ とおけば

$$f(z) := u_x(x,y) - iu_y(x,y), \qquad z = x + iy \in G$$

は G で正則な関数であることを，(1) コーシー-リーマンの関係式を用いて，あるいは (2) モレラの定理を用いて，示せ．

第7章

留数定理とその応用

7.1 留数定理

以下 G はコーシー領域とし，$z_1, z_2, \ldots, z_N \in G$ とする．正数 ρ を十分小さく選んで

> (1) $\overline{\mathbb{D}(z_n, \rho)} \subset G \ (n = 1, 2, \ldots, N)$ および
> (2) $\overline{\mathbb{D}(z_j, \rho)} \cap \overline{\mathbb{D}(z_k, \rho)} = \varnothing \ (1 \leq j < k \leq N)$

が成り立つようにする．このとき，コーシーの積分定理 (定理 6.2) によって，$\bar{G} \setminus \{z_1, z_2, \ldots, z_N\}$ で正則な関数 f に対し

$$\frac{1}{2\pi i} \int_{\partial G} f(z)\, dz = \sum_{n=1}^{N} \frac{1}{2\pi i} \int_{C(z_n, \rho)} f(z)\, dz$$

が成り立つ．この等式を考慮して次の定義をおく：

定義 点 $a \in \mathbb{C}$ と，ある半径 $\rho > 0$ の穴あき円板 $\mathbb{D}^*(a, \rho) = \mathbb{D}(a, \rho) \setminus \{a\}$ で正則[1] 関数 f に対して，積分

$$\operatorname*{Res}_{a} f := \frac{1}{2\pi i} \int_{C(a, \rho')} f(z)\, dz, \qquad 0 < \rho' < \rho$$

を関数 f の点 a における**留数**という．また，ある正数 R について $|z| > R$ で正則[2] 関数 f の**無限遠点における留数**は

---

[1] 点 a 自身での正則性は問わない．
[2] このとき "無限遠点の近傍で正則な" という表現を用いることもあるが，無限遠点自身での正則性が曖昧になるので注意が慣用である．厳密には "無限遠点のある穴あき近傍で正則な" というべきである．

$$\operatorname*{Res}_{\infty} f := \frac{1}{2\pi i} \int_{-C(0,R')} f(z)\,dz, \qquad R' > R$$

によって定義される．

注意 次のことは共にコーシーの積分定理から容易に分かる：
(1) 留数は半径 ρ' あるいは R' の取り方には依らない量として定まる．
(2) f が点 $a \in \mathbb{C}$ で正則であれば $\operatorname*{Res}_{a} f = 0$ である．
(3) f が無限遠点で正則であっても $\operatorname*{Res}_{\infty} f = 0$ とは限らない；例えば関数 $f(z) = 1/z$ がその例である．
(4) 無限遠点における留数を定義する際には，積分路として $-C(0, R')$ が用いられていることが奇異に映るかもしれないが，積分路が無限遠点を左側に見つつ回るという性質は有限な a における留数の定義と変わるところがない．

上の定義にしたがってコーシーの積分定理を書き直した次の形は**留数定理**と呼ばれ，特に複素関数論の応用において重用される．

定理 7.1 (**留数定理**) コーシー領域 G の閉包 $\bar{G}$ 上で G の有限個の点 $z_1, z_2, \ldots, z_N$ を除いて正則な関数 f に対して

$$\int_{\partial G} f(z)\,dz = 2\pi i \sum_{n=1}^{N} \operatorname*{Res}_{z_n} f.$$

特に，$G = \hat{\mathbb{C}}$ の場合における次の定理は，閉じた面の上の流れにおいては湧き出しと吸い込みのバランス，渦の向きと強さのバランスがそれぞれ保たれるべきであるという流体力学的な意味をもつ．

定理 7.2 リーマン球面 $\hat{\mathbb{C}}$ 上で有限個の点 $z_1, z_2, \ldots, z_N$ を除いて正則な関数 f に対して

$$\sum_{n=0}^{N} \operatorname*{Res}_{z_n} f = 0.$$

ただし，$z_0 = \infty$．

7.1 留数定理

証明 原点を中心とする十分大きな半径の円板をいったん考えこれを前定理の G と見立てれば，左辺にあった境界 ∂G に沿う線積分が無限遠点における留数の符号を変えたものに等しいことから，期待された等式は直ちにしたがう． (証明終)

注意 上の2つの定理においては，z_n での留数がいつも 0 ではない数として生き残っていることを主張しているわけではない．また，無限遠点における留数はそこでの正則性の如何にかかわらず考慮されるべきことには特別の注意が必要である (124 ページにある注意 (3) を参照).

留数を求める具体的な計算方法としては，コーシーの積分公式 (定理 6.15 参照) から容易に分かる次の定理がある．

定理 7.3 関数 f が点 $a \in \mathbb{C}$ で正則であれば，
$$\operatorname*{Res}_{a} \frac{f(z)}{z-a} = f(a), \qquad \operatorname*{Res}_{a} \frac{f(z)}{(z-a)^2} = f'(a).$$

あるいはもっと一般に，
$$\operatorname*{Res}_{a} \frac{f(z)}{(z-a)^n} = \frac{f^{(n-1)}(a)}{(n-1)!}, \qquad n = 1, 2, \ldots.$$

たとえば，$\lambda \in \mathbb{C}$ に対して
$$\operatorname*{Res}_{a} \frac{e^{\lambda z}}{z} = \begin{cases} 0 & a \neq 0 \text{ とき} \\ 1 & a = 0 \text{ とき} \end{cases}$$

であることが，上の定理の適用によって直ちに分かる．

次の定理は一層使いやすい形になっている．

定理 7.4 点 $a \in \mathbb{C}$ の穴あき近傍で正則な関数 f に対して，$(z-a)^n f(z)$ が点 a で正則になるような自然数 n があれば，
$$\operatorname*{Res}_{a} f = \frac{1}{(n-1)!} \frac{d^{n-1}}{dz^{n-1}} \left[(z-a)^n f(z) \right] \Big|_{z=a}.$$

証明 前定理の f として $(z-a)^{-n} f(z)$ を考えればよい． (証明終)

上に述べた定理の仮定は少なくとも $n=1$ の場合には少し緩められる[3]．

> **定理 7.5** 関数 f が点 $a \in \mathbb{C}$ の穴あき近傍で正則で，しかも
> $$A := \lim_{z \to a}(z-a)f(z)$$
> が (有限な値として) 存在するならば，$\operatorname*{Res}_{a} f = A$.
> また，無限遠点の穴あき近傍で正則な関数 f が (有限な) 極限値
> $$B := \lim_{z \to \infty} zf(z)$$
> をもつならば，$\operatorname*{Res}_{\infty} f = -B$.

証明 留数

$$\operatorname*{Res}_{a} f = \frac{1}{2\pi i}\int_{C(a,\rho')} f(z)\,dz = \frac{1}{2\pi}\int_0^{2\pi} f(a+\rho' e^{it})\rho' e^{it}\,dt$$

は ρ' $(0 < \rho' < \rho)$ によらず一定の値であることを既に知っており，さらに $\rho' \to 0$ とき

$$\left| \frac{1}{2\pi}\int_0^{2\pi} f(a+\rho' e^{it})\rho' e^{it}\,dt - A \right| \leq \frac{1}{2\pi}\int_0^{2\pi} |f(a+\rho' e^{it})\rho' e^{it} - A|\,dt$$

$$\leq \max_{|z-a|=\rho'} |(z-a)f(z) - A| \to 0$$

であるから，期待された等式を得る．

次に，無限遠点での留数については

$$\operatorname*{Res}_{\infty} f = -\frac{1}{2\pi i}\int_{C(0,R')} f(z)\,dz = \frac{1}{2\pi i}\int_{C(0,1/R')} f\left(\frac{1}{\zeta}\right)(-\zeta^{-2})\,d\zeta$$

$$= -\frac{1}{2\pi i}\int_{C(0,1/R')} \frac{g(\zeta)}{\zeta}\,d\zeta, \quad g(\zeta) := \frac{1}{\zeta}f\left(\frac{1}{\zeta}\right)$$

---

[3] もっとも，関数 f が以下の仮定を満たせば $(z-a)f(z)$ は a の周りで有界であり，そのときには，後で (9.1 節参照) 示すように $(z-a)f(z)$ は点 a でも正則であると考えてよい．したがって次の定理は最終的には単に見かけ上の一般化に過ぎない．

と変形した上で，前半と同様の議論を用いれば

$$\left| \frac{1}{2\pi i} \int_{C(0,1/R')} \frac{g(\zeta)}{\zeta} d\zeta - B \right|$$

$$= \left| \frac{1}{2\pi i} \int_{C(0,1/R')} \frac{g(\zeta)}{\zeta} d\zeta - \frac{1}{2\pi i} \int_{C(0,1/R')} \frac{B}{\zeta} d\zeta \right|$$

$$= \left| \frac{1}{2\pi i} \int_{C(0,1/R')} \frac{g(\zeta) - B}{\zeta} d\zeta \right|$$

$$\leq \max_{|z|=R'} |zf(z) - B| \to 0 \quad (R' \to \infty).$$

したがって期待されたとおり $\operatorname*{Res}_{\infty} f = -B$. (証明終)

例題 7.1 ───────────────────── 留数の計算 (1) ─

$\operatorname*{Res}_{0} \dfrac{1}{\sin z} = 1$, $\quad \operatorname*{Res}_{\infty} \sin \dfrac{1}{z} = -1$ であることを示せ.

[解答] 第1の留数については $\lim\limits_{z\to 0} \dfrac{z}{\sin z} = 1$ であること，また第2の留数については

$$\lim_{z\to\infty} z \sin \frac{1}{z} = \lim_{z\to\infty} \frac{\sin \dfrac{1}{z}}{\dfrac{1}{z}} = \lim_{z\to 0} \frac{\sin z}{z} = 1$$

であることにそれぞれ注意して，上の定理を適用すればよい. ▓

例題 7.2 ───────────────────── 留数の計算 (2) ─

関数 $\dfrac{z}{\cos z - \cosh z}$ の原点における留数を求めよ.

[解答] 原点では分母・分子ともに 0 になるから $z \to 0$ のとき極限値は不定形である. $z \to 0$ のとき，

$$\frac{\cos z - \cosh z}{z} = \frac{\cos z - 1}{z} - \frac{\cosh z - 1}{z}$$

は，微分係数の定義によって，$[-\sin z]_{z=0} - [\sinh z]_{z=0} = 0$ に近づくから，与えら

れた関数は $z \to 0$ のとき有限な極限値をもたない．

しかし，
$$z\frac{z}{\cos z - \cosh z} = \frac{z^2(\cos z + \cosh z)}{\cos^2 z - \cosh^2 z} = \frac{z^2(\cos z + \cosh z)}{-\sin^2 z - \sinh^2 z}$$
と変形した上で
$$\frac{\sin^2 z + \sinh^2 z}{z^2} = \left(\frac{\sin z - \sin 0}{z}\right)^2 + \left(\frac{\sinh z - \sinh 0}{z}\right)^2$$
$$\to \left\{[\cos z]_{z=0}\right\}^2 + \left\{[\cosh z]_{z=0}\right\}^2 = 2 \quad (z \to 0)$$
であることが分かるから，
$$\lim_{z \to 0} z\frac{z}{\cos z - \cosh z} = -1$$
であることを知る．前定理によって $\operatorname*{Res}_{0} \dfrac{z}{\cos z - \cosh z} = -1$．

留数がいつでもこのような方法で計算できるとは限らない[4]．たとえば，
$$\operatorname*{Res}_{0} e^{\frac{1}{z}} \quad \text{や} \quad \operatorname*{Res}_{0}\left(\sin z \sin \frac{1}{z}\right)$$
がそのようなものの例である．これらについては個別の工夫が必要である．ここでは，複素数を扱う練習も兼ねて，上に挙げた2つの例について考察しよう．まず，定義によって
$$\operatorname*{Res}_{0} e^{\frac{1}{z}} = \frac{1}{2\pi i} \int_C e^{\frac{1}{z}} \, dz$$
であるが，積分路 C (反時計回りにまわった円周 $|z|=1$) に沿っては
$$z\bar{z} = 1, \quad z d\bar{z} + \bar{z} dz = 0$$
であり，さらに指数関数は $z=0$ で正則だから，定理7.3 によって
$$\operatorname*{Res}_{0} e^{\frac{1}{z}} = \frac{1}{2\pi i}\int_C e^{\bar{z}}\left(-\frac{z}{\bar{z}}\right)d\bar{z} = \frac{1}{2\pi i}\int_C e^{\bar{z}}\left(-\frac{1}{\bar{z}^2}\right)d\bar{z}$$
$$= \overline{\frac{1}{2\pi i}\int_C \frac{e^z}{z^2}\,dz} = \overline{\frac{d}{dz}e^z\bigg|_{z=0}} = \overline{e^0} = 1.$$

---

[4] なぜできないかは，やってみればうまく行かないからであるが，その真の理由は後になって (例題9.2を参照) 分かる．

第2の例については，単位円周 C 上で
$$\sin\frac{1}{z} = \sin\bar{z} = \overline{\sin z}$$
であることに注意して，さらに (半時計回りにまわる) 上半単位円周を C^+，また下半単位円周を C^- で示すことにすれば，

$$\begin{aligned}
2\pi i \operatorname*{Res}_{0}\left(\sin z \sin\frac{1}{z}\right) &= \int_C \sin z \sin\frac{1}{z}\,dz = \int_C |\sin z|^2\,dz \\
&= \int_{C^+} |\sin z|^2\,dz + \int_{C^-} |\sin z|^2\,dz \\
&= \int_{C^+} |\sin z|^2\,dz - \int_{C^+} |\sin(-z)|^2\,dz = 0.
\end{aligned}$$

これまで度々注意してきたように，複素積分の計算において積分路の取り替えには細心の注意が必要である．しかし，積分路を動かす際に通過する留数が 0 ではない点の影響を考慮すれば，積分路の取り替えは非常に有効な計算手段でもある．これを組織的かつ実際的に遂行することは次節に譲り，ここではまず簡単な例を 3 つ取り上げる．まず，直接的な例として，

例題 7.3 ─────────────── 複素積分の計算 (1) ─

$a > 1$ とするとき，積分
$$\int_C \frac{e^z}{z^2(z^2 - a^2)}\,dz$$
を計算せよ (C はいつものように反時計回りの単位円周)．

[解答] 被積分関数の分子は整関数であり，分母の零点のうち単位円内にあるのは原点だけである．さらに
$$\frac{e^z}{z^2(z^2 - a^2)} = \frac{1}{z^2} \cdot \frac{e^z}{z^2 - a^2}$$
と書けるので，求める積分の値は

$$\begin{aligned}
2\pi i \operatorname*{Res}_{0} \frac{e^z}{z^2(z^2 - a^2)} &= 2\pi i \cdot \frac{d}{dz} \frac{e^z}{z^2 - a^2}\bigg|_{z=0} \\
&= 2\pi i \cdot \frac{e^z(z^2 - a^2) - 2ze^z}{(z^2 - a^2)^2}\bigg|_{z=0} = -\frac{2\pi i}{a^2}.
\end{aligned}$$

例題 7.4 ───────────── 複素積分の計算 (2)

円弧
$$\gamma : z = e^{i\theta}, \qquad \frac{\pi}{3} \leq \theta \leq \frac{5\pi}{3}$$
に沿う線積分
$$\int_\gamma \frac{dz}{z}$$
を留数定理を利用して計算せよ．

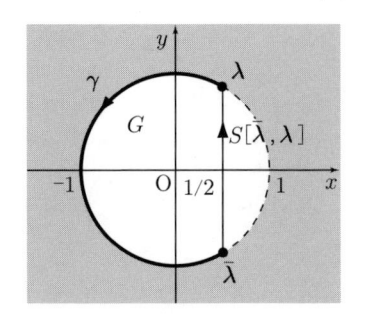

図 7.1

(解答) γ の始点を λ とするとき，閉曲線 $\gamma + S[\bar{\lambda}, \lambda]$ はコーシー領域を囲むから，

$$\int_\gamma \frac{dz}{z} + \int_{S[\bar{\lambda},\lambda]} \frac{dz}{z} = 2\pi i \operatorname*{Res}_{0} \frac{1}{z} = 2\pi i.$$

ここで例題 3.5 の結果を用いれば，$\displaystyle\int_\gamma \frac{dz}{z} = 2\pi i - \frac{2\pi i}{3} = \frac{4\pi i}{3}.$ ////

例題 7.5 ───────────── 複素積分の計算 (3)

螺旋
$$\gamma : r = \frac{\sqrt{3}}{3\pi}\theta + \frac{\sqrt{3}}{3}, \qquad 0 \leq \theta \leq 2\pi$$
に沿う線積分
$$\int_\gamma \frac{dz}{z^2+1}$$
を計算せよ．

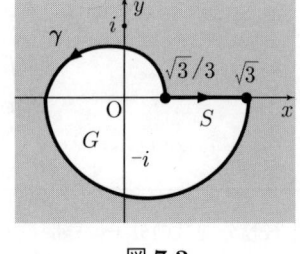

図 7.2

(解答) 曲線 γ の始点および終点は，それぞれ

$$\theta = 0,\ r = \frac{\sqrt{3}}{3}, \quad \text{および} \quad \theta = 2\pi,\ r = \frac{\sqrt{3}}{3\pi}\cdot 2\pi + \frac{\sqrt{3}}{3} = \sqrt{3}$$

である．今，これらと始点・終点を共有する線分

$$S = S[\sqrt{3}/3, \sqrt{3}] : \theta = 0,\ r = t \quad (\sqrt{3}/3 \leq t \leq \sqrt{3})$$

を補助的に考えれば，(向きづけられた) 単純閉曲線 $\gamma - S$ はある領域 G を囲む．ところで，関数 $1/(z^2+1)$ が正則でない点は平面全体で考えても $z = \pm i$ だけであり，一方曲線 γ は $\theta = \pi/2$ では

$$r = \frac{\sqrt{3}}{3\pi} \cdot \frac{\pi}{2} + \frac{\sqrt{3}}{3} = \frac{\sqrt{3}}{2} = 0.8\cdots < 1,$$

$\theta = 3\pi/2$ では

$$r = \frac{\sqrt{3}}{3\pi} \cdot \frac{3\pi}{2} + \frac{\sqrt{3}}{3} = \frac{5\sqrt{3}}{6} = 1.4\cdots > 1$$

であるから，関数 $1/(z^2+1)$ は G およびその境界を含めた集合の上では点 $z = -i$ を除いて正則である．したがって留数定理から

$$\int_\gamma \frac{dz}{z^2+1} - \int_S \frac{dz}{z^2+1} = 2\pi i \operatorname*{Res}_{-i} \frac{1}{z^2+1} = 2\pi i \left[\frac{1}{z-i}\right]_{z=-i} = -\pi$$

を得るが，よく知られているように

$$\int_S \frac{dz}{z^2+1} = \int_{1/\sqrt{3}}^{\sqrt{3}} \frac{dt}{t^2+1} = \left[\tan^{-1} t\right]_{1/\sqrt{3}}^{\sqrt{3}} = \frac{\pi}{3} - \frac{\pi}{6} = \frac{\pi}{6}$$

であるから，最終的に $\int_\gamma \frac{dz}{z^2+1} = \frac{\pi}{6} - \pi = -\frac{5\pi}{6}$ が得られた． ▨

7.2 留数解析

オイラーは実関数の定積分を計算するのに複素数を巧みに利用した．留数の概念は，これをさらに推進しかつ組織的に行うために，コーシーによって導入された．このような計算方法を**留数解析**と呼ぶ．以下にその具体的な例をいくつか述べる．典型的な例を挙げると同時にかなり複雑なものも取り上げたが，それは単に留数解析の例示に留まらず正則関数あるいは多価関数の性質を実践的により深く知るよい機会だからである．

例題 7.6 ──────────留数解析による定積分の計算 (1)─

定積分
$$\int_0^{2\pi} \frac{d\theta}{a + \cos\theta}$$
を計算せよ．ただし $a > 1$ とする．

解答 複素数 $z = e^{i\theta}$ を用いて

$$\cos\theta = \frac{e^{i\theta} + e^{-i\theta}}{2}$$

と書けるから，$dz = ie^{i\theta}d\theta = izd\theta$ に注意すれば，

$$\int_0^{2\pi} \frac{d\theta}{a + \cos\theta} = \int_C \frac{1}{a + \frac{1}{2}\left(z + \frac{1}{z}\right)} \frac{dz}{iz} = \frac{2}{i}\int_C \frac{dz}{z^2 + 2az + 1}.$$

この積分の値は，例題 6.3 を利用すればただちに得られるが，直接に留数定理を用いても，

$$\frac{2}{i} \cdot 2\pi i \operatorname*{Res}_{-a+\sqrt{a^2-1}} \frac{1}{z^2 + 2az + 1} = \frac{2\pi}{\sqrt{a^2-1}}$$

であることが分かる． ▨

この例の一般化として次のことが分かる[5]．

---

2 変数 (実係数) 有理関数 $R(x, y)$ に対する定積分

$$\int_0^{2\pi} R(\cos\theta, \sin\theta)\, d\theta$$

の値は

$$2\pi \sum_{\zeta \in \mathbb{D}} \operatorname*{Res}_{\zeta} \left[\frac{1}{z} R\left(\frac{1}{2}\left(z + \frac{1}{z}\right), \frac{1}{2i}\left(z - \frac{1}{z}\right)\right)\right]$$

で与えられる．ただし，$R(\cos\theta, \sin\theta)$ は $[0, 2\pi]$ で有限値とする．

例題 7.7 ─────────── 留数解析による定積分の計算 (2)

定積分

$$\int_0^\infty \frac{x^2 + 1}{x^4 + 1}\, dx$$

を計算せよ．

---

[5] 以下に現れる留数の (見かけ上の) 無限和は実際には有限和である．有理関数の留数が 0 にならないのは高々分母にある多項式の零点だけで，その数は代数学の基本定理によって有限個しかないからである．これら有限個の点をいちいち列挙することは本質的ではないから，以下のような簡便な記法が愛用される．

[解答] 十分大きな正数 R をとり，反時計回りにまわる上半円周 $C^+(0,R)$ と有向線分 $S[-R,R]$ とで囲まれるコーシー領域 (上半円板) を考える．方程式
$$z^4+1=0$$
は上半平面 $\mathbb{H}$ において 2 つの単純な解をもつ．それらは
$$\zeta := \frac{1}{\sqrt{2}}(1+i) \quad \text{および} \quad \zeta' := \frac{i}{\sqrt{2}}(1+i) = i\zeta$$
であって，他の 2 つの解は $-\zeta, -\zeta' = -i\zeta$ であるから，十分小さな ε をとると，コーシーの積分公式によって，
$$\operatorname*{Res}_{\zeta} \frac{z^2+1}{z^4+1} = \frac{1}{2\pi i} \int_{C(\zeta,\varepsilon)} \frac{z^2+1}{(z-\zeta)(z-i\zeta)(z+\zeta)(z+i\zeta)}\,dz$$
$$= \frac{\zeta^2+1}{\zeta(1-i)\cdot 2\zeta \cdot \zeta(1+i)} = \frac{\sqrt{2}}{4i}.$$

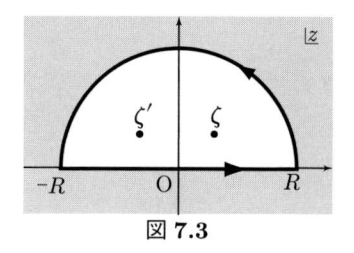

同様に $\operatorname*{Res}_{\zeta'} \dfrac{z^2+1}{z^4+1} = \dfrac{\sqrt{2}}{4i}$ が分かる．したがって，

$$\int_0^R \frac{x^2+1}{x^4+1}\,dx = \frac{1}{2}\int_{-R}^R \frac{x^2+1}{x^4+1}\,dx$$
$$= \frac{1}{2}\left[-\int_{C^+(0,R)} \frac{z^2+1}{z^4+1}\,dz + 2\pi i\left(\operatorname*{Res}_{\zeta}\frac{z^2+1}{z^4+1} + \operatorname*{Res}_{\zeta'}\frac{z^2+1}{z^4+1}\right)\right]$$
$$= -\frac{1}{2}\int_{C^+(0,R)} \frac{z^2+1}{z^4+1}\,dz + \frac{\sqrt{2}}{2}\pi.$$

ところが，$R \to \infty$ のとき
$$\left|\int_{C^+(0,R)} \frac{z^2+1}{z^4+1}\,dz\right| \leq \int_{C^+(0,R)} \frac{|z^2+1|}{|z^4+1|}\,|dz| \leq \pi R \cdot \frac{R^2+1}{R^4-1} \to 0$$

であるから，最終的に $\displaystyle\int_0^\infty \frac{x^2+1}{x^4+1}\,dx = \frac{\sqrt{2}}{2}\pi$ を得る．

この方法を見れば，もっと一般に，

> 多項式 $P(x), Q(x)$ がすべての実数 x に対して値 0 をとらず，しかも
> $$\deg Q \geq \deg P + 2$$
> を満たすならば，
> $$\int_{-\infty}^{\infty} \frac{P(x)}{Q(x)}\, dx = 2\pi i \sum_{\zeta \in \mathbb{H}} \operatorname*{Res}_{\zeta} \frac{P(z)}{Q(z)}.$$

注意 ここで――そしてこの章全体を通じても――P, Q は互いに素な実多項式と仮定する．すなわち，P, Q の係数はすべて実数で，$P(a) = Q(a) = 0$ を満たす複素数 a は存在しないと仮定しておく．

例題 7.8 ―――――――――――― 留数解析による定積分の計算 (3) ―

定積分
$$\int_{-\infty}^{\infty} \frac{x \sin ax}{x^2 + b^2}\, dx$$
を計算せよ．ただし $a, b > 0$ とする．

[解答] 関数
$$\frac{z e^{iaz}}{z^2 + b^2}$$
を考えると，これは点 $z = \pm bi$ を除いて全平面で正則である．そこで，十分に大きな正数 A_1, A_2 および正数 $B\,(> \sqrt{2}b)$ をとって，図のような長方形を考える．

$$\int_{S[-A_1, A_2]} + \int_{S[A_2, A_2+iB]} + \int_{S[A_2+iB, -A_1+iB]} + \int_{S[-A_1+iB, -A_1]} \frac{z e^{iaz}}{z^2 + b^2}\, dz$$

$$= 2\pi i \operatorname*{Res}_{ib} \frac{z e^{iaz}}{z^2 + b^2} \;=\; \pi i e^{-ab}$$

である．

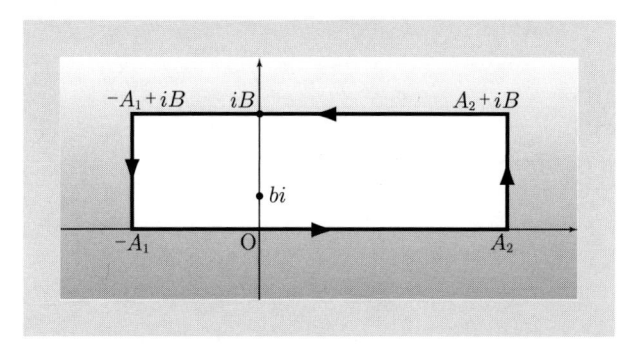

図 **7.4**

ところが, $|z| > \sqrt{2}b$ でありさえすれば,

$$\left|\frac{ze^{iaz}}{z^2+b^2}\right| \leq \frac{|z|e^{-ay}}{|z|^2-b^2} \leq 2\frac{e^{-ay}}{|z|} \qquad (y = \mathrm{Im}\, z)$$

であるから, $S[-A_1, -A_1+iB]$, $S[A_2, A_2+iB]$ に沿った線積分はその絶対値が $k=1,2$ それぞれの場合に

$$\frac{2}{A_k}\left[-\frac{1}{a}e^{-ay}\right]_0^B = 2\frac{1-e^{-aB}}{aA_k} \leq \frac{2}{aA_k}$$

で抑えられる. また, 長方形の上辺に沿っても, $|z| > \sqrt{2}b$ である限り

$$\left|\frac{ze^{iaz}}{z^2+b^2}\right| \leq 2\frac{e^{-ay}}{|z|} \leq 2\frac{e^{-aB}}{B}$$

であるから, 上辺に沿う積分の値は $2\dfrac{(A_1+A_2)e^{-aB}}{B}$ で抑えられる.

したがって,

$$\left|\int_{S[-A_1, A_2]} \frac{ze^{iaz}}{z^2+b^2}\, dz - \pi i e^{-ab}\right| \leq \frac{2}{a}\left(\frac{1}{A_1}+\frac{1}{A_2}\right) + 2\frac{(A_1+A_2)e^{-aB}}{B}$$

であるが, まず B を, 続いて A_1, A_2 を独立に限りなく大きくすれば,

$$\int_{-\infty}^{\infty} \frac{xe^{iax}}{x^2+b^2}\, dx = \pi i e^{-ab}.$$

両辺の虚部をとって, 最終的に $\displaystyle\int_{-\infty}^{\infty} \frac{x\sin ax}{x^2+b^2}\, dx = \pi e^{-ab}$.

ここで用いた議論[6]から，

> 2 つの多項式 P, Q が，$\deg P + 1 \leq \deg Q$ を満たし，さらに，方程式 $Q(x) = 0$ は実解をもたないならば，正実数 a に対して
> $$\int_{-\infty}^{\infty} \frac{P(x)}{Q(x)} e^{iax} \, dx = 2\pi i \sum_{\zeta \in \mathbb{H}} \operatorname*{Res}_{\zeta} \left[\frac{P(z)}{Q(z)} e^{iaz} \right].$$
> また，
> $$\int_{-\infty}^{\infty} \frac{P(x)}{Q(x)} \cos(ax) \, dx, \quad \int_{-\infty}^{\infty} \frac{P(x)}{Q(x)} \sin(ax) \, dx$$
> を求めるためには上の積分の実部あるいは虚部を考えればよい．これらはフーリエ積分と呼ばれている．

例題 7.9 ──────────── 留数解析による定積分の計算 (4) ──

正の実数 λ をパラメータとする定積分
$$\int_0^{\infty} \frac{\sin \lambda x}{x} \, dx$$
を計算せよ．

(解答) 関数 $e^{i\lambda z}/z$ は原点以外で正則であるから，原点を中心とし ε, R ($0 < \varepsilon < R$) を半径とする反時計まわりに向きづけられた円周の上半部分
$$C^+(0, \rho) : z = \rho e^{i\theta}, \quad 0 \leq \theta \leq \pi \qquad (\rho = \varepsilon, R)$$
について，
$$\int_{S[-R, -\varepsilon]} - \int_{C^+(0, \varepsilon)} + \int_{S[\varepsilon, R]} + \int_{C^+(0, R)} \frac{e^{i\lambda z}}{z} \, dz = 0$$
が成り立つ．

---

[6] 例題 7.8 で特に重要なのは "$|z| > \sqrt{2}h$ でありさえすれば云々" というくだりである．以下に述べる一般的な状況の下でも，十分大きなすべての z について $\left| \dfrac{P(z)}{Q(z)} \right| < \dfrac{K}{|z|}$ が成り立つような正数 K が見い出せるから，上の論法が使える．

7.2 留数解析

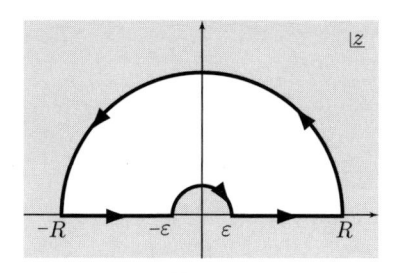

図 7.5

変数変換を行うことによって,第 1 項および第 3 項を併せたものは

$$\int_R^\varepsilon \frac{e^{-i\lambda\tau}}{-\tau}(-d\tau) + \int_\varepsilon^R \frac{e^{i\lambda t}}{t}\,dt = -\int_\varepsilon^R \frac{e^{-i\lambda t}}{t}\,dt + \int_\varepsilon^R \frac{e^{i\lambda t}}{t}\,dt$$

$$= 2i\int_\varepsilon^R \frac{\sin(\lambda t)}{t}\,dt$$

に等しい.

ところが,微分係数の定義から

$$\lim_{z\to 0} \frac{e^{i\lambda z}-1}{z} = i\lambda$$

であり,したがって十分小さなすべての z に対して,たとえば

$$\left|\frac{e^{i\lambda z}-1}{z}\right| < 2\lambda$$

が成り立っている[7]. よって $\varepsilon \to 0$ とき

$$\left|\int_{C^+(0,\varepsilon)} \frac{e^{i\lambda z}-1}{z}\,dz\right| \le \int_{C^+(0,\varepsilon)} \left|\frac{e^{i\lambda z}-1}{z}\right| |dz| < 2\lambda\pi\varepsilon \to 0,$$

すなわち

$$\lim_{\varepsilon\to 0} \int_{C^+(0,\varepsilon)} \frac{e^{i\lambda z}}{z}\,dz = \lim_{\varepsilon\to 0} \int_{C^+(0,\varepsilon)} \frac{dz}{z} = \lim_{\varepsilon\to 0} \int_0^\pi i\,d\theta = \pi i$$

を知る (定理 6.9 参照).

他方では,

$$\left|\int_{C^+(0,R)} \frac{e^{i\lambda z}}{z}\,dz\right| \le \int_0^\pi e^{-\lambda R\sin\theta}\,d\theta = 2\int_0^{\frac{\pi}{2}} e^{-\lambda R\sin\theta}\,d\theta$$

---

[7] ここでの係数 2 は単なる例に過ぎない;1 より大きい数なら何でもよい.

と変形して不等式
$$\sin\theta > \frac{2}{\pi}\theta \qquad \left(0 < \theta < \frac{\pi}{2}\right)$$
を用いれば, $R \to \infty$ のとき
$$\left|\int_{C^+(0,R)} \frac{e^{i\lambda z}}{z}\,dz\right| < 2\int_0^{\frac{\pi}{2}} e^{-\frac{2}{\pi}\lambda R\theta}\,d\theta = \frac{\pi(1-e^{-\lambda R})}{\lambda R} \to 0$$
が分かる. したがって正実数 λ の値に依らず $\displaystyle\int_0^\infty \frac{\sin\lambda x}{x}\,dx = \frac{\pi}{2}$.

注意 (1) 上の例題で得られた結果は,
$$\text{p.v.}\int_{-\infty}^\infty \frac{e^{i\lambda x}}{x}\,dx = \pi i$$
とも表される.
(2) 上の計算の途中で用いられた不等式
$$\sin\theta > \frac{2}{\pi}\theta \qquad \left(0 < \theta < \frac{\pi}{2}\right)$$
は正弦関数のグラフから一目瞭然であるが, これはこの種の計算に時々登場するもので, ジョルダンの不等式と呼ばれている.

上の議論から, 留数解析による定積分の計算 (4) の拡張として,

多項式 P, Q が, $\deg P + 1 \leq \deg Q$ を満たし, さらに, 方程式 $Q(x) = 0$ には実解がないかあっても重解ではないならば, 正の実数 λ に対して
$$\text{p.v.}\int_{-\infty}^\infty \frac{P(x)}{Q(x)} e^{i\lambda x}\,dx$$
$$= 2\pi i \sum_{\zeta \in \mathbb{H}} \underset{\zeta}{\text{Res}} \left[\frac{P(z)}{Q(z)} e^{i\lambda z}\right] + \pi i \sum_{\zeta \in \mathbb{R}} \underset{\zeta}{\text{Res}} \left[\frac{P(z)}{Q(z)} e^{i\lambda z}\right].$$

主値積分
$$\text{p.v.}\int_{-\infty}^\infty \frac{P(x)}{Q(x)} \cos(\lambda x)\,dx, \quad \text{p.v.}\int_{-\infty}^\infty \frac{P(x)}{Q(x)} \sin(\lambda x)\,dx$$
についても同様である.

次の 2 つの例題では, 多価関数の性質が上手に用いられている.

例題 7.10 ──────── 留数解析による定積分の計算 (5)

$-1 < p < 1$ に対して定積分

$$\int_0^\infty \frac{x^p}{1+x^2}\, dx$$

を計算せよ．

解答 $p=0$ のときは，よく知られているように，求める値は $\pi/2$ である．$p \neq 0$ の場合には，関数

$$\frac{z^p}{1+z^2}$$

を考えればよいであろうと容易に推察されるが，この関数は ($-1 < p < 1$ の範囲の p については $p=0$ でない限り) 多価な関数である．そこで，1 価な関数が得られるように工夫して，次のような閉曲線を考える．数 ε, R ($0 < \varepsilon < 1 < R$) をとって，正の実軸の上半平面側を $S[\varepsilon, R]$ に沿って走り，次に原点を中心とした半径 R の円周を反時計回りに走って正の実軸の下半平面側に到達し，そこから線分 $S[R, \varepsilon]$ に沿って走り，最後に，原点を中心とした半径 ε の円周を時計回りに走って，出発点であった $z = \varepsilon$ に戻る．この閉曲線が囲む領域 G は，2 つのコーシー領域[8]に分解される領域であって，その各々では関数 $z^p/(1+z^2)$ は 1 価で，$z = \pm i$ を除けば正則である．したがって，円周は反時計回りに向きづけられたものを正の向きと考え，正実軸の上下にある線分は記号 $S^+[\varepsilon, R], S^-[\varepsilon, R]$ によって区別し，さらに $1 \in S^+[\varepsilon, R]$ と考え，z^p の分枝を $z=1$ で値 1 をとるように ($\log 1 = 0$ であるように) 選べば，

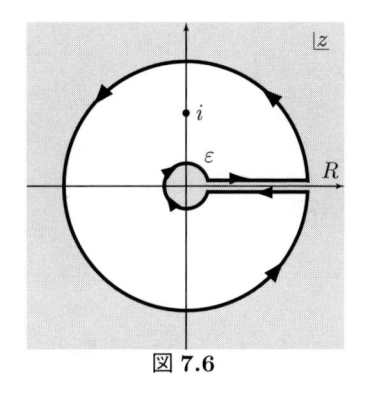

$$\partial G = S^+[\varepsilon, R] + C(0, R) - S^-[\varepsilon, R] - C(0, \varepsilon)$$

および

$$\int_{\partial G} \frac{z^p}{1+z^2}\, dz = 2\pi i \left(\operatorname*{Res}_{i} \frac{z^p}{1+z^2} + \operatorname*{Res}_{-i} \frac{z^p}{1+z^2} \right)$$

が成り立つ．ここで 2 つの積分

---

[8] $G \cap \mathbb{H}$ と $G \cap (\mathbb{C} \setminus \bar{\mathbb{H}})$. 59 ページの脚注 17) を参照．

$$\int_{S^+[\varepsilon,\,R]} \frac{z^p}{1+z^2}\,dz, \qquad \int_{S^-[\varepsilon,\,R]} \frac{z^p}{1+z^2}\,dz$$

は全く同じというわけではないことに注意する．実際，被積分関数 $z^p/(1+z^2)$ は $S^+[\varepsilon,R], S^-[\varepsilon,R]$ の上で異なる値をとっている：

$$\frac{z^p}{1+z^2} = \begin{cases} \dfrac{x^p}{1+x^2} & \text{on } S^+[\varepsilon,R] \\ \dfrac{e^{2\pi pi}x^p}{1+x^2} & \text{on } S^-[\varepsilon,R]. \end{cases}$$

これより

$$\int_{S^+[\varepsilon,R]} - \int_{S^-[\varepsilon,R]} \frac{z^p}{1+z^2}\,dz = \int_\varepsilon^R \frac{x^p}{1+x^2}\,dx - \int_\varepsilon^R \frac{e^{2\pi pi}x^p}{1+x^2}\,dx$$
$$= (1 - e^{2\pi pi}) \int_\varepsilon^R \frac{x^p}{1+x^2}\,dx$$

を得るが，このことと，

$$2\pi i \left(\operatorname*{Res}_{i} \frac{z^p}{1+z^2} + \operatorname*{Res}_{-i} \frac{z^p}{1+z^2} \right)$$
$$= 2\pi i \left(\operatorname*{Res}_{i} \frac{e^{p\log z}}{(z+i)(z-i)} + \operatorname*{Res}_{-i} \frac{e^{p\log z}}{(z+i)(z-i)} \right)$$
$$= 2\pi i \left\{ \left[\frac{e^{p\log z}}{z+i}\right]_{z=i} + \left[\frac{e^{p\log z}}{z-i}\right]_{z=-i} \right\}$$
$$= \pi \left(e^{p\log i} - e^{p\log(-i)} \right)$$
$$= \pi \left(e^{\frac{1}{2}p\pi i} - e^{\frac{3}{2}p\pi i} \right)$$

であること，および $0 < p+1 < 2$ から得られる 2 つの評価

$$\left| \int_{C(0,R)} \frac{z^p}{1+z^2}\,dz \right| \leq \frac{R^p}{R^2-1} \cdot 2\pi R = 2\pi \frac{R^{p+1}}{R^2-1} \to 0 \quad (R \to \infty)$$

ならびに

$$\left| \int_{C(0,\varepsilon)} \frac{z^p}{1+z^2}\,dz \right| \leq \frac{\varepsilon^p}{1-\varepsilon^2} \cdot 2\pi\varepsilon = 2\pi \frac{\varepsilon^{p+1}}{1-\varepsilon^2} \to 0 \quad (\varepsilon \to 0)$$

とから，

7.2 留 数 解 析

$$\lim_{\varepsilon\to 0,\,R\to\infty}\int_\varepsilon^R \frac{x^p}{1+x^2}\,dx = \pi\frac{e^{\frac{1}{2}p\pi i}-e^{\frac{3}{2}p\pi i}}{1-e^{2\pi pi}} = \pi\frac{e^{-\frac{1}{2}p\pi i}-e^{\frac{1}{2}p\pi i}}{e^{-\pi pi}-e^{\pi pi}}$$

$$= \pi\frac{\sin\dfrac{p}{2}\pi}{\sin p\pi} = \frac{\pi}{2}\sec\frac{p}{2}\pi$$

を知る[9]. ▨

この方法を一般化して次の公式を得ることは容易である.

多項式 P, Q と実数 p が,

$$Q(x) \neq 0 \quad (x > 0)$$

$$\lim_{z\to 0} z^{p+1}\frac{P(z)}{Q(z)} = \lim_{z\to\infty} z^{p+1}\frac{P(z)}{Q(z)} = 0$$

を満たすならば,

$$\int_0^\infty x^p \frac{P(x)}{Q(x)}\,dx = \frac{-\pi}{\sin p\pi}\sum_{\zeta\in\mathbb{C}}\operatorname*{Res}_{\zeta}\left[(-z)^p\frac{P(z)}{Q(z)}\right].$$

例題 7.11 ──────── 留数解析による定積分の計算 (**6**) ─

$a > 0$ に対して定積分

$$\int_0^\infty \frac{dx}{(x^2+a^2)(\log^2 x + \pi^2)}$$

を計算せよ[10].

[解答] 関数

$$\frac{1}{(z^2+a^2)\log z}$$

には多価性による困難があるが,本質的には前例題と同じ技法が使える.まず,曲線と領域に関しては前例題と同じ記号を用いることにし,さらに $\log(-1) = 0$ である分

---

[9] これは,はじめに除外した $p = 0$ の場合の結果を含む.
[10] ここで記号 $\log^2 x$ は $\sin^2 x$ などの場合と同じく $(\log x)^2$ を意味する. 101 ページの脚注 17) を参照.

枝を選べば，留数が生じ得るのは $z = \pm ai$ および $z = -1$ であることを先ず確認しておく．このとき，

$$\frac{1}{2\pi i}\int_{S^+[\varepsilon, R]+C(0,R)-S^-[\varepsilon, R]-C(0,\varepsilon)} \frac{dz}{(z^2+a^2)\log z}$$
$$= \operatorname*{Res}_{ai} \frac{1}{(z^2+a^2)\log z} + \operatorname*{Res}_{-ai} \frac{1}{(z^2+a^2)\log z} + \operatorname*{Res}_{-1} \frac{1}{(z^2+a^2)\log z}$$

が成り立つ．ここで，左辺については

$$\int_{S^+[\varepsilon, R]-S^-[\varepsilon, R]} \frac{dz}{(z^2+a^2)\log z}$$
$$= \int_\varepsilon^R \frac{dx}{(x^2+a^2)(\log x - \pi i)} - \int_\varepsilon^R \frac{dx}{(x^2+a^2)(\log x + \pi i)}$$
$$= 2\pi i \int_\varepsilon^R \frac{dx}{(x^2+a^2)(\log^2 x + \pi^2)}$$

であり，右辺については (次式における極限値の存在に注意すれば)，

$$\operatorname*{Res}_{ai} \frac{1}{(z^2+a^2)\log z} + \operatorname*{Res}_{-ai} \frac{1}{(z^2+a^2)\log z} + \operatorname*{Res}_{-1} \frac{1}{(z^2+a^2)\log z}$$
$$= \frac{1}{2i}\frac{1}{a(\log a - i\pi/2)} - \frac{1}{2i}\frac{1}{a(\log a + i\pi/2)} + \lim_{z\to -1}\left\{\frac{1}{(z^2+a^2)}\frac{z+1}{\log z}\right\}$$
$$= \frac{1}{2i}\frac{\pi i}{a(\log^2 a + \pi^2/4)} - \frac{1}{1+a^2}$$

である．また，$R \to \infty$ とき

$$\left|\int_{C(0,R)} \frac{dz}{(z^2+a^2)\log z}\right| \leq \frac{2\pi R}{(R^2-a^2)\log R} \to 0$$

であり，$\varepsilon \to 0$ のとき

$$\left|\int_{C(0,\varepsilon)} \frac{dz}{(z^2+a^2)\log z}\right| \leq \frac{2\pi \varepsilon}{(a^2-\varepsilon^2)|\log \varepsilon|} \to 0$$

であるから，結局

$$\int_0^\infty \frac{dx}{(x^2+a^2)(\log^2 x + \pi^2)} = \frac{\pi}{2a(\log^2 a + \pi^2/4)} - \frac{1}{1+a^2}$$

が得られた．

上の例を一般化して次の結果を得る．

> 多項式 P, Q において
> $$Q(x) \neq 0 \ (x \geq 0)$$
> $$z \to \infty \text{ のとき } \lim_{z \to \infty} z \frac{P(z)}{Q(z)} = 0.$$
> が成り立つならば，
> $$\int_0^\infty \frac{1}{\log^2 x + \pi^2} \frac{P(x)}{Q(x)} dx = \sum_{\zeta \in \mathbb{C}} \operatorname*{Res}_\zeta \left[\frac{1}{\log z} \frac{P(z)}{Q(z)} \right].$$
> ただし，対数関数は正の実軸を取り去った領域で $-\pi < \operatorname{Im} \log z < \pi$ を満たすように定義されているとする (5.4 節で述べた主値とは異なる；とくに $\log(-1) = 0$ であることに，したがって上式の右辺の留数を考える点 ζ の候補の中には必ず $\zeta = -1$ が含まれていることに，注意)．

演習問題 VII

次の定積分の値を求めよ．

1. $\displaystyle\int_0^\infty \frac{dx}{(x^2+9)(x^2+4)^2}.$

2. $\displaystyle\int_0^\infty \frac{dx}{(x^2+1)(x^2+3)}.$

3. $\displaystyle\int_{-\infty}^\infty \frac{x \, dx}{x^2 - 2\operatorname{Re} \lambda \, x + |\lambda|^2} \quad (\operatorname{Im} \lambda > 0).$

4. p.v. $\displaystyle\int_{-\infty}^\infty \frac{\cos \pi x}{1+x^3} dx.$

5. $\displaystyle\int_0^{2\pi} \frac{d\theta}{(2+3\cos^2 \theta)^2}.$

6. $\displaystyle\int_{-\infty}^\infty \frac{x}{x^2+4x+13} dx.$

7. $\displaystyle\int_{-\infty}^\infty \frac{x}{(x^2+4x+13)^2} dx.$

8. $\displaystyle\int_{-\infty}^\infty \frac{dx}{x^2-2x+4}.$

9. $\displaystyle\int_{-\infty}^\infty \frac{x \cos x}{x^2-2x+10} dx.$

10. $\displaystyle\int_{-\infty}^\infty \frac{dx}{1+x^4}.$

11. $\displaystyle\int_{-\infty}^\infty \frac{x \sin x}{x^2+4x+20} dx.$

12. p.v. $\displaystyle\int_{-\infty}^\infty \frac{\sin x}{(x^2+4)(x-1)} dx.$

13 p.v. $\displaystyle\int_{-\infty}^{\infty} \frac{\sin \pi x}{x - x^5}\, dx.$ **14** $\displaystyle\int_0^{2\pi} \frac{d\theta}{a + \sin\theta}\quad (a > 1).$

15 $\displaystyle\int_0^{2\pi} \frac{d\theta}{p^2 \cos^2\theta + q^2 \sin^2\theta}\quad (p > q > 0).$ **16** $\displaystyle\int_0^{\infty} \frac{x^2}{(x^2+3)^2}\, dx.$

17 $\displaystyle\int_{-\infty}^{\infty} \frac{dx}{(x^2+1)^3}.$

18 $\displaystyle\int_0^{\infty} \frac{x^2 - b^2}{x^2 + b^2} \cdot \frac{\sin ax}{x}\, dx\quad (a, b > 0).$

19 $\displaystyle\int_0^1 \frac{1}{1+x^2} \log\left(x + \frac{1}{x}\right) dx.$ **20** $\displaystyle\int_0^{\pi} \tan(ai + x)\, dx\quad (a > 0).$

21 $\displaystyle\int_0^{\infty} \frac{\sin^3 x}{x^3}\, dx.$ **22** $\displaystyle\int_0^{\infty} \frac{dx}{x^p(1+x)}\quad (0 < p < 1).$

23 $\displaystyle\int_0^1 \frac{x^{1-p}(1-x)^p}{(1+x)^3}\, dx\quad (-1 < p < 2).$ **24** $\displaystyle\int_0^{\infty} \frac{\log x}{x^2 + a^2}\, dx\quad (a > 0).$

25 $\displaystyle\int_0^{\infty} \cos(x^2)\, dx = \int_0^{\infty} \sin(x^2)\, dx.$[11]   **26** $\displaystyle\int_0^{\infty} e^{-x^2} \cos 2bx\, dx.$[12]

---

[11] 扇形 $\{0 \leq |z| \leq R,\, 0 \leq \arg z \leq \pi/4\}$ の周に沿った積分を考えよ．
[12] 長方形 $\{|x| \leq R,\, 0 \leq y \leq b\}$ の周に沿った関数 e^{-z^2} の積分を考えて，$\displaystyle\int_0^{\infty} e^{-x^2}\, dx = \frac{\sqrt{\pi}}{2}$ を利用せよ．

第8章

正則関数のべき級数展開

8.1 一様収束

　複素関数を項とする列あるいは級数の収束・発散は実関数の場合と類似に定義される．すなわち，まず関数列の収束・発散を論じ，級数の和をその部分和の作る関数列の極限として定義する．

　収束の問題を考えやすくするために，最初に実関数列の場合を考える．すなわち，有限閉区間 $[a,b]$ 上の実数値連続関数の列[1] $(\varphi_n)_{n=0,1,2,\ldots}$ を考える．関数をグラフによって視覚化すれば，関数列の収束をグラフの列の収束に置き換えることの自然さが理解できる．このようにグラフの収束と考えるならば，各点 $x \in [a,b]$ をとめる度の x における数列 $(\varphi_n(x))_{n=0,1,2,\ldots}$ の収束（これを点別収束という）ではなく区間 $[a,b]$ 全体に亘っての収束を，すなわち

$$\max_{x\in[a,b]} |\varphi_n(x) - \varphi(x)| \to 0 \qquad (n \to \infty)$$

を要請するのが自然であろう．このとき，関数列 $(\varphi_n)_{n=0,1,2,\ldots}$ は区間 $[a,b]$ 上で連続関数 φ に**一様収束**するといい，φ を**極限関数**と呼ぶ．このとき

$$[a,b] \quad \text{上で} \quad \varphi_n \rightrightarrows \varphi \quad (n \to \infty)$$

と書き表す．一様収束が点別収束を導くことは明らかであろう．

　ここで有限閉区間上の実数値連続関数列を考えたのには深いわけがある；それは $|\varphi_n(x) - \varphi(x)|$ の最大値を曖昧さなく獲得するためであった．

---

[1] よく知られているように，収束や発散を問題にするときには最初の有限個がどのようであるかは全く問題とならない．これまで数列を扱う際には添え字 n は自然数 $1,2,3,\ldots$ を動くものとしたが，関数列については添え字が 0 から始まるとした方が扱いやすい．

以上の考えを拡張して直線上の区間の代わりに平面の集合 S で定義された複素数値連続関数の列を考察する．まず，平面上の集合 S 上で定義された複素数値関数 $\varphi_n\,(n=0,1,2,\dots)$ の列を S 上の**関数列**と呼び記号 $(\varphi_n)_{n=0,1,2,\dots}$ で表す[2])のはこれまでと同様である．このとき，一方では，既に 2.4 節で述べたように，S は領域（あるいはせめて開集合）であるのが望ましいが，他方では，上述のように S は有界閉集合であるのが望ましい．この 2 つの要求の折り合いをつけるために，G 全体での一様収束性をことさら問うことをせず，次のような 2 段階の定義を設ける．

定義 平面の有界閉集合 S 上の連続関数の列 $(\varphi_n)_{n=0,1,2,\dots}$ は，S 上のある連続関数 φ に対し
$$\max_{z\in S}|\varphi_n(z)-\varphi(z)|\to 0 \quad (n\to\infty)$$
であるとき，S 上で φ に**一様収束**するといい，
$$S\text{ の上で } \varphi_n \rightrightarrows \varphi \quad (n\to\infty)$$
と書き表す．

また，領域 G 上の連続な関数の列 $(\varphi_n)_{n=0,1,2,\dots}$ が G 上の連続関数 φ に G の任意の有界閉部分集合上で一様収束するとき，関数列 $(\varphi_n)_{n=0,1,2,\dots}$ は G 上で φ に**広義一様収束**するという．

注意 1． S を有界閉集合と仮定し，さらにすべての関数が S 上連続であるとしておくことによって，S 上の最大値を利用することができた．これは定義を著しく単純化するが，払った犠牲が取るに足らないものであったというわけではない．たとえば，最大値の存在を保証するために極限関数 φ の連続性までをも——議論の発端からすでに——仮定している．

注意 2． 一般にはこのような強い条件の下で定義するのではなく，次に述べるような定義が用いられている[3])：

> 任意に与えられた $\varepsilon>0$ に対して，番号 N を十分大きくすれば，任意の番号 $n\,(>N)$ と任意の $z\in S$ について $|\varphi_n(z)-\varphi(z)|<\varepsilon$ とできる

とき，関数列 (φ_n) は関数 φ に一様収束するという．

---

[2]) 変数を明示したいときには $(\varphi_n(z))_{n=0,1,2,\dots}$ と書いたりもするが，これはあくまで便法に過ぎない．

[3]) (一般の場合には存在の保証されない) 最大値の代わりに，上限が用いられている．

注意 3. 上のような一般化された一様収束の定義の下では，連続性が一様収束によって極限関数にまで伝わることが分かっている： 連続な関数の列が一様収束するならば，極限関数もまた連続である．実際，集合 S で連続な関数の列 $(\varphi_n)_{n=0,1,2,\ldots}$ が関数 φ に (上に述べた一般的な意味で) 一様収束しているとするとき，φ が連続であることを示すために，S の任意の点 z_0 をとり，さらに正数 ε を任意に与える．S の任意の点 z と任意の番号 n に対して，3 角不等式

$$|\varphi(z_0) - \varphi(z)| \leq |\varphi(z_0) - \varphi_n(z_0)| + |\varphi_n(z_0) - \varphi_n(z)| + |\varphi_n(z) - \varphi(z)|$$

が成り立つことに注意する．ここで一様収束の仮定から，番号 N を十分大きくすれば，任意の番号 $n (> N)$ について右辺の第 1 項と第 3 項はともに $\varepsilon/3$ より小さい．また，右辺の第 2 項は，φ_n の連続性の仮定から，ある正の数 δ があって，$|z_0 - z| < \delta$ である限り $\varepsilon/3$ より小さい．したがって，

$$\forall \varepsilon > 0 \quad \exists \delta > 0 \quad \text{``}|z - z_0| < \delta \Rightarrow |\varphi(z) - \varphi(z_0)| < \varepsilon\text{''}.$$

これは φ が z_0 で連続であることを示している．

特に [微分可能な] 曲線 γ は有界閉集合である[4]から，

定理 8.1 [微分可能な] 曲線 γ 上で連続関数列 $(\varphi_n)_{n=0,1,2,\ldots}$ が (連続) 関数 φ に一様収束するならば，

$$\lim_{n\to\infty} \int_\gamma \varphi_n(z)\, dz = \int_\gamma \varphi(z)\, dz.$$

証明 定理 3.8 によれば

$$\left| \int_\gamma \varphi_n(z)\, dz - \int_\gamma \varphi(z)\, dz \right| \leq \int_\gamma |\varphi_n(z) - \varphi(z)|\, |dz|$$

$$\leq \max_{z \in \gamma} |\varphi_n(z) - \varphi(z)| \times (\gamma \text{の長さ})$$

であって，これは $n \to \infty$ のとき明らかに 0 に近づく． (証明終)

---

[4] より正確には "曲線 γ" とは言わず "曲線が定める集合 (像集合)" というべきであるが，これこそが日常的な意味での曲線であることから，直観的な理解を助けるために，言葉の使い方が故意に曖昧にされている．この種の不正確さはしばしば愛用される．

連続な関数の列 $(\varphi_n)_{n=0,1,2,\ldots}$ が領域 G 上で (連続) 関数 φ に広義一様収束することを示すためには，G の各点 z_0 について十分小さい $\rho_0 > 0$ をとって，$\overline{\mathbb{D}(z_0, \rho_0)} (\subset G)$ の上で $(\varphi_n)_{n=0,1,2,\ldots}$ が φ に一様収束することが分かればよい．この理由から，広義一様収束は**局所的な一様収束**とも言い表される．

注意 これら $\overline{\mathbb{D}(z_0, \rho)}$ が G の有界閉集合の典型であることは容易に分かるが，逆にこれらの上での一様収束さえ確かめられれば G の任意の有界閉集合上でも一様収束するというのが，上の主張である．この主張を理論的に支えているのは次の事実である：有界閉集合が，どんな状態にせよ開円板の合併集合で覆われていれば，これらの開円板のうちから<u>有限個</u>を取り出してそれらがすでに G を覆い尽くしているようにできる (**ハイネ-ボレルの被覆定理**)．

いま連続関数の列 $(\varphi_n)_{n=0,1,2,\ldots}$ が G 上で (連続な) 関数 φ に局所的に一様収束しているとし，S を G の任意の有界閉部分集合とする．各点 $z \in G$ に対して，ある $\rho(z) > 0$ を選んで，$\overline{\mathbb{D}(z, \rho(z))}$ 上では $\varphi_n \rightrightarrows \varphi \ (n \to \infty)$ であるようにできる．開円板の族 $\{\mathbb{D}(z, \rho(z))\}_{z \in G}$ は明らかに G を，したがって S をも覆う．上の定理により，有限個の開円板 $\mathbb{D}(z_k, \rho(z_k)) \ (k = 1, 2, \ldots, K)$ がすでに S を覆っているから，

$$\max_S |\varphi_n(z) - \varphi(z)| \leq \max_{1 \leq k \leq K} \max_{\overline{\mathbb{D}(z_k, \rho(z_k))}} |\varphi_n(z) - \varphi(z)| \to 0 \qquad (n \to \infty).$$

すなわち，関数列 $(\varphi_n)_{n=0,1,2,\ldots}$ は G 上 φ に広義一様収束する．

例題 8.1 ──────────────── 関数列の一様収束 ─

$\varphi_n(z) := z^n, \ n = 0, 1, 2, \ldots$ とき，関数列 $(\varphi_n)_{n=0,1,2,\ldots}$ は

$$\begin{cases} \overline{\mathbb{D}(0, \rho)}, \ \rho < 1, & \text{では一様収束する} \\ \mathbb{D} & \text{では広義一様収束する} \\ \overline{\mathbb{D}} & \text{では一様収束しない} \\ \overline{\mathbb{D}(0, \rho)}, \ \rho > 1, & \text{では広義一様収束もしない} \end{cases}$$

となることを示せ．

[解答] $\rho < 1$ ならば $\max_{\overline{\mathbb{D}(0, \rho)}} |z^n| = \rho^n \to 0 \ (n \to \infty)$ であるから，$\mathbb{D}$ 上恒等的に 0 となる関数を極限関数として最初の 2 つの場合は証明された．また $\rho = 1$ のときには収束するとすれば極限関数は $\overline{\mathbb{D}}$ 上恒等的に 0 であるが $\max_{\overline{\mathbb{D}}} |z^n| = 1$ だから $n \to \infty$ としても $\max_{\overline{\mathbb{D}}} |z^n|$ は 0 に収束しない．これで後半の 2 つの主張が確かめられた．∎

8.1 一様収束

今後，特に断り書きがない場合でも，関数は連続であるとする．数列の場合と同様に，級数の和は部分和の極限によって定義される．すなわち，有界閉集合 S 上の**関数項級数** $\sum_{n=0}^{\infty} \varphi_n$ が**一様収束**してその和が φ であるとは

$$\sum_{n=0}^{N} \varphi_n \rightrightarrows \varphi \quad (N \to \infty)$$

であるときをいい，多くの場合単に

$$\varphi = \sum_{n=0}^{\infty} \varphi_n$$

と書く．関数項級数が**広義一様収束**することの定義は明らかであろう．

例題 8.2 ──────────── 関数項級数の一様収束 ─

各 $n = 0, 1, 2, \ldots$ について $\varphi_n(z) := z^n$ であるとき，関数項級数 $\sum_{n=0}^{\infty} \varphi_n$ は $\mathbb{D}$ で広義一様収束することを示せ．

[解答] 実関数の場合と同様，各自然数 N について部分和

$$s_N(z) := \sum_{n=0}^{N} \varphi_n(z)$$

を考える．この両辺に z を乗じたものを元の式から辺々引けば

$$s_N(z) = \frac{1 - z^{N+1}}{1 - z}$$

を得る．これより，

$$\frac{1}{1-z} - s_N(z) = \frac{z^{N+1}}{1-z}$$

が得られるから，任意の $\rho\,(0 < \rho < 1)$ を止めるとき，$|z| \leq \rho$ に対しては

$$\left| \frac{1}{1-z} - s_N(z) \right| = \left| \frac{z^{N+1}}{1-z} \right| = \frac{|z|^{N+1}}{|1-z|} \leq \frac{\rho^{N+1}}{1-\rho}.$$

したがって $\max_{\overline{\mathbb{D}(0, \rho)}} \left| \frac{1}{1-z} - s_N(z) \right| \leq \frac{\rho^{N+1}}{1-\rho} \to 0 \quad (N \to 0)$．これは級数 $\sum_{n=0}^{\infty} z^n$ が $\mathbb{D}$ で広義一様収束することを示している． ▨

上の例題を詳しく眺めれば，各項 $\varphi_n(z) = z^n$ の絶対値の評価を予め行って

おいても最終的には同一の不等式に持ち込まれることが分かる．これはもちろん特殊な場合であるが，一様収束の判定として有用な方法であるには違いない．これをもう少し一般に考えてみよう．まず，形式的な計算

$$\left|\varphi - \sum_{n=0}^{N} \varphi_n\right| = \left|\sum_{n=0}^{\infty} \varphi_n - \sum_{n=0}^{N} \varphi_n\right| = \left|\sum_{n=N+1}^{\infty} \varphi_n\right|$$

を通して，関数項級数 $\sum_{n=0}^{\infty} \varphi_n$ が有界閉集合 S 上で一様収束することを示すには

$$\max_{z \in S} \left|\sum_{n=N+1}^{\infty} \varphi_n(z)\right| \to 0 \quad (N \to \infty)$$

を，あるいはその十分条件の 1 つである

$$\max_{z \in S} \sum_{n=N+1}^{\infty} |\varphi_n(z)| \to 0 \quad (N \to \infty)$$

を確かめればよいと想像される．この条件は，各項の絶対値をとって得られる級数 $\sum_{n=0}^{\infty} |\varphi_n|$ の S 上での一様収束に他ならない．

さらにいっそのこと

$$\sum_{n=N+1}^{\infty} \max_{z \in S} |\varphi_n(z)| \to 0 \quad (N \to \infty)$$

を示せばなお贅沢であろう．この予想は直観的には理解しやすいが，しかし上のままでは，少なくとも

$$\sum_{n=N+1}^{\infty} \varphi_n(z), \quad \sum_{n=N+1}^{\infty} |\varphi_n(z)|, \quad \sum_{n=N+1}^{\infty} \max_{z \in S} |\varphi_n(z)|$$

などの意味が極めて曖昧である．これを回避するためには，いきなり無限和を考えることをしないで，たとえば[5]，条件

$$\text{任意の自然数 } p \text{ に対して} \sum_{n=N+1}^{N+p} \max_{z \in S} |\varphi_n(z)| \to 0 \quad (N \to \infty)$$

を考え，実解析学でよく知られた次の定理に訴えればよい．

---

[5] ここでは上の 3 つの (曖昧な) 級数のうちの最後のものについて考える．実際，これはワイエルシュトラスの M 判定法の証明に必要な場合である．

8.1 一様収束

定理 8.2 (コーシーの収束判定条件)　実数を項とする級数 $\sum_{n=0}^{\infty} a_n$ が収束するためには，任意の自然数 p に対して[6]

$$\lim_{N \to \infty} \sum_{n=N+1}^{N+p} a_n = 0$$

であることが必要十分である．

以上の考察の結果を実際に使いやすい形に述べたものが次の定理である．

定理 8.3 (ワイエルシュトラスの M 判定法[7])　有界閉集合 S 上の連続な関数 φ_n から作られる関数項級数 $\sum_{n=0}^{\infty} \varphi_n$ に対して，条件[8]
 (1) $M_n \geq |\varphi_n(z)|$ ($\forall z \in S$),　$n = 0, 1, 2, \ldots$,
 (2) $\sum_{n=0}^{\infty} M_n$ は収束

を満たす正数列 $(M_n)_{n=0,1,2,\ldots}$ が存在すれば，$\sum_{n=0}^{\infty} \varphi_n$ は S で一様収束する．

先ほど行った形式的議論を踏まえて次の定義をおく．

定義　有界閉集合 S 上の連続な関数 φ_n から作られる関数項級数 $\sum_{n=0}^{\infty} \varphi_n$ は，$\sum_{n=0}^{\infty} |\varphi_n|$ が S 上で一様収束するとき，S 上で**一様絶対収束**するという．

単なる**絶対収束**の意味するところも明らかであろう．ワイエルシュトラスの M 判定法を使って分かったのは，実際には "関数項級数 $\sum_{n=0}^{\infty} \varphi_n$ が S で一様絶対収束する" ことであった．

関数項級数のうちでも特に重要なものは

$$\sum_{n=0}^{\infty} a_n (z - z_0)^n$$

の形で与えられる級数で，これは点 z_0 の周りでの (あるいは点 z_0 を**中心**とす

---
[6] p が固定されてしまうと十分性が示せないことは，$p=1$ の場合を考えれば明白である．
[7] M は級数の各項を "上から押さえる" という意味の majorant の頭文字．
[8] 実際には，これらの条件がある正整数 N より大きなすべての n について満たされていれば十分である．

る) べき級数と呼ばれている．次の定理は，べき級数が (中心以外の点で収束する限り) ある開円板の上で広義一様絶対収束することを述べている．

> **定理 8.4** (アーベルの収束定理)　点 z_0 を中心とするべき級数
> $$\sum_{n=0}^{\infty} a_n(z-z_0)^n$$
> は，もしも z_0 以外の点 z_1 で収束すれば，開円板 $\mathbb{D}(z_0, |z_1 - z_0|)$ 上で広義一様絶対収束する．

証明 簡単のために $\rho_1 := |z_1 - z_0|$ として，任意の複素数 $z \in \mathbb{D}(z_0, \rho_1)$ を考える．このとき点 z_1 で収束することからある正数 M があって，すべての n について $|a_n(z_1-z_0)^n| \leq M$ が成り立つ．さらに $\rho := |z - z_0| < \rho_1$ とすると $\rho < \rho_1$ であるから，不等式

$$|a_n(z-z_0)^n| = |a_n(z_1-z_0)^n|\frac{|z-z_0|^n}{|z_1-z_0|^n} \leq M\left(\frac{\rho}{\rho_1}\right)^n$$

とワイエルシュトラスの M 判定法によって定理の主張が得られる．　　(証明終)

上の定理において得られた開円板 $\mathbb{D}(z_0, |z_1 - z_0|)$ は，与えられたべき級数が広義一様絶対収束する円板の 1 つの例に過ぎない．このような開円板のうちでべき級数が (広義一様絶対) 収束する最大の開円板の半径[9]をこのべき級数の**収束半径**，この開円板の境界を**収束円**と呼ぶ．

この定理はべき級数の収束あるいは発散に関する情報をもたらしはするが，極限関数の性質については述べていない．実際には，収束するべき級数はその収束円内での正則関数を表す．これは，以下に述べる"正則性は広義一様収束によって極限関数に伝えられる"という一般な結果から直接的に導かれる．

> **定理 8.5** (ワイエルシュトラスの **2 重級数定理**)　平面領域 G で広義一様収束する正則な関数の列 $(f_n)_{n=0,1,2,...}$ があるとき，
> (1) 極限関数 f は G 上正則で，
> (2) 導関数の列 $(f'_n)_{n=0,1,2,...}$ は f の導関数 f' に G で広義一様収束する．

---

[9] この半径は ∞ をも許す；最大開円板は全平面であるかもしれない．

8.1 一様収束

証明 (1) を示すためには，G の各点 z_0 に対して f が $\mathbb{D}(z_0, \delta_G(z_0))$ 上正則であることを示せばよい．$\mathbb{D}(z_0, \delta_G(z_0))$ は凸領域だから，任意の閉折れ線 $P \subset \mathbb{D}(z_0, \delta_G(z_0))$ に対して

$$\int_P f_n(z)\, dz = 0, \qquad n = 0, 1, 2, \ldots$$

である．閉折れ線 P は G の有界閉部分集合であるからその上でも f_n は f に一様収束する．したがって

$$\int_P f(z)\, dz = 0.$$

モレラの定理によって f は $\mathbb{D}(z_0, \delta_G(z_0))$ で正則である．

(2) を示すために，任意の $\rho\,(0 < \rho < \delta_G(z_0))$ をとる．コーシーの積分公式によって，任意の $z \in \overline{\mathbb{D}(z_0, \rho/2)}$ について

$$|f'(z) - f'_n(z)| = \left| \frac{1}{2\pi i} \int_{C(z_0, \rho)} \frac{f(\zeta) - f_n(\zeta)}{(\zeta - z)^2} d\zeta \right| \leq \frac{4}{\rho} \cdot M_{f-f_n}(z_0, \rho)$$

が成り立つ．$C(z_0, \rho)$ 上では f_n が f に一様収束することから，$n \to \infty$ とき $M_{f-f_n}(z_0, \rho) \to 0$ である．よって，

$$\max_{\overline{\mathbb{D}(z_0, \rho/2)}} |f'(z) - f'_n(z)| \to 0 \quad (n \to \infty),$$

すなわち f'_n は f' に局所的に一様収束する． (証明終)

上の定理はべき級数の**項別微分**に関する次の重要な結果を含む．

定理 8.6 収束半径 $R(>0)$ のべき級数 $\sum_{n=0}^{\infty} a_n z^n$ によって表される $\mathbb{D}(z_0, R)$ 上の正則関数 f の導関数は

$$f'(z) = \sum_{n=1}^{\infty} n a_n z^{n-1}, \qquad z \in \mathbb{D}(z_0, R)$$

で与えられる．

例題 8.3 ───────── べき級数による指数関数の定義 ─

べき級数によって定義された関数

$$f(z) := \sum_{n=0}^{\infty} \frac{z^n}{n!}$$

は整関数であり，$f'(z) = f(z),\ f(0) = 1$ を満たすことを示せ．

[解答] 与えられた級数が全平面で広義一様絶対収束することをまず示す．これには，どんな大きな正の数 R をとってもこの級数が $\overline{\mathbb{D}(0,R)}$ で一様絶対収束することを示せばよい．任意の R をとめたとしよう．明らかに

$$\frac{\dfrac{1}{(n+1)!}}{\dfrac{1}{n!}} = \frac{n!}{(n+1)!} = \frac{1}{n+1} \to 0 \quad (n \to \infty)$$

であるから，ある番号 N から先のすべての n については

$$\frac{1}{(n+1)!} \leq \frac{1}{2R} \cdot \frac{1}{n!}$$

が成り立っている．このとき，任意の自然数 p と任意の $z\,(|z| \leq R)$ に対して

$$\sum_{n=N}^{N+p} \frac{|z|^n}{n!} \leq \frac{|z|^N}{N!} \left\{ 1 + \left(\frac{|z|}{2R}\right) + \left(\frac{|z|}{2R}\right)^2 + \cdots \right\}$$

$$= \frac{\dfrac{|z|^N}{N!}}{1 - \dfrac{|z|}{2R}} < \frac{2R^N}{N!} \to 0 \quad (N \to \infty).$$

したがって，級数 $f(z)$ は全平面で定義された関数を表すが，各項 $z^n/n!$ は全平面で正則な関数であるから，f もまた全平面で正則な関数である．項別微分が可能であったから，

$$f'(z) = \sum_{n=0}^{\infty} \left(\frac{z^n}{n!}\right)' = \sum_{n=1}^{\infty} \frac{z^{n-1}}{(n-1)!} = f(z),$$

すなわち，関数 f は微分方程式 $f'(z) = f(z)$ を満たす．性質 $f(0) = 1$ は定義から直接的である． ▨

8.2 テイラー展開

平面領域 G で正則な関数 f を考える．G 内の固定された 1 点 z_0 があるとき，$\delta_G(z_0)$ は点 z_0 から G の境界までの距離を表す[10]のであった．任意の $\rho\,(0 < \rho < \delta_G(z_0))$ と任意の $z_1 \in \mathbb{D}(z_0, \rho)$ に対して，コーシーの積分公式から

$$f(z_1) = \frac{1}{2\pi i} \int_{C(z_0, \rho)} \frac{f(\zeta)}{\zeta - z_1}\, d\zeta$$

---

[10] それは，たとえば G として全平面 $\mathbb{C}$ を考えれば分かるように，有限な値とは限らない．

8.2 テイラー展開

であるが，$\dfrac{1}{\zeta - z_1}$ は有界閉集合 $C(z_0, \rho)$ の上で一様絶対収束する関数項級数

$$\frac{1}{\zeta - z_1} = \frac{1}{(\zeta - z_0) - (z_1 - z_0)} = \frac{1}{\zeta - z_0} \cdot \frac{1}{1 - \dfrac{z_1 - z_0}{\zeta - z_0}}$$

$$= \frac{1}{\zeta - z_0} \sum_{n=0}^{\infty} \left(\frac{z_1 - z_0}{\zeta - z_0}\right)^n = \sum_{n=0}^{\infty} \frac{(z_1 - z_0)^n}{(\zeta - z_0)^{n+1}}$$

として書き表される．このとき定理 8.1 によって

$$f(z_1) = \frac{1}{2\pi i} \int_{C(z_0, \rho)} f(\zeta) \sum_{n=0}^{\infty} \frac{(z_1 - z_0)^n}{(\zeta - z_0)^{n+1}} \, d\zeta$$

$$= \sum_{n=0}^{\infty} \left(\frac{1}{2\pi i} \int_{C(z_0, \rho)} \frac{f(\zeta)}{(\zeta - z_0)^{n+1}} d\zeta\right) (z_1 - z_0)^n.$$

したがって

$$a_n := \frac{1}{2\pi i} \int_{C(z_0, \rho)} \frac{f(\zeta)}{(\zeta - z_0)^{n+1}} \, d\zeta, \qquad n = 0, 1, 2, \ldots$$

とおくと

$$f(z_1) = \sum_{n=0}^{\infty} a_n (z_1 - z_0)^n, \qquad z_1 \in \mathbb{D}(z_0, \rho)$$

と書けることが分かった．次の**テイラーの定理**の大部分が示された：

定理 8.7 平面領域 G で正則な関数 f は，任意の点 $z_0 \in G$ のまわりでべき級数

$$(*) \qquad \sum_{n=0}^{\infty} a_n (z - z_0)^n$$

として一意的に展開される．また，係数 a_n は十分小さな正数 ρ によって

$$a_n = \frac{1}{2\pi i} \int_{C(z_0, \rho)} \frac{f(\zeta)}{(\zeta - z_0)^{n+1}} \, d\zeta = \frac{f^{(n)}(z_0)}{n!}, \qquad n = 0, 1, 2, \ldots$$

によって与えられる．このべき級数は $\mathbb{D}(z_0, \delta_G(z_0))$ 上で関数 f に広義一様絶対収束する．

証明 まず $0 < \rho_0 < \delta_G(z_0)$ を満たす任意の ρ_0 をとる．このとき，不等式 $0 < \rho_0 < \rho_1 < \delta_G(z_0)$ を満たす ρ_1 がとれる．任意の $z \in \overline{\mathbb{D}(z_0, \rho_0)}$ について

$$|a_n(z-z_0)^n| \leq \frac{1}{2\pi} \int_{C(z_0,\rho_1)} \frac{|f(\zeta)|}{|\zeta - z_0|^{n+1}} |d\zeta| \cdot |z - z_0|^n$$

$$\leq \frac{1}{2\pi} M_f(z_0, \rho_1) \cdot \frac{2\pi \rho_1}{\rho_1^{n+1}} \cdot \rho_0^n = M_f(z_0, \rho_1) \cdot \left(\frac{\rho_0}{\rho_1}\right)^n$$

だから，べき級数 (*) は $\mathbb{D}(z_0, \delta_G(z_0))$ 上で広義一様絶対収束する．極限関数が f であることも容易に分かる．係数 a_n の定義にコーシーの積分公式 (定理 6.15) を用いれば

$$a_n = \frac{1}{2\pi i} \int_{C(z_0,\rho)} \frac{f(\zeta)}{(\zeta - z_0)^{n+1}} d\zeta = \frac{f^{(n)}(z_0)}{n!}, \quad n = 0, 1, 2, \ldots$$

が分かる．

展開の一意性を示すために，点 z_0 の近くで，たとえばある $\overline{\mathbb{D}(z_0, \rho)}$ $(0 < \rho < \delta_G(z_0))$ で，関数 f に一様収束するべき級数

$$f(z) = \sum_{n=0}^{\infty} \tilde{a}_n (z - z_0)^n$$

があったとする．両辺を $2\pi i(z - z_0)^{m+1}$ で割って $C(z_0, \rho)$ に沿った線積分を計算すれば，

$$\tilde{a}_m = \frac{1}{2\pi i} \int_{C(z_0,\rho)} \frac{f(\zeta)}{(\zeta - z_0)^{m+1}} d\zeta = a_m$$

を得る． (証明終)

正則関数 f の上に得たようなべき級数への展開は，歴史的な理由[11]から，f の点 $z_0 \in G$ の周りでの**テイラー展開**[12]，**テイラー級数**あるいは**べき級数展開**と呼ばれ，得られた係数 a_n は第 n **テイラー係数**と呼ばれる．

注意 与えられた関数をテイラー級数に展開することは，関数の具体的な挙動を知る上で有用な手段を提供する．しかし，展開の方法は，微分法を用いる場合には実変数の場合と全く同じであるし，積分法を用いる場合にもコーシーの積分定理や積分公式の章で多く練習したから，ここでは割愛する．定義に直接則ったこのような方法以外にも，既に知られた関数の展開を利用できる次の例題のような場合もあるが，これに

---

[11] 実関数に対する同様の定理がテイラーやマクローリンによって調べられた経緯．
[12] 特に $z_0 = 0$ のとき**マクローリン展開**と呼ぶこともある．

8.2 テイラー展開

ついても詳細は省略する[13]．テイラー展開に必ずしも拘らない理由の1つは，次節で見るように，関数の局所的振る舞いについてはもっと明快な説明ができるからである．

例題 8.4 ──────────────────── マクローリン展開 ─

関数 $1/e^z$ のマクローリン展開を求めよ．

[解答] 1つの方法[14]は，求める展開を $a_0 + a_1 z + a_2 z^2 + \cdots + a_n z^n + \cdots$ として，級数の積

$$\left(1 + \frac{z}{1!} + \frac{z^2}{2!} + \cdots + \frac{z^n}{n!} + \cdots \right)(a_0 + a_1 z + \cdots + a_n z^n + \cdots) = 1$$

を形式的に展開して両辺の係数を比較することである．この結果

$$1 \cdot a_0 = 1,$$
$$1 \cdot a_1 + \frac{1}{1!} a_0 = 0,$$
$$1 \cdot a_2 + \frac{1}{1!} a_1 + \frac{1}{2!} a_0 = 0,$$
$$1 \cdot a_3 + \frac{1}{1!} a_2 + \frac{1}{2!} a_1 + \frac{1}{3!} a_0 = 0,$$
$$\cdots \cdots \cdots$$

これを解いて，

$$a_0 = 1,\ a_1 = -1,\ a_2 = \frac{1}{2!},\ a_3 = -\frac{1}{3!},\ \ldots,\ a_n = (-1)^n \frac{1}{n!},\ \ldots$$

を得る．

あるいは，もっと簡潔に，

$$\frac{1}{e^z} = e^{-z} = 1 + \frac{-z}{1!} + \frac{(-z)^2}{2!} + \cdots$$
$$= 1 - \frac{z}{1!} + \frac{z^2}{2!} - \cdots$$

---

[13] 2つの(収束する)級数 $\sum_{m=0}^{\infty} a_m$ と $\sum_{n=0}^{\infty} b_n$ との積は $\sum_{k=0}^{\infty} \sum_{m+n=k} a_m b_n$ とできることなどを使えばよいことは想像がつく．ただし，この計算は，与えられた2つの級数 $\sum_{m=0}^{\infty} a_m$，$\sum_{n=0}^{\infty} b_n$ のうちの少なくとも一方が絶対収束しているときに限って，保障されていることを思い出しておく．この定理の詳細については実解析学の書物を参照されたい．

[14] このように定理で述べられた方法を使わなくても展開が求められるのは，展開の一意性が保障されているからである．存在や一意性などの理論的な裏づけがいかに重要かつ有用であるかを味わう良い機会である．

とすることもできる．

定理 8.7 の証明において示された次の不等式は非常に有用である：

> **定理 8.8** （コーシーの係数評価式）　平面領域 G で正則な関数 f の点 $z_0 \in G$ の周りでのテイラー展開
> $$f(z) = \sum_{n=0}^{\infty} a_n (z-z_0)^n$$
> において，任意の $\rho\,(0 < \rho < \delta_G(z_0))$ に対して
> $$|a_n| \leq \frac{M_f(z_0, \rho)}{\rho^n} \qquad (M_f(z_0, \rho) = \max_{|z-z_0|=\rho} |f(z)|).$$

8.3　正則関数の局所的表示

平面領域 G で正則な関数 f の点 $z_0 \in G$ の周りでのテイラー展開 (*) において，もしも $a_0 \neq 0$ ならば新しく関数 $f - a_0$ を考えることによって，初めから $a_0 = 0$ と仮定することができる．論理的に 2 つの場合が考えられる：

> (I)　$(a_0 =)\,a_1 = a_2 = \cdots = a_n = \cdots = 0$.
>
> (II)　ある $\mu \in \mathbb{N}$ について $(a_0 =)\,a_1 = a_2 = \cdots = a_{\mu-1} = 0,\ a_\mu \neq 0$.

(I) ならば $\mathbb{D}(z_0, \delta_G(z_0))$ で $f = 0$ である．実は，もっと強く，G 上でも $f = 0$ が成り立つ．これを見るために，G を 2 つの部分集合に分ける：

$$E := \{z \in G \mid \text{すべての } n = 0, 1, 2, \ldots \text{ について } f^{(n)}(z) = 0\}$$

$$E' := \{z \in G \mid \text{ある } n = 0, 1, 2, \ldots \text{ について } f^{(n)}(z) \neq 0\}.$$

明らかに，$E \cap E' = \emptyset$ かつ $G = E \cup E'$ である．各々の $f^{(n)}$ は連続関数であるから $E_n := \{z \in G \mid f^{(n)}(z) = 0\}$ は G の閉集合であり，さらに $E = \bigcap_{n=0}^{\infty} E_n$ と書けているから，E 自身もまた G の閉集合である．これは $E' = G \setminus E$ が G

8.3 正則関数の局所的表示

の開集合であることを示している．一方，上で見たように[15]，E は G の開集合でもある．G は領域であるから [弧状] 連結で，したがってその開集合への分解 $G = E \cup E'$ においては，E もしくは E' のいずれかは空集合でなければならない[16]．$z_0 \in E$ であるから $E \neq \emptyset$．よって $G = E$ すなわち G 上で $f = 0$．

また，(II) の場合には $\mathbb{D}(z_0, \delta_G(z_0))$ 上で

$$f(z) = \sum_{n=\mu}^{\infty} a_n (z - z_0)^n = (z - z_0)^\mu \sum_{k=0}^{\infty} a_{\mu+k} (z - z_0)^k$$

と書ける．このとき，任意に R, R' $(0 < R' < R < \delta_G(z_0))$ を止めると，コーシーの係数評価式によって，勝手な $z \in \mathbb{D}(z_0, R')$ に対して

$$|a_{\mu+k}(z - z_0)^k| \leq \frac{M_f(z_0, R)}{R^{\mu+k}} |z - z_0|^k \leq \frac{M_f(z_0, R)}{R^\mu} \cdot \left(\frac{R'}{R}\right)^k$$

が成り立つから，$\mathbb{D}(z_0, R)$ で広義一様絶対収束する正則関数項級数の和として $\mathbb{D}(z_0, R)$ における正則関数

$$f_\mu(z) := \sum_{k=0}^{\infty} a_{\mu+k} (z - z_0)^k$$

が定義される．正数 R は不等式 $R < \delta_G(z_0)$ を満たす限り任意であったから，f_μ は $\mathbb{D}(z_0, \delta_G(z_0))$ において正則な関数であると考えてよい．したがって，(II) の場合には表示

$$f(z) = (z - z_0)^\mu f_\mu(z), \qquad z \in \mathbb{D}(z_0, \delta_G(z_0))$$

を得る．関数 f_μ は $\mathbb{D}(z_0, \delta_G(z_0))$ において正則で，しかも $f_\mu(z_0) = a_\mu \neq 0$ である．したがって，必要ならば $\delta_G(z_0)$ をより小さい正数 ρ で置き換えることによって，関数 f_μ は $\mathbb{D}(z_0, \rho)$ で 0 にならないとしてよい (定理 3.1 を参照)．すなわち，非定数正則関数の局所表示を与える次の定理が得られた．

---

[15] もしも $z_0 \in E$ であれば——すなわちすべての n に対して $a_n = 0$ であれば——$f(z) = 0, \quad z \in \mathbb{D}(z_0, \delta_G(z_0))$ であったこと．
[16] 例題 2.8 参照．

> **定理 8.9** 領域 G で正則な f が定数関数ではないとすれば，自然数 μ，正数 ρ，および円板 $\mathbb{D}(z_0,\rho)$ で 0 にならない正則関数 f_μ を見つけて，f を
> $$f(z) = f(z_0) + (z-z_0)^\mu f_\mu(z), \qquad z \in \mathbb{D}(z_0,\rho)$$
> と表示できる．

$\alpha := f(z_0)$ とおいて，点 z_0 を f の **α-点**と呼び，自然数 μ を f の α-点 z_0 における**位数**と呼ぶ．位数が ρ には依らないで定まることが容易に確かめられる．特に $\alpha = 0$ のときには，0-点とは言わず**零点**という．零点の位数の定義をあらためて述べる必要はないであろう．1 位の零点を**単純な零点**ともいう．

次の定理は上の考察の直接的な結果である：

> **定理 8.10** 恒等的に 0 である関数を除けば，正則関数の零点は孤立する．

さらに，正則関数に特徴的な定理として，

> **定理 8.11** (一致の定理) 領域 G で正則な関数 f, g が次のいずれかの性質を満たせば G 上で $f = g$ である．
> (1) G の 1 点 z_* において，すべての $n = 0, 1, 2, \ldots$ について $f^{(n)}(z_*) = g^{(n)}(z_*)$．
> (2) G の 1 点 z_* に収束する点列 $(z_n)_{n=1,2,\ldots}$ の各点において $f(z_n) = g(z_n)$．

証明 関数 $h := f - g$ を考えることによって，最初から $g = 0$ と仮定してよい．条件 (1) が満たされる場合は先ほどの定理で既に証明されているから，改めて調べる必要は何もない．次に，(2) の場合を考える．まず，f は $z_* \in G$ で連続だから $f(z_*) = 0$ が分かる．条件 (2) は f の零点 z_* のいくらでも近くに別の零点 z_n があることを，すなわち z_* は孤立した零点ではないことを，示している．定理 8.10 によって $f = 0$．

(証明終)

注意 仮定 $z_* \in G$ は不可欠である．たとえば，領域 $\mathbb{C}^*$ で正則な関数 $\sin(\pi/z)$ は原点 $z = 0$ に収束する点列 $z_n := 1/n$ の各点で 0 であるが，$\sin(\pi/z)$ が $\mathbb{C}$ 上恒等的に 0 に等しいなどということはない！

特に，

系 2つの領域 G_1, G_2 が交わっているとし，G_j 上の正則関数 f_j が $G_1 \cap G_2$ 上で $f_1 = f_2$ を満たすとする．このとき，$G_1 \cap G_2$ 上で $f_1 (= f_2)$ に一致する $G_1 \cup G_2$ 上の正則関数が一意的に存在する．

直観的にいえば，2つの正則関数を繋いでより広い領域上の正則関数 f を作ることができる．f_2 を f_1 の**解析接続**という．同様に，f_1 は f_2 の解析接続である．さらに f は f_1, f_2 双方の解析接続である．

注意 上の系において，$G_1 \cap G_2$ の一部分，たとえばその連結成分の1つで，$f_1 \equiv f_2$ であるだけでは，これらを繋いで $G_1 \cup G_2$ 上で1価な正則関数が得られるとは限らない．このような例としては，図のような2つの領域で考えた対数関数の点1で値0をとる分枝が挙げられる．

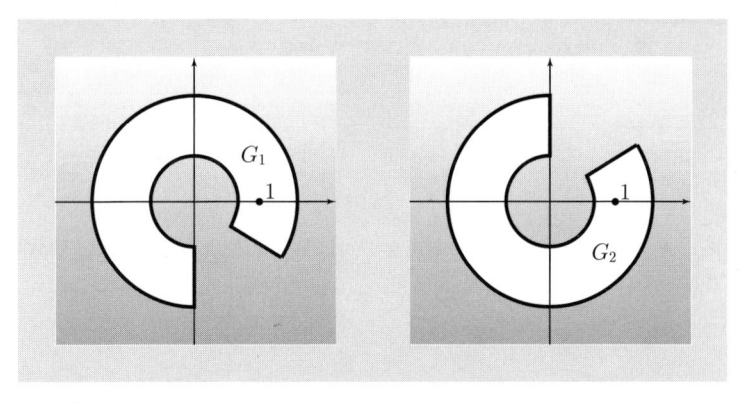

図 8.1

8.4 最大値の原理

次の定理は与えられた性質をもつ整関数の一意性の証明に有用である．

> **定理 8.12** (リューヴィルの定理)　有界な整関数は定数関数に限る．

[証明] $\delta_{\mathbb{C}}(0) = +\infty$ であるから，整関数 f は $\mathbb{C}$ でべき級数展開できる：
$$f(z) = a_0 + a_1 z + a_2 z^2 + a_3 z^3 + \cdots, \qquad a_n \in \mathbb{C}.$$
このときコーシーの係数評価式によって，任意の $R(>0)$ に対して
$$|a_n| \leq \frac{M}{R^n}, \quad n = 0, 1, 2, \ldots$$
が成り立つ．ただし，M は f の1つの上界である．ここで $R \to \infty$ とすれば，$a_n = 0 \, (n \geq 1)$ が得られる．すなわち f は定数関数である．　　　(証明終)

注意　95 ページで注意した正弦関数の非有界性は，ここで述べたリューヴィルの定理の具体的な場合に過ぎない．

リューヴィルの定理の応用として，第1章では証明を保留した次の定理が厳密に証明される．

> **定理 8.13** (代数学の基本定理，ガウスの定理)　複素数を係数とする N 次代数方程式はちょうど N 個の解をもつ．

[証明] $N \geq 1$ として，N 次代数方程式
$$P(z) := a_N z^N + a_{N-1} z^{N-1} + \cdots + a_1 z + a_0 = 0, \qquad a_n \in \mathbb{C}, \, a_N \neq 0$$
を考える．P が少なくとも1つの零点をもつことを示せば十分である．関数 P は整関数であるから，もしも期待に反して $P(z) \neq 0 \, (\forall z \in \mathbb{C})$ であれば，$F(z) := 1/P(z)$ もまた整関数である．しかも $|z| \to \infty$ のとき
$$F(z) = \frac{1}{z^N \left(a_N + \dfrac{a_{N-1}}{z} + \cdots + \dfrac{a_1}{z^{N-1}} + \dfrac{a_0}{z^N} \right)} \to 0$$

8.4 最大値の原理

であるから，F は $\mathbb{C}$ 上で有界である．したがってリューヴィルの定理から F は定数関数，したがって P もまた定数関数となって矛盾に陥る． (証明終)

リューヴィルの定理は整関数に対するものであるが，一般な定義域をもつ正則関数についても類似の定理がある．これを見るために，まず平面領域 G で正則な関数 f について

$$\sup_{z \in G} |f(z)|$$

は，$+\infty$ をも含めれば必ず存在することに注意する．実際，f が非有界ならば $\sup_{z \in G} |f(z)| = +\infty$ とすればよいし，有界ならば最小の上界として有限な値 $\sup_{z \in G} |f(z)|$ が決まる．

定理 8.14 （**最大値原理**） 領域 G で正則な非定数関数 f があるとき，G のいかなる点 ζ についても $|f(\zeta)| < \sup\limits_{z \in G} |f(z)|$．

証明 背理法による．$M := \sup\limits_{z \in G} |f(z)|$ とおき，ある $z_0 \in G$ について $|f(z_0)| = M$ であったとする．z_0 は G の内点であり f はそこでも正則であるから必然的に $M < +\infty$ である．このとき，十分小さな任意の $\rho > 0$ に対して，コーシーの積分公式から

$$f(z_0) = \frac{1}{2\pi i} \int_{C(z_0, \rho)} \frac{f(\zeta)}{\zeta - z_0} \, d\zeta$$

であるので，両辺の絶対値をとれば

$$M \leq \frac{1}{2\pi} \int_{C(z_0, \rho)} \frac{|f(\zeta)|}{|\zeta - z_0|} |d\zeta| \leq \frac{1}{2\pi} \int_0^{2\pi} \frac{M}{\rho} \cdot \rho \, dt = M$$

すなわち $\frac{1}{2\pi} \int_0^{2\pi} |f(z_0 + \rho e^{it})| \, dt = M$．もしも円周 $C(z_0, \rho)$ 上に $|f(z_1)| < M$ なる点があったとすると，43 ページで行ったビー玉議論のように，$|f|$ は z_1 の近くでも M より本当に小さくなって，上の等号は真の不等号になる．これは矛盾だから，$|f|$ は $C(z_0, \rho)$ の上で定数 M に等しい．

半径 ρ は十分小さな正の数をすべて動かせるから，$|f| = M$ が z_0 の近くで成り立つ．したがって，定理 4.14 によって，f は z_0 の近くでは定数関数．一致の定理により f は G 全体で定数となるが，これは矛盾である． (証明終)

8.5 コーシー-アダマールの定理

べき級数 $\sum_{n=0}^{\infty} a_n(z-z_0)^n$ の収束半径を具体的に知りたいというのは昔からの自然な願望でありさまざまな方法が知られているが，次の定理をまず示す．

定理 8.15 有限個を除いて 0 ではない複素数の列 $(a_n)_{n=0,1,\ldots}$ において極限値
$$R := \lim_{n \to \infty} \frac{|a_n|}{|a_{n+1}|}$$
が存在する[17]ならば，べき級数 $\sum_{n=0}^{\infty} a_n(z-z_0)^n$ の収束半径は R である．

証明 簡単のために $z_0 = 0$ としてよい．$\sum_{n=0}^{\infty} a_n z^n$ について次の 2 つを示せばよい：
(1) 任意の $z \in \mathbb{D}(0,R)$ において (絶対) 収束すること，および (2) 任意の $z \notin \overline{\mathbb{D}(0,R)}$ において発散すること．

(1) を示すために，任意の $z \in \mathbb{D}(0,R)$ をとり，$\eta := R - |z| \, (> 0)$ とおく．仮定によって，十分大きな N を見つけて
$$R - \frac{\eta}{2} < \frac{|a_n|}{|a_{n+1}|} \qquad (n \geq N)$$
が成り立っているようにできる．したがって，N より大きなすべての n については
$$|a_{n+1} z^{n+1}| < |a_n z^n| \frac{|z|}{R - \eta/2} < |a_N z^N| \left(\frac{R - \eta}{R - \eta/2} \right)^{n+1-N}$$
であるから，$\sum_{n=0}^{\infty} a_n z^n$ は絶対収束する．

(2) を確かめるために，$z \in \mathbb{D}(0,R)$ の外部からとり，$\eta' := |z| - R \, (> 0)$ とおく．仮定によって，十分大きな N' を見つけて，$a_{N'} \neq 0$ かつ
$$\frac{|a_n|}{|a_{n+1}|} < R + \frac{\eta'}{2} \qquad (n \geq N')$$
が成り立っているようにできるから，n が N' より大きければ，
$$|a_{n+1} z^{n+1}| > |a_n z^n| \frac{R + \eta'}{R + \eta'/2} > |a_{N'} z^{N'}| \left(\frac{R + \eta'}{R + \eta'/2} \right)^{n+1-N'}.$$

---

[17] この極限値は 0 や $+\infty$ であってもよいが，以下では簡単のために $0 < R < +\infty$ と仮定する．

8.5 コーシー-アダマールの定理

したがって, 列 $(|a_n z^n|)_{n=N', N'+1,\ldots}$ は 0 に収束することがない. すなわち $\sum_{n=0}^{\infty} a_n z^n$ は発散する. (証明終)

以下収束半径を正確に求める方法について発見的に述べるが, 初読に際してはスキップしても差し支えない. 与えられたべき級数 $\sum_{n=0}^{\infty} a_n(z-z_0)^n$ の収束半径 R が正ならば, ワイエルシュトラスの 2 重級数定理によって, それは $\mathbb{D}(z_0, R)$ で正則な関数 f を表す. 任意の ρ $(0 < \rho < R)$ に対して成り立つコーシーの係数評価式

$$|a_n| \leq \frac{M_f(z_0, \rho)}{\rho^n}$$

の両辺の n 乗根をとれば,

$$|a_n|^{\frac{1}{n}} \leq \frac{M_f(z_0, \rho)^{\frac{1}{n}}}{\rho}.$$

ここで, まず $M_f(z_0, \rho) > 1$ とする. 一般に $a > 1$ について対応 $\mathbb{R} \ni t \mapsto a^t$ は t について単調増加だから, 自然数 N を 1 つとめれば $n \geq N$ について

$$|a_n|^{\frac{1}{n}} \leq \frac{M_f(z_0, \rho)^{\frac{1}{N}}}{\rho}$$

が成り立つ. したがって

$$\sup_{n \geq N} |a_n|^{\frac{1}{n}} \leq \frac{M_f(z_0, \rho)^{\frac{1}{N}}}{\rho}$$

となるが, 正の項からなる数列 $(\sup_{n \geq N} |a_n|^{\frac{1}{n}})_{N=1,2,\ldots}$ は N について単調減少だから, $N \to \infty$ とするとき左辺の極限値が存在して

$$\lim_{N \to \infty} \sup_{n \geq N} |a_n|^{\frac{1}{n}} \leq \frac{1}{\rho}.$$

次に $M_f(z_0, \rho) \leq 1$ とすると, どんな n についても $M_f(z_0, \rho)^{\frac{1}{n}} \leq 1$ であるから, どんな n についても——したがって特に 1 つとめた自然数 N に対して不等式 $n \geq N$ を満たすどんな n についても——, $|a_n|^{\frac{1}{n}} \leq 1/\rho$ である. よって $\sup_{n \geq N} |a_n|^{\frac{1}{n}} \leq 1/\rho$ が成り立つ. ここで $N \to \infty$ とすれば, 先ほどと同じく

$$\lim_{N \to \infty} \sup_{n \geq N} |a_n|^{\frac{1}{n}} \leq \frac{1}{\rho}.$$

いずれの場合にも，ρ は R より小さい任意の正数であったから，$\rho \nearrow R$ として次式を得る：

$$\lim_{N\to\infty} \sup_{n\geq N} |a_n|^{\frac{1}{n}} \leq \frac{1}{R} \quad \text{すなわち} \quad R \leq \frac{1}{\lim_{N\to\infty} \sup_{n\geq N} |a_n|^{\frac{1}{n}}}.$$

次に述べる定理は，上の不等式が実は等式であることを主張する．

> **定理 8.16** （コーシー–アダマールの定理） べき級数 $\sum_{n=0}^{\infty} a_n(z-z_0)^n$ の収束半径は
> $$\frac{1}{\lim_{N\to\infty} \sup_{n\geq N} |a_n|^{\frac{1}{n}}}$$
> で与えられる．

証明 不等式

$$|z_1 - z_0| < \frac{1}{\lim_{N\to\infty} \sup_{n\geq N} |a_n|^{\frac{1}{n}}} =: R_0$$

を満たす任意の z_1 について，べき級数 $\sum_{n=0}^{\infty} a_n(z_1-z_0)^n$ が収束することを示せばよい[18]．仮定から，数 q ($0<q<1$) を上手に選べば $|z_1 - z_0| < qR_0$ となるが，数列 $(\sup_{n\geq N} |a_n|^{\frac{1}{n}})_{N=1,2,\ldots}$ の N に関する単調減少性から，十分大きなある N_0 より先のすべての N について

$$\frac{q}{|z_1 - z_0|} > \sup_{n\geq N} |a_n|^{\frac{1}{n}}$$

である．したがって，任意の $n \,(\geq N_0)$ について

$$\frac{q}{|z_1 - z_0|} \geq |a_n|^{\frac{1}{n}} \quad \text{すなわち} \quad |a_n||z_1 - z_0|^n \leq q^n$$

が成り立つ．よって級数 $\sum_{n=0}^{\infty} a_n(z_1-z_0)^n$ は (絶対) 収束する． (証明終)

系 極限値 $\rho := \lim_{n\to\infty} |a_n|^{\frac{1}{n}}$ が存在するならば，べき級数 $\sum_{n=0}^{\infty} a_n(z-z_0)^n$ の収束半径は $1/\rho$ で与えられる．

---

[18] 以下では $R_0 > 0$ と仮定する．もしも $R_0 = 0$ ならば定理に先立って行った考察から収束半径は正ではあり得ない．

注意 一般に実数列 $(\alpha_n)_{n=0,1,2,\ldots}$ について,$+\infty$ をも許せば常に確定する

$$\lim_{N\to\infty}\sup_{n\geq N}\alpha_n$$

を数列 $(\alpha_n)_{n=0,1,2,\ldots}$ の **上極限** と呼び,

$$\limsup_{n\to\infty}\alpha_n \quad \text{あるいは} \quad \overline{\lim_{n\to\infty}}\alpha_n$$

と略記する.上極限に対応して **下極限** が——$-\infty$ まで許すことにして——常に存在する.実数列の極限はいつも存在するとは限らないから,このように必ず見つかる上極限や下極限が有用なことは明らかであろう.

演習問題 VIII

1 級数 $\displaystyle\sum_{n=0}^{\infty}\frac{z^{2n}}{(2n+1)!}$ は $\mathbb{C}$ で広義一様収束することを示せ.

2 級数 $\displaystyle\sum_{n=0}^{\infty}\left(\frac{z}{1+z}\right)^n$ が収束するような z の範囲を図示せよ.またこの収束が一様収束であるか否かを判定せよ.

3 級数
$$f(z):=\sum_{n=0}^{\infty}z^{2^n}=z+z^2+z^4+z^8+\cdots\cdots$$
の収束半径を求めよ.さらに関係式 $f(z)=z+f(z^2)$ の成り立つことを確かめ,これを用いて,収束円上で f が収束する点を探せ.

4 単位円板 $\mathbb{D}$ 上で $\displaystyle\sum_{n=0}^{\infty}(-1)^n nz^n = -\frac{z}{(1+z)^2}$ であることを示せ.またこの収束が一様収束であるか否かを判定せよ.

5 任意の複素数 z と任意の正数 $R>|z|$ について
$$f'(z)=\frac{1}{2\pi i}\int_{C(0,R)}\frac{f(\zeta)}{(\zeta-z)^2}\,d\zeta$$
であることを用いてリューヴィルの定理を示せ.

6 級数
$$\sum_{n=1}^{\infty}\frac{z^n}{n^4}$$
は $\mathbb{D}$ で広義一様収束することを示せ.

7 次の関数の指定された点のまわりでのテイラー展開を求めよ(ただし,$\tan^{-1}0=0$):

$\dfrac{z^3}{z^2+1}\ (z=0),\quad \dfrac{z^3}{z^2+1}\ (z=-1),\quad \sinh z\ (z=0),\quad \tan^{-1}z\ (z=0).$

8 関数 $\sin(2z)$ のマクローリン展開を次の 3 通りの方法で求めよ．(1) 直接定義にしたがって，(2) 合成関数 $z \mapsto 2z \mapsto \sin(2z)$ と見て，および (3) 関係式 $\sin(2z) = 2\sin z \cos z$ を利用して．
9 関数 $f: z \mapsto \sqrt{z+1}$ のマクローリン展開を求めよ．ただし，$f(0) = 1$.
10 不等式 $|e^z - 1| \leq e^{|z|} - 1$ を示せ．
11 任意の正整数 n に対して $\sqrt[n]{n} = 1 + \eta_n$ $(0 < \eta_n < (2/n)^2)$ を満たす η_n がとれることを示せ．次にこれを利用して，べき級数

$$z - \frac{z^2}{2} + \frac{z^3}{3} - \cdots$$

の収束半径を求めよ．

12 閉単位円板 $\overline{\mathbb{D}}$ 上で正則な関数に対して，

$$\max_{\overline{\mathbb{D}}} |f| = \max_{C} |f|$$

が成り立つことを示せ．ただし，C はいつものように単位円周を表す．

13 関数 $1/\cos z$ のマクローリン展開を求めよ．
14 単位閉円板 $\overline{\mathbb{D}}$ で正則な関数 $f(z) = \sum_{n=0}^{\infty} a_n z^n$ に対して次を示せ：

$$\int_0^{2\pi} |f(\rho e^{it})|^2 \, dt = 2\pi \sum_{n=0}^{\infty} |a_n|^2 \rho^{2n}, \qquad 0 \leq \rho < 1.$$

15 単位閉円板 $\overline{\mathbb{D}}$ で正則な関数 $f(z) = \sum_{n=0}^{\infty} a_n z^n$ に対して次を示せ：

$$\iint_{\mathbb{D}} |f(z)|^2 \, dxdy = \pi \sum_{n=0}^{\infty} \frac{|a_n|^2}{n+1}.$$

16 条件 $\iint_{\mathbb{C}} |f(z)|^2 \, dxdy < \infty$ を満たす整関数 $f(z)$ は定数に限ることを証明せよ．
17 $\mathbb{D}(1, 1/2)$ 上では値が 1，$\mathbb{D}(-1, 1/2)$ 上では値が -1 をとる整関数はあるか．
18 任意の複素数 z と任意の正数 $R > |z|$ について

$$f(z) - f(0) = \frac{1}{2\pi i} \int_{C(0,R)} \frac{z f(\zeta)}{\zeta(\zeta - z)} \, d\zeta$$

であることを用いてリューヴィルの定理を示せ．

19 $\mathbb{D}$ 上で $|f(z)| = 1$ を満たす整関数 f は定数に限ることを示せ．
20 閉円板 $\overline{\mathbb{D}}$ で関数 f は正則でしかもかつ $f(z) \neq 0$ $(z \in \overline{\mathbb{D}})$ であれば，$|f|$ の $\overline{\mathbb{D}}$ における最小値は，単位円周 C 上でとられることを示せ．

第9章

有理型関数

9.1 孤立特異点

　前章まではもっぱら関数の正則性について調べてきた．また，既に4.4節で見たように，複素数の世界は複素平面$\mathbb{C}$からリーマン球面$\hat{\mathbb{C}}$へと拡張された．ところが，リューヴィルの定理から分かるように，球面全体で正則な関数は定数関数を除けば存在し得ない．留数定理を作った際に考えたように，開円板での正則性を穴あき円板での正則性に置き換えてみるのは無意味ではない[1]．関数 f が点 $z_0 \in \mathbb{C}$ を中心とするある穴あき円板 $\mathbb{D}^*(z_0, R)$ で正則のとき[2]，この点 z_0 を関数 f の**孤立特異点**と呼ぶ[3]．また，ある円板 $\mathbb{D}(0, R)$ の外部[4]で正則な関数は，無限遠点を孤立特異点としてもつと考える．

　たとえば関数 $z \mapsto 1/z$ は，原点 $z \neq 0$ では正則であるから，原点はこの関数の孤立特異点である．原点では有限な値を取らないからそこで複素微分可能ではない．

　また，関数

$$z \mapsto \frac{\sin z}{z}$$

---

[1] 流れの場における湧き出しや吸い込みでの状況，あるいは万有引力の法則やクーロンの法則などを見れば分かるように，場の中でも湧き出し・吸い込み，あるいは質点や電荷におけるポテンシャル関数の滑らかさは崩れてしまう．

[2] このとき点 z_0 で f が複素微分可能であるかどうかは分からない —— より正確に言えば問わない．

[3] 孤立特異点が集積点をもてば，その集積点はもはや孤立特異点ではない．簡単なことではあるが念のために注意しておく．

[4] この集合は無限遠点の穴あき近傍と考えてよい (77 ページの脚注 18 を参照) から，ここで述べたことは有限点 z_0 に対する上の定義に対応する．実際にはこの円板の中心は必ずしも原点である必要はない．

は，上の関数と同じく $\mathbb{C}^*$ で正則であるから，原点はこの関数の孤立特異点である．しかしこの場合には，分子にある関数 $\sin z$ は原点のまわりでテイラー展開 (すなわちマクローリン展開)

$$\sin z = z - \frac{z^3}{3!} + \frac{z^5}{5!} - \cdots$$

をもつから，考察中の関数は原点のまわりで

$$\frac{\sin z}{z} = 1 - \frac{z^2}{3!} + \frac{z^4}{5!} - \cdots$$

と展開され，原点での値を 1 として新たに定義するのが自然であることが分かる．同時に，このような拡張によって原点での正則性が導き出された．

　もう 1 つ別の例として，関数

$$z \mapsto e^{1/z}$$

を考える．これは穴あき平面 $\mathbb{C}^*$ で正則であるが，$z \to 0$ のとき $e^{1/z}$ は定まった極限値をもたない．実際，$z = 0$ に近づく点列 $(z_n)_{n=1,2,\ldots}$ をさまざまに取り直して，その都度 $e^{1/z}$ が異なる極限値をもつようにできる；たとえば，

$$z_n := \frac{1}{2n\pi i} \quad \text{ならば} \quad \lim_{n\to\infty} e^{1/z_n} = 1$$

であるが，

$$z_n := \frac{1}{(2n+1)\pi i} \quad \text{ならば} \quad \lim_{n\to\infty} e^{1/z_n} = -1$$

であるという具合に．これは考えている関数が原点には連続にすら拡張できないことを示しているから，況や正則な関数に拡張できるわけがない．

　このように，同じく孤立特異点の名の下にあっても，関数は根本的に異なる振る舞いを示し得る．事情をより詳しく調べるために，まず上の第 2 の例に関連して次の定義をおく：

定義　点 $z_0 \in \mathbb{C}$ とある穴あき円板 $\mathbb{D}^*(z_0, R)$ で正則な関数 f について，f が実は点 z_0 においても正則であるとき，点 z_0 は f の**除去可能な特異点**と呼ばれる．また，無限遠点 ∞ のある穴あき近傍で正則な関数 f が ∞ でも正則になっているとき，∞ は f の除去可能な特異点であるという．

9.1 孤立特異点

> **定理 9.1** （リーマンの除去可能性定理） $z_0 \in \mathbb{C}$ とする．穴あき円板 $\mathbb{D}^*(z_0, R)$ で正則な関数 f について，点 z_0 が f の除去可能な特異点であるためには，f が z_0 のある穴あき近傍で有界であることが必要かつ十分である．

[証明] はじめに，円板 $\mathbb{D}(z_0, R)$ で f が正則であるとすれば，f は点 z_0 で連続であり，したがって z_0 のある（穴あき）近傍で有界である．すなわち必要性が示された．十分性を証明するために，ある $\rho\,(0 < \rho < R)$ に対して f が $\mathbb{D}^*(z_0, \rho)$ 上で不等式 $|f(z)| \leq M$ を満たしているとしよう．このとき，任意の $z \in \mathbb{D}^*(z_0, \rho)$ に対して数 ε を $0 < \varepsilon < |z - z_0|$ であるようにとれば，コーシーの積分公式から

$$f(z) = \frac{1}{2\pi i} \int_{C(z_0, \rho)} \frac{f(\zeta)}{\zeta - z}\, d\zeta - \frac{1}{2\pi i} \int_{C(z_0, \varepsilon)} \frac{f(\zeta)}{\zeta - z}\, d\zeta$$

が成り立つ．右辺の第 2 項は，f の有界性によって

$$\left| \frac{1}{2\pi i} \int_{C(z_0, \varepsilon)} \frac{f(\zeta)}{\zeta - z}\, d\zeta \right| \leq \frac{1}{2\pi} \int_{C(z_0, \varepsilon)} \frac{|f(\zeta)|}{|\zeta - z|}\, |d\zeta| \leq \frac{\varepsilon M}{\min_{|\zeta - z_0| = \varepsilon} |\zeta - z|}$$

$$= \frac{\varepsilon M}{|z - z_0| - \varepsilon} \to 0 \quad (\varepsilon \to 0)$$

したがって

$$f(z) = \frac{1}{2\pi i} \int_{C(z_0, \rho)} \frac{f(\zeta)}{\zeta - z}\, d\zeta, \qquad z \in \mathbb{D}^*(z_0, \rho).$$

定理 6.13 によって，この右辺は $z \in \mathbb{D}(z_0, \rho)$ に対して定義されそこで正則な関数であるから，関数 f は $\mathbb{D}(z_0, \rho)$ で正則な関数に拡張される． (証明終)

注意 無限遠点のある穴あき近傍で正則な関数 f について，

$$\infty \text{ が } f \text{ の除去可能な特異点} \iff f \text{ が } \infty \text{ のまわりで有界}$$

が成り立つことは，関数 $F(z) := f(1/z)$ に前定理を適用すれば容易に確かめられる．

第9章　有理型関数

例題 9.1　　　　　　　　　　　　　　調和関数に対する除去可能性定理

(1) 穴あき円板 $\mathbb{D}^*$ における調和関数 u に対して，実数 $c \neq 0$ を上手に選べば，u の任意の共役調和関数 v について関数

$$F(z) := e^{c(u(x,y)+iv(x,y))}, \qquad z = x+iy, \quad 0 < |z| < 1$$

は $\mathbb{D}^*$ 上で1価正則な関数であるようにできることを示せ．

(2) u が $\mathbb{D}^*$ で有界ならば単位円板 $\mathbb{D}$ でも調和であることを示せ[5]．

解答　任意の $\rho\,(0<\rho<1)$ に対して線積分

$$T := \int_{C(0,\rho)} -\frac{\partial u}{\partial y}\,dx + \frac{\partial u}{\partial x}\,dy$$

が計算されるが，これは ρ の選び方には依らない量である．もしも $T=0$ であれば，関数 $u+iv$ 自身が $\mathbb{D}^*$ で1価であり，c は (0ではない限り) 任意にとってよい．また $T \neq 0$ のときには，$c := 2\pi/T$ ととればよい．

次に u が $\mathbb{D}^*$ で有界で M をその上界の1つとする[6]．c を上のように選べば $\mathbb{D}^*$ で1価な正則関数 F が得られるが，この F は $\mathbb{D}^*$ で有界である：

$$|F(z)| = e^{cu(x,y)} < e^{|c|M}, \qquad z \in \mathbb{D}^*.$$

リーマンの除去可能性定理によって F は $\mathbb{D}$ で正則な関数に拡張される．これも同じ記号 F で記すことにすれば，μ の有界性によって $\mathbb{D}$ 上 $F(z) \neq 0$ であるから，

$$\tilde{u} := \frac{1}{c}\log|F|$$

もまた $\mathbb{D}$ で調和な関数である．$\mathbb{D}$ 上 $\tilde{u} = u$ なので (2) が示された．　　　■

正則関数の孤立特異点に戻る．除去可能でない孤立特異点 z_0 では f は点 z_0 のどんな (穴あき) 近傍でも非有界である．

このとき，論理的には2つの場合が考えられる：$1/f$ は $\mathbb{D}^*(0,R)$ 上で有界であるか，$1/f$ もまた $\mathbb{D}^*(0,R)$ で非有界であるか．

---

[5] より厳密には "u は $\mathbb{D}$ で調和な関数に拡張できる" というべきであって，その意味は，"適当な $\tilde{u} \in C^2(\mathbb{D})$ を見つけて $\mathbb{D}$ 上では $\Delta \tilde{u} = 0$ かつ $\mathbb{D}^*$ 上では $\tilde{u} = u$ が成り立つようにできる" こと．

[6] 具体的に言えば：　$\mathbb{D}^*$ 上で $|u| < M$．

9.1 孤立特異点

もし $1/f$ が有界であるならば,必要なら ρ_0 を小さくとり直すことによって,f は穴あき円板 $\mathbb{D}^*(z_0, \rho_0)$ で値 0 を決してとらないと考えてよい.したがって $1/f$ もまた穴あき円板 $\mathbb{D}^*(z_0, \rho_0)$ で正則である.リーマンの除去可能性定理によって $g := 1/f$ は $\mathbb{D}(z_0, \rho_0)$ で正則であるが,さらに $g(z_0) = 0$ である[7].したがってテイラーの定理から,ある自然数 μ と値 0 をとらない正則関数 g_μ とを用いて

$$g(z) = (z - z_0)^\mu g_\mu(z), \qquad z \in \mathbb{D}(z_0, \rho_0)$$

と表示されることが分かる.すなわち,関数 f は,円板 $\mathbb{D}(z_0, \rho_0)$ で正則で値 0 をとらない関数 $f_{-\mu} := 1/g_\mu$ を用いて,局所的な表示

$$f(z) = (z - z_0)^{-\mu} f_{-\mu}(z), \qquad z \in \mathbb{D}(z_0, \rho_0)$$

をもつ.このとき $\lim_{z \to z_0} |f(z)| = +\infty$ であるから,

$$f(z_0) = \infty$$

と置くことによって,f は点 z_0 にまで――値として ∞ (無限遠点) を許した広い意味での――連続関数として拡張される.点 z_0 を関数 f の**極**と呼び,唯 1 つに決まる自然数 μ をこの極の**位数**と呼ぶ.

注意 興味深くまた重要なことの 1 つは,

零点の近くでの表示 $\quad f(z) = (z - z_0)^\mu f_\mu(z) \qquad$ と

極の近くでの表示 $\quad f(z) = (z - z_0)^{-\mu} f_{-\mu}(z) \qquad$ との類似性

であろう (実際にはこの性質を見越して記号 $f_\mu, f_{-\mu}$ を用いている).この種の表示が可能な f については,μ の正・負が零点・極の区別を与えるという意味で,極と零点とはきわめて近い.実際,f をリーマン球面への写像と考えれば,零点と極とはそれぞれ北極と南極の原像にほかならない.

ここまでに調べた 2 つの場合――"除去可能な孤立特異点" と "極" ――においては,f はある非負整数 μ について点 z_0 のまわりで

$$\begin{aligned}
f(z) &= \sum_{n \geq -\mu} c_n (z - z_0)^n \\
&= \frac{c_{-\mu}}{(z - z_0)^\mu} + \frac{c_{-\mu+1}}{(z - z_0)^{\mu-1}} + \cdots + \frac{c_{-1}}{z - z_0} \\
&\quad + c_0 + c_1 (z - z_0) + c_2 (z - z_0)^2 + \cdots
\end{aligned}$$

---

[7] もしも $g(z_0) \neq 0$ ならば f は z_0 の近くで有界になってしまって,仮定に反する.

と書けることが分かった．同時に，このような展開をもつことが除去可能特異点あるいは極であるための十分条件であることも，上の議論からすぐに分かる．

残された場合——f も $1/f$ も非有界である場合——について考える．すなわち，半径 ρ をいくら小さくとったとしても，f も $1/f$ もともに $\mathbb{D}^*(z_0, \rho)$ で有界ではないとする．このとき，f は z_0 にまで（値として ∞ を許しても）連続な拡張をもたない．この理由で点 $z_0 \in \mathbb{C}$ を関数 f の**孤立真性特異点**と呼ぶ．この場合については，次の定理が知られている．

> **定理 9.2**　（カゾラッティ-ワイエルシュトラスの定理）　点 z_0 が関数 f の孤立真性特異点とし，点 λ はリーマン球面 $\hat{\mathbb{C}}$ 上の任意の点とする．f は，任意に小さい穴あき円板 $\mathbb{D}^*(z_0, \rho)$ において，λ にいくらでも近い値をとる．

証明　まず，$\lambda \neq \infty$ の場合を考える．背理法による．もしも，ある $\mathbb{D}^*(z_0, \rho)$ の中である $\lambda \in \mathbb{C}$ に近い値が f によってとられなかったとしたら，

$$\text{ある } \delta > 0 \text{ に対して } f(z) \notin \mathbb{D}(\lambda, \delta) \quad (\forall z \in \mathbb{D}^*(z_0, \rho)).$$

関数
$$F(z) := \frac{1}{f(z) - \lambda}$$

は，$\mathbb{D}^*(z_0, \rho)$ で正則でしかも $|F(z)| \leq 1/\delta$ を満たすから，リーマンの除去可能性定理によって，F は $\mathbb{D}(z_0, \rho)$ で正則である．よって，

$$f(z) = \lambda + \frac{1}{F(z)}$$

は z_0 で正則または極であるが，これは f に関する仮定に矛盾する．

また，f が ∞ にいくらでも近い値をとれないとすれば，ある $M > 0$ に対して $|f(z)| \leq M$ $(\forall z \in \mathbb{D}^*(z_0, \rho))$ であるが，そうするとリーマンの除去可能性定理から f は z_0 でも正則になって，やはり矛盾に到る． (証明終)

注意　以上の議論は有限な複素数 z_0 についてなされた．しかし無限遠点においても，いったん変換 $z \mapsto 1/z$ を行って原点での議論に持ち込めば，全く同様の結果が得られる．

9.2 ローラン展開

真性特異点をも含めて孤立特異点のまわりでの級数展開を考えるために，リーマンの除去可能性定理の証明中に現れた等式を想起する．すなわち，任意の $z \in \mathbb{D}^*(z_0, R)$ に対して，数 ε, ρ を $0 < \varepsilon < |z - z_0| < \rho < R$ であるようにとれば，
$$f(z) = \frac{1}{2\pi i} \int_{C(z_0, \rho)} \frac{f(\zeta)}{\zeta - z} d\zeta - \frac{1}{2\pi i} \int_{C(z_0, \varepsilon)} \frac{f(\zeta)}{\zeta - z} d\zeta.$$
ここで
$$f_1(z) := \frac{1}{2\pi i} \int_{C(z_0, \rho)} \frac{f(\zeta)}{\zeta - z} d\zeta, \quad f_2(z) := -\frac{1}{2\pi i} \int_{C(z_0, \varepsilon)} \frac{f(\zeta)}{\zeta - z} d\zeta$$
はそれぞれ，$\mathbb{D}(z_0, \rho)$ あるいは $\mathbb{C} \setminus \overline{\mathbb{D}(z_0, \varepsilon)}$ において正則な関数である．

半径 ε, ρ は $0 < \varepsilon < |z - z_0| < \rho < R$ を満たす数ならば任意にとれるから，f_1, f_2 はそれぞれ $\mathbb{D}(z_0, R)$ あるいは $\mathbb{C} \setminus \{z_0\}$ 上の正則関数で，$\mathbb{D}^*(z_0, R)$ 上で等式 $f = f_1 + f_2$ が成り立つ．

関数 f_1 は $\mathbb{D}(z_0, R)$ の上でテイラー展開されるからそれを
$$f_1(z) = \sum_{n=0}^{\infty} a_n (z - z_0)^n$$
と書こう．一方，任意の $\zeta \in C(z_0, \varepsilon)$ および任意の z ($\varepsilon < |z - z_0|$) に対して $|\zeta - z_0| < |z - z_0|$ であるから，テイラー展開の証明を今一度思い起こせば，
$$f_2(z) = -\frac{1}{2\pi i} \int_{C(z_0, \varepsilon)} \frac{f(\zeta)}{\zeta - z} d\zeta$$
$$= -\frac{1}{2\pi i} \int_{C(z_0, \varepsilon)} \frac{f(\zeta)}{(\zeta - z_0) - (z - z_0)} d\zeta$$
$$= \frac{1}{2\pi i} \int_{C(z_0, \varepsilon)} \frac{1}{z - z_0} \cdot \frac{f(\zeta)}{1 - \dfrac{\zeta - z_0}{z - z_0}} d\zeta$$
$$= \frac{1}{2\pi i} \int_{C(z_0, \varepsilon)} \frac{f(\zeta)}{z - z_0} \sum_{n=0}^{\infty} \left(\frac{\zeta - z_0}{z - z_0} \right)^n d\zeta$$

$$= \sum_{n=0}^{\infty} \left(\frac{1}{2\pi i} \int_{C(z_0,\varepsilon)} f(\zeta)(\zeta - z_0)^n \, d\zeta \right) \frac{1}{(z - z_0)^{n+1}}$$

$$= \sum_{n=1}^{\infty} \left(\frac{1}{2\pi i} \int_{C(z_0,\varepsilon)} \frac{f(\zeta)}{(\zeta - z_0)^{-n+1}} \, d\zeta \right) \frac{1}{(z - z_0)^n}$$

と書けるから,結局 $f_2(z)$ の展開

$$\sum_{n=1}^{\infty} \frac{b_n}{(z-z_0)^n}; \quad b_n = \frac{1}{2\pi i} \int_{C(z_0,\varepsilon)} \frac{f(\zeta)}{(\zeta - z_0)^{-n+1}} \, d\zeta, \quad n = 1, 2, \ldots$$

が得られた.最後に,$n \geq 0$ ときは a_n に,$n \leq -1$ のときには b_{-n} に等しいとおいた複素数 c_n を用いて以上を纏めれば,次の定理を得る.

> **定理 9.3** 関数 f が穴あき円板 $\mathbb{D}^*(z_0, R)$ 上で正則であれば,
>
> $$f(z) = \sum_{n=-\infty}^{\infty} c_n (z - z_0)^n, \quad z \in \mathbb{D}^*(z_0, R)$$
>
> と書ける.ここで,任意の $r\,(0 < r < R)$ によって
>
> $$c_n = \frac{1}{2\pi i} \int_{C(z_0,r)} \frac{f(\zeta)}{(\zeta - z_0)^{n+1}} \, d\zeta, \quad n = 0, \pm 1, \pm 2, \ldots.$$

穴あき円板において正則な関数 f のこのような展開を f の z_0 の周りでの**ローラン展開**と呼ぶ.各 c_n は f の第 n **ローラン係数**と呼ばれる.ローラン展開の一意性,コーシーの係数評価式に対応する評価式や,展開して得られた級数が一様絶対収束することなどは,テイラー展開の場合と全く同様に証明される.関数 f のローラン展開において級数

$$\sum_{n<0} c_n (z - z_0)^n$$

を f の (あるいは,ローラン展開の) **主要部**と呼ぶ.主要部を欠いたローラン展開はテイラー展開である.

前節で行った孤立特異点の分類はこの特異点の周りでのローラン展開の形によっても可能である.実際,次の結果は前節の定理を言い直したものに過ぎない:

9.2 ローラン展開

定理 9.4 (孤立特異点の分類)　孤立特異点 z_0 の周りでのローラン展開

$$f(z) = \sum_{n=-\infty}^{\infty} c_n (z-z_0)^n, \qquad z \in \mathbb{D}^*(z_0, R)$$

において,

- [I] 主要部が全く登場しない場合[8]:　z_0 は f の除去可能な特異点.
- [II] 主要部は現れるが, その項数が有限個の場合:　z_0 は f の極[9].
- [III] 主要部があってしかも無限項からなる場合:　z_0 は f の真性特異点.

特に,

$$\operatorname*{Res}_{z_0} f = c_{-1}$$

である[10].

例題 9.2 ─────────────────────── ローラン展開 ─

関数 $e^{1/z}$ は $\mathbb{C}^*$ で正則である. 原点のまわりでのローラン展開を求めよ. また $\operatorname*{Res}_{0} f$ を求めよ.

(解答) 係数を定義にしたがって計算すればよい. すなわち, 任意に正数 ρ をとって $n = 0, \pm 1, \pm 2, \dots$ に対して

$$c_n = \frac{1}{2\pi i} \int_{C(0,\rho)} \frac{e^{1/\zeta}}{\zeta^{n+1}} d\zeta$$

を求めればよい. コーシーの積分定理によって $\rho = 1$ とすることができる. このとき $\zeta\bar{\zeta} = |\zeta|^2 = 1$ であるから

$$d\zeta = -\frac{\zeta}{\bar{\zeta}} d\bar{\zeta} = -\bar{\zeta}^{-2} d\bar{\zeta}$$

であり, したがって

---

[8] いうまでもなく, 主要部の有無や項数の数え方は係数が 0 ではないもののみを対象としている.
[9] この場合の極の位数は, $\max\{n \in \mathbb{N} \mid c_{-n} \neq 0\}$ である.
[10] この性質によって留数を定義することも多い；しかし留数はローラン展開を待つまでもなく定義される一層内在的な量である.

$$c_n = -\frac{1}{2\pi i}\int_C e^{\bar\zeta}\bar\zeta^{n+1}\zeta^{-2}\,d\zeta$$

であるが，$e^{\bar\zeta} = \overline{e^\zeta}$ に注意すれば $\bar c_n = \dfrac{1}{2\pi i}\int_C e^\zeta \zeta^{n-1}\,d\zeta$. もし $n-1 \geq 0$ ならばコーシーの積分定理によって $c_n = 0$ であり，$n-1 < 0$ ならば $-n+1 > 0$ すなわち $n \leq 0$ であって $-n = |n|$. このときにはコーシーの積分公式 (導関数に対するもの) から

$$\bar c_n = \frac{1}{2\pi i}\int_C \frac{e^\zeta}{\zeta^{-n+1}}\,d\zeta = \frac{1}{|n|!}\left[\frac{d^{|n|}}{dz^{|n|}}e^z\right]_{z=0} = \frac{1}{|n|!}[e^z]_{z=0} = \frac{1}{|n|!}$$

すなわち $c_{-n} = 1/n!$ $(n \geq 0)$. 故に，求める (原点のまわりでの) ローラン展開は

$$e^{\frac{1}{z}} = \cdots + \frac{1}{n!}\frac{1}{z^n} + \frac{1}{(n-1)!}\frac{1}{z^{n-1}} + \cdots + \frac{1}{1!}\frac{1}{z} + 1.$$

また，$\mathop{\mathrm{Res}}_0 e^{1/z} = 1$ であることも分かった[11])．

ローラン展開を求めるには，定義に直接則った上のような方法がいつでも最適なものというわけではない．たとえば，上に調べた関数 $e^{1/z}$ の場合，関数 e^z のテイラー展開を利用することもできる．

注意 1．この節では有限な孤立特異点の周りでのローラン展開を——すなわち穴あき円板で正則な関数のべき級数への展開を——考えてきた．しかし証明を少し丁寧に眺めれば分かるように，穴あき円板 $\mathbb{D}^*(z_0, R)$ の代わりに**円環 [領域]**

$$\mathbb{A}(z_0; r, R) := \{z \in \mathbb{C} \mid r < |z - z_0| < R\} \qquad 0 \leq r < R \leq +\infty$$

で正則な関数についても同様な結果が得られる [12])：——

関数 f が円環 $\mathbb{A}(z_0; r, R)$ 上で正則であれば，

$$f(z) = \sum_{n=-\infty}^\infty c_n(z - z_0)^n, \qquad z \in \mathbb{A}(z_0; r, R)$$

と書ける．ここで，任意の ρ $(r < \rho < R)$ によって

$$c_n = \frac{1}{2\pi i}\int_{C(0,\rho)} \frac{f(\zeta)}{(\zeta - z_0)^{n+1}}\,d\zeta, \qquad n = 0, \pm 1, \pm 2, \ldots.$$

同心円環領域において正則な関数 f のこのような展開を f の (z_0 の周りでの，ある

---

[11]) ここで見たように，関数 $e^{1/z}$ は原点を真性特異点としてもつ．これが 128 ページの例に関する脚注 4) で述べたことの根拠である．
[12]) 特別な場合 $r = 0$ および $R = +\infty$ を許して考える．これらが同時に起こったものは穴あき平面であり，$r = 0$ かつ $R < +\infty$ の場合は穴あき円板である．

いは $\mathbb{A}(z_0; r, R)$ における点 z_0 を中心とした) **ローラン展開**と呼び，各 c_n を f の第 n **ローラン係数**と呼ぶことは，孤立特異点の場合と同様である．主要部の概念，展開の一意性や一様絶対収束性など穴あき円板における場合と全く同様に考えられる．

注意 2．上の注意 1 は，無限遠点を中心とした場合にも適用される．展開する領域としては同じく円環 $\mathbb{A}(z_0; r, R)$ を考えればよいが，そこでの展開は，原点の周りのローラン展開と考えられると同時に，無限遠点の周りでのローラン展開とも考えられる．しかし主要部の果たす役割が入れ替わることには注意を要する．たとえば，多項式 $P(z) := a_0 + a_1 z + a_2 z^2 + \cdots + a_N z^N$ $(N > 0, a_n \in \mathbb{C}, a_N \neq 0)$ は原点から見れば主要部無しであるが，無限遠点から見れば a_0 を除くすべてが主要部を形作る．

注意 3．無限遠点を孤立特異点とする関数 f の ∞ のまわりでのローラン展開が

$$f(z) = \sum_{n=-\infty}^{\infty} c_n z^n$$

であるならば，

$$\operatorname*{Res}_{\infty} f = -c_{-1}$$

であることが分かる．留数をローラン展開を経由して定義する方法では，無限遠点における留数を上のように無限遠点のまわりでのローラン展開における $1/z$ の係数の符号を変えたものとなるが，$1/z$ はローラン展開の主要部には属さない．すなわち，無限遠点での留数は (有限点での場合とは違って) 無限遠点での非正則性を反映しない．本書のように線積分で定義することによってはじめて，わざわざ係数の符号を変える理由が何であったかが容易に察知されるであろう．

リーマン球面上の領域 $G (\subset \hat{\mathbb{C}})$ で極を除いて正則な[13]関数を，G 上の**有理型関数**と呼ぶ．

定理 9.5 有理関数は ($\hat{\mathbb{C}}$ 上の) 有理型関数である．逆に，リーマン球面 $\hat{\mathbb{C}}$ 上の有理型関数は有理関数に限る．

証明) 前半は明らかである．後半のために，まず $\hat{\mathbb{C}}$ で有理型な関数 f の極は $\hat{\mathbb{C}}$ 上に有限個しかない[14]ことを注意する．実際，もしも極が無限に多くあれば，$\hat{\mathbb{C}}$ 上のどこかに収束する部分列が得られるが，この極限点は，一方ではそのいくらでも近くに極

---

[13]関数 f の無限遠点での極は $f(1/z)$ の原点での極を意味することを思い起こせ．
[14]もっと一般に： $\hat{\mathbb{C}}$ 上で孤立特異点を除いて正則な関数があれば，孤立特異点の集合は有限である．

がなければならず，他方では極として孤立特異点でなければならない．この矛盾は極が有限個しかないことを示している．f の極を書き上げたものを $z_1, z_2, \ldots, z_N$ とし，z_k における f の主要部を p_k とする．各 p_k は，$z_k = \infty$ であるか否かにしたがって，

$$\sum_{j=1}^{\mu_k} c_j^{(k)} z^j \quad \text{あるいは} \quad \sum_{j=1}^{\mu_k} \frac{c_j^{(k)}}{(z-z_k)^j}$$

と書けるから，$\hat{\mathbb{C}} \setminus \{z_k\}$ で正則である．このとき

$$F(z) := f(z) - \sum_{k=1}^{N} p_k(z)$$

は $\hat{\mathbb{C}}$ 上正則な関数で，特に $\mathbb{C}$ への制限は有界な整関数である．リューヴィルの定理によって F はいたるところ定数 c に等しい．よって

$$f(z) = \sum_{k=1}^{N} p_k(z) + c$$

となるが，各 p_k の具体的な表示式を代入すれば，f が有理関数であることが分かる．
(証明終)

9.3 偏角の原理

コーシー領域 G の閉包 $\bar{G}$ で有理型な関数 f の $\bar{G}$ 上にある零点および極の個数は，f が恒等的に 0 でない限り，有限である．これは，$\bar{G}$ が有界閉集合であること，および零点や極が孤立することから分かる (定理 9.5 の証明参照)．

以下では，∂G 上には f の零点も極もないと仮定する[15]．G 内にある f の零点 a の位数を κ とする．上手に $R_a > 0$ を選べば，

$$f(z) = (z-a)^\kappa g_a(z), \quad z \in \mathbb{D}(a, R_a)$$

が成り立つようにできる．ここで g_a は，$\mathbb{D}(a, R_a)$ で値 0 を決してとらない正則関数である．このとき

$$f'(z) = \kappa(z-a)^{\kappa-1} g_a(z) + (z-a)^\kappa g_a'(z)$$

であるから

---

[15] 滑らかな境界曲線上の零点や極の個数は $1/2$ を乗じて数えればよい．その理由の本質は定理 6.9 において言い尽くされている．

9.3 偏角の原理

が得られる．

$$\frac{f'(z)}{f(z)} = \frac{\kappa}{z-a} + \frac{g_a'(z)}{g_a(z)}$$

が得られる．関数 g_a は円板 $\mathbb{D}(a, R_a)$ で正則であって値 0 はとらないから，また g_a' も $\mathbb{D}(a, R_a)$ で正則であるから，g_a'/g_a も $\mathbb{D}(a, R_a)$ で正則である．したがって，$\rho\,(0 < \rho < R_a)$ を用いて

$$\operatorname*{Res}_{a} \frac{f'}{f} = \frac{1}{2\pi i} \int_{C(a,\rho)} \frac{\kappa}{z-a}\, dz = \kappa.$$

全く同様の計算が，f の λ 位の極 b についても，局所的な表示

$$f(z) = (z-b)^{-\lambda} g_b(z), \qquad z \in \mathbb{D}(b, R_b)$$

を基にして行われるから，

$$\operatorname*{Res}_{b} \frac{f'}{f} = \frac{1}{2\pi i} \int_{C(b,\rho)} \frac{-\lambda}{z-b}\, dz = -\lambda$$

が得られる[16]．

以上の計算を G 内のすべての零点 $a_1, a_2, \ldots, a_K$ とすべての極 $b_1, b_2, \ldots, b_L$ とに対して行い，さらにコーシーの積分定理 (あるいは留数定理) を用いれば，零点 a_k の位数を κ_k，極 b_l の位数を λ_l と書くとき，

$$\frac{1}{2\pi i} \int_{\partial G} \frac{f'(z)}{f(z)}\, dz = \sum_{k=1}^{K} \kappa_k - \sum_{l=1}^{L} \lambda_l.$$

右辺における

$$\sum_{k=1}^{K} \kappa_k =: N(f, G, 0), \qquad \sum_{l=1}^{L} \lambda_l =: N(f, G, \infty)$$

は，領域 G の中の f の零点および極の (重複するものはその重複度だけ繰り返して数えた) 個数を表すから，次の定理が得られた．

定理 9.6 (偏角の原理) コーシー領域 G の閉包 $\bar{G}$ 上で有理型な関数 f について，その零点および極が G の境界 ∂G 上になければ，

$$N(f, G, 0) - N(f, G, \infty) = \frac{1}{2\pi i} \int_{\partial G} \frac{f'(z)}{f(z)}\, dz.$$

---

[16] 173 ページの注意で見たように，この式は結果的に a を b に，また κ を $-\lambda$ に置き換えただけである．

この定理の名のいわれは，積分

$$\frac{1}{i}\int_{\partial G}\frac{f'(z)}{f(z)}\,dz = \int_{\partial G} d\arg f(z)$$

が曲線 ∂G に沿った $\arg f(z)$ の総変化量を表す[17]ことにある．

例題 9.3 ───────────半平面における解の個数─

方程式 $z^3+4z^2-2z+2=0$ が右半平面でもつ解の個数を求めよ．

[解答] 右半平面の境界である虚軸上での関数 $P(z):=z^3+4z^2-2z+2$ の振る舞いを調べるために，z に iy を代入して $P(iy)=2-4y^2-i(2y+y^3)$ を得るが，これは y が $+\infty$ から単調に $-\infty$ に向かうとき，$-i\infty$ から途中原点の正実軸側を経由して $+i\infty$ に向かう；これは $\arg P(iy)$ の偏角が π だけ動くことを示している．すなわち，y が $+\infty$ から単調に $-\infty$ に虚軸に沿って向かうとき，P の偏角の変化総量は π である．

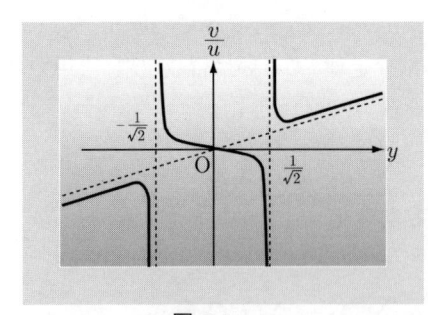

図 9.1

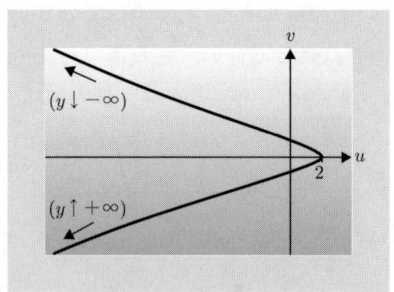

図 9.2 y を径数とする曲線．この曲線の挙動から $P(iy)$ の偏角が $y=-\infty$ から $y=+\infty$ へと動くとき π だけ変化することが見取れる．

一方，十分大きな $R(>0)$ を半径とする円周の上では，

$$\arg P(z)=\arg\left[z^3\left(1+\frac{4}{z}-\frac{2}{z^2}+\frac{2}{z^3}\right)\right]$$

は z が右半円周上を反時計回りに動くときおよそ 3π だけ変化する[18]．

---

[17]この量は，向きづけられた曲線 $f(\partial G)$ が原点を回る回数を表してもいる (演習問題 VI の問題 2 参照) ので，曲線 $f(\partial G)$ の原点に関する**回転数**と呼ばれている．

[18]ここでは "およそ" といって甚だ不正確に見えるが，極限的には境界全体に沿っての総変化量は 2π の整数倍にしかならないから，このような表現で十分である．

したがって，十分大きな半径の右半円板の境界を正の向きにまわるとき，関数 P の偏角の総変化量は 4π である．ゆえに，与えられた方程式は右半平面にはちょうど 2 つの解を持つ[19] ことが分かる．

偏角の原理から導かれるいくつかの結果を述べる．

系　コーシー領域 G の閉包 $\bar{G}$ 上の有理型関数 f が G の境界 ∂G 上で正則で，しかもある $w_0 \in \mathbb{C}$ について ∂G 上 $f(z) \neq w_0$ ならば，

$$N(f, G, w_0) - N(f, G, \infty) = \frac{1}{2\pi i} \int_{\partial G} \frac{f'(z)}{f(z) - w_0}\, dz.$$

ここで $N(f, G, w_0)$ は方程式 $f(z) = w_0$ の G 内での解の (重複するものは繰り返し数えたときの) 個数[20]を表す．

曲線 $f(\partial G)$ は $\mathbb{C}$ をいくつかの領域に分けるが, (直観的に容易に認め得るように) そのうち非有界なものが唯 1 つある． $f(\partial G)$ に交わることのない折れ線で無限遠点と結べる点の全体である．これを $\mathbb{C} \setminus f(\partial G)$ の**非有界成分**と呼ぶ．曲線 $f(\partial G)$ は $\mathbb{C} \setminus f(\partial G)$ の非有界成分の任意の点 w_0 をまわらないから，

系　コーシー領域 $\bar{G}$ 上で正則な関数 f は，$\mathbb{C} \setminus f(\partial G)$ の非有界成分のどんな点も値としてとらない．

実用上は次の**ルーシェの定理**も愛用される．

> **定理 9.7**　コーシー領域 G の閉包上で正則な関数 f, g が境界 ∂G 上で不等式
> $$|f| < |g|$$
> を満たせば，$f + g$ と g は G 内で (重複度だけ繰り返し数えるとき) 同じ個数の零点をもつ．

証明　新しく関数

---

[19] Maple など数式処理ソフトを利用すれば，$P(z) = 0$ の解は，$-4.537860580, 0.2689302902 \pm 0.6069702010\, i$ であると知れる．
[20] 関数 f の G における w_0-点の位数の和．

$$h := \frac{f+g}{g} = 1 + \frac{f}{g}$$

を考える．関数 h は G で有理型で，しかも ∂G 上で明らかに $g \neq 0$ だから境界上には極をもたない．さらに ∂G 上には h の零点もない．実際，もしそうでなかったら，境界上に $f(z) = -g(z)$ を満たす点があることになって，仮定された不等式が成り立たなくなってしまう．

ところが，さらに ∂G 上では不等式

$$|h-1| = |f/g| < 1$$

が満たされているので，閉曲線 $h(\partial G)$ は開円板 $\mathbb{D}(1,1)$ 内に完全に含まれる．このような曲線が原点を回ることはあり得ないから，

$$\frac{1}{2\pi i} \int_{\partial G} \frac{h'(z)}{h(z)} \, dz = 0.$$

したがって，h に偏角の原理を適用すれば

$$N(h, G, 0) - N(h, G, \infty) = 0$$

となるが，容易に分かるように

$$N(h, G, 0) - N(h, G, \infty) = N(f+g, G, 0) - N(g, G, 0)$$

だから[21]，期待された結果が得られた． (証明終)

例題 9.4 ━━━━━━━━━━━━ 代数学の基本定理の別証明 ━

複素数を係数とする N 次代数方程式は (重複するものは繰り返し数えるとき) ちょうど N 個の解をもつことを示せ．

[解答] $N \geq 1$ として，N 次代数方程式

$$P(z) := a_N z^N + a_{N-1} z^{N-1} + \cdots + a_1 z + a_0 = 0, \qquad a_n \in \mathbb{C}, \, a_N \neq 0$$

を考える．容易に分かるように

$$\lim_{z \to \infty} \frac{a_{N-1} z^{N-1} + \cdots + a_1 z + a_0}{a_N z^N} = 0$$

であるから，十分大きな正数 R については

---

[21] $f+g$ と g とには共通の零点があるかもしれないが，それらを別々に数えてその差をとれば，関数 $(f+g)/g$ の分母分子の共通零点の個数は無視されるから，最終的に $(f+g)/g$ の零点の個数から極の個数を引いたものに等しい．

9.3 偏角の原理

$$\left|\frac{a_{N-1}z^{N-1}+\cdots+a_1z+a_0}{a_Nz^N}\right|<1, \qquad |z|\geq R$$

が成り立つ．したがって，与えられた方程式は $\{|z|\geq R\}$ に解をもたない．特に

$$\left|-\left(a_{N-1}z^{N-1}+\cdots+a_1z+a_0\right)\right|<|a_Nz^N|, \qquad |z|=R$$

であるから，ルーシェの定理によって 2 つの方程式

$$P(z)=0 \quad \text{および} \quad a_Nz^N=0$$

は開円板 $\mathbb{D}(0,R)$ 内に同数の解をもつ．すなわち方程式 $P(z)=0$ は開円板 $\mathbb{D}(0,R)$ 内に N 個の解をもつ． ▨

次の定理は，有理関数を 2 つの多項式の商として書き表し代数学の基本定理を用いれば容易に示されるが，偏角の原理と定理 7.2 との直接的な帰結でもある．

> **定理 9.8** 有理関数は $\hat{\mathbb{C}}$ から $\hat{\mathbb{C}}$ への写像であるが，それは (∞ も含めた) すべての値を同数回取る．

偏角の原理やルーシェの定理の適用範囲は代数的な方程式に限らない．たとえば

> **例題 9.5** ─── 超越方程式 $e^z - ze^\lambda = 0$ の解の個数 ───
> 実数 $\lambda > 1$ に対して，超越方程式
> $$e^z - ze^\lambda = 0$$
> は単位円板 $\mathbb{D}$ 内に唯 1 つの解をもち，その解は実数であることを示せ．

解答 単位円周 $|z|=1$ の上では
$$|ze^\lambda|=|e^\lambda|>e=e^{|z|}\geq|e^z|$$
が成り立つから，ルーシェの定理によって 2 つの方程式
$$e^z-ze^\lambda=0, \qquad ze^\lambda=0$$
は単位円板内に同数個の解をもつ．したがって，与えられた方程式は単位円板内に唯 1 つの解をもつ．$\lambda\in\mathbb{R}$ であるから，与えられた方程式の解 $\zeta\in\mathbb{D}$ について

$$\bar{\zeta} = \overline{e^{\zeta-\lambda}} = e^{\bar{\zeta}-\lambda}$$

だから $\bar\zeta$ もまた解となり，解の一意性によって ζ は実数である[22]．

9.4 調和関数の等高線

有理型関数 $w = f(z)$ が局所的にどのような対応を与えるかを調べ，完全流体力学における等ポテンシャル線や流線，静電場における電気力線，あるいは熱伝導現象における等温線などが，限られた例外点を除けば滑らかな曲線であることを確かめる．この目的のためには，有理型関数のかわりに正則関数の有限な点の近くでの挙動を調べれば十分である．実際，無限遠点で正則な関数についてはいつものように変換 $z \mapsto 1/z$ を経由することによって原点の近くで調べればよいし，有限な極に対しては関数 $1/f(z)$ を考えればよい．無限遠点で極を持つ場合には $1/f(1/z)$ を考えればよい．

私たちの目的のために，まず，それ自身においても非常に重要な次の定理を証明する．

定理 9.9 (一価性の定理) 凸領域 G で正則な関数 f が，G 上で値 0 を決してとらないならば，関数

$$F(z) := \log f(z), \qquad z \in G$$

が (G 上 1 価な関数として) 定義され，G 上で正則である．

証明 定理の仮定によって

$$\varphi(z) := \frac{f'(z)}{f(z)}$$

は G 上で正則な関数であり，したがってコーシーの積分定理により G 内の任意の閉折れ線 P に対して

$$\int_P \varphi(z)\,dz = 0$$

が成り立つ．よって，φ の G における原始関数 Φ が見つかる．任意に指定された点 $z_0 \in G$ において $\Phi(z_0) = 0$ が成り立っているとしてよい．このとき

---

[22] この例題の解答では，これまでに示した次の性質が用いられている： 任意の複素数 z に対して $\overline{e^z} = e^{\bar z}$ および $e^{|z|} \geq |e^z|$ が成り立つ．104 ページの演習問題 V, 6 を参照．

9.4 調和関数の等高線

$$\frac{d}{dz}\left[f(z)e^{-\Phi(z)}\right] = \left[f'(z) - f(z)\Phi'(z)\right]e^{-\Phi(z)} = 0$$

だから，G 上で

$$f(z)e^{-\Phi(z)} = \text{const.}$$

であることが分かるが，点 z_0 での値を調べることによってこの定数が $f(z_0)$ に等しいことを知る．よって

$$f(z)e^{-\Phi(z)} = f(z_0) \quad \text{すなわち} \quad f(z) = f(z_0)e^{\Phi(z)}$$

仮定によって $f(z_0) \neq 0$ だから，適当に選ばれた $\log f(z_0)$ の値を用いて

$$F(z) := \Phi(z) + \log f(z_0)$$

を定めると，これは明らかに G 上で 1 価な正則関数であり，さらに

$$e^{F(z)} = e^{\Phi(z) + \log f(z_0)} = f(z_0)e^{\Phi(z)} = f(z)$$

を満たすから，F は確かに求める関数 [の 1 つ] である． (証明終)

系 凸領域 G で正則な関数 f が，G 上で値 0 を決してとらないならば，関数

$$F(z) := \sqrt[\mu]{f(z)}, \qquad z \in G$$

が (G 上 1 価な関数として) 定義され，G 上で正則である ($\mu \in \mathbb{N}$)．

一価性の定理のお蔭で次の定理が証明できる．

定理 9.10 平面領域 G で正則な非定数関数 f が G の 1 点 z_0 で $\mu \,(\geq 1)$ 位の w_0-点をもつとする．このとき，z_0 の適当な近傍 U と w_0 の適当な近傍 V とをうまく選んで，U と V とが μ 対 1 に対応するようにできる．しかも，(中心点では重複度を数えて μ 対 1 であるが) $V \setminus \{w_0\}$ の各点には $U \setminus \{z_0\}$ の異なる μ 個の点が対応するようにできる．

証明 $\mu > 1$ の場合だけ考えれば十分である．関数 f は，閉円板 $\overline{\mathbb{D}(z_0, \rho)}$ で正則かつ 0 にならない関数 f_μ を用いて

$$f(z) = w_0 + (z - z_0)^\mu f_\mu(z), \quad z \in \overline{\mathbb{D}(z_0, \rho)}$$

と表示される．一価性の定理によって

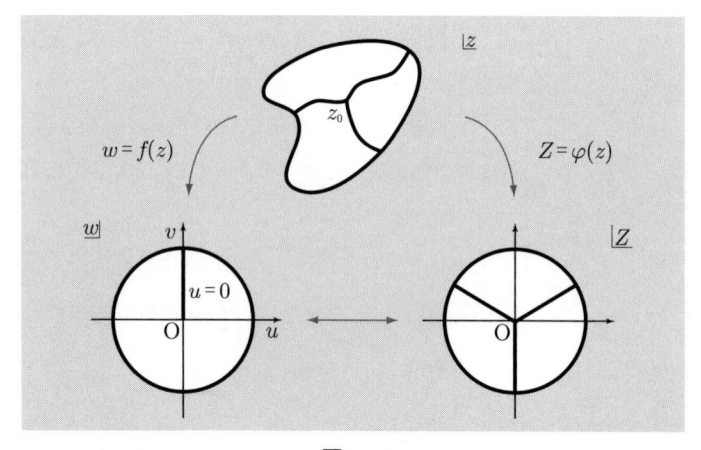

図 9.2

$$g(z) := f_\mu(z)^{\frac{1}{\mu}}, \qquad z \in \overline{\mathbb{D}(z_0, \rho)}$$

が (1 価正則な関数として) 定義される．さらに，

$$Z := \varphi(z) = (z - z_0)g(z), \qquad z \in \overline{\mathbb{D}(z_0, \rho)}$$

とすれば，容易に確かめられるように $\varphi'(z_0) \neq 0$ であるから，関数 φ は $Z = 0$ を中心とするある開円板 $\mathbb{D}(0, \eta)$ と $z = z_0$ のある近傍 U との間の 1 対 1 対応を与える．

一方で，関数

$$w = w_0 + Z^\mu$$

は $\mathbb{D}(0, \eta)$ と w_0 を中心とするある開円板 $\mathbb{D}(w_0, \delta)$ との間の正確な μ 対 1 の対応を与えるから，関数 $z \mapsto w = f(z)$ は U から $V := \mathbb{D}(w_0, \delta)$ の上への μ 対 1 の写像である． (証明終)

特に，ベクトル解析などで直観的に承認されることの多い次の結果が厳密に示される．

定理 9.11 領域 G で調和な関数 u と実数 c に対して，集合

$$\Gamma_c := \{z \in G \mid u(z) = c\}$$

は，(空ではない限り) G の内部の孤立するいくつかの点を除けば，局所的には単純な曲線である．

[証明] 領域 G で調和な関数 u と点 $z_0 \in G$ があるとする．点 z_0 の近くで u の共役調和関数 v を見つけて正則関数 $f := u + iv$ ができる．今 $f'(z_0) \neq 0$ であるとする．既に見たように，G 上の点でこれを満たさないものは孤立している．陰関数定理によって f は z_0 の近くで 1 対 1 の対応を与える．f の逆関数を g と書くと，集合 $\varGamma_c$ は曲線 $u = c$ の g による像として得られる単純な曲線である． (証明終)

曲線 $\varGamma_c$ を u の**等高線**と呼ぶ．この曲線の径数表示に用いられる関数は正則関数の実軸上の区間への制限である．このような曲線を**解析曲線**と呼ぶ．すなわち定数ではない調和関数の等高線は，いくつかの例外点を除けば，解析曲線である．

$f'(z_0) \neq 0$ である点 z_0 の近くでは，f の実部 u，虚部 v のそれぞれの等高線が考えられるが，コーシー–リーマンの微分方程式 $u_x = v_y, u_y = -v_x$ によって，これらの等高線は互いに直交することが分かる．この事実は正則関数の等角性の反映である．

注意 例外点 z_0 は f の $\mu(\geq 1)$ 位の w_0 一点である．このような点 z_0 では u の μ 本の等高線が集まり，隣りあう 2 つの等高線が z_0 でなす角は $2\pi/\mu$ である．

演習問題 IX

1. 有理関数 $w = z - 1/z$ によって z 平面上の円周 $C_\rho := \{z \mid |z| = \rho\}$ および半直線 $L_\varphi := \{z \mid \arg z = \varphi\}$ は w 平面上のどのような集合に写されるか ($\rho > 0, 2\pi > \varphi \geq 0$)．像の概略を図示せよ．またそれらの間にはどのような幾何学的関係があるか．

2. 関数 $f(z) := (z^2 + 2)^{-1}(z^2 - 5)^{-2}$ について，
   (1) 上半平面 $\{z \in \mathbb{C} \mid \operatorname{Im} z > 0\}$ における f の特異点をすべて求めよ．
   (2) (1) で求めた特異点の各々のまわりでの，f のローラン展開の主要部を求めよ．

3. 領域 G で非定数調和関数の等高線が (例外点を合わせた形で) 単純閉曲線を描けば，その内部には G に属さない点がある．これを示せ．

4. 次の関数の指定された点におけるローラン展開を求めよ．
$$\tan z \ \left(z = \frac{\pi}{2}\right), \qquad \frac{1}{z^2 + 1} \ (z = i), \qquad \sin z \ (z = \infty).$$

5. 関数 $\exp\left(\dfrac{1}{1-z}\right)$ の点 $z = 1$ および無限遠点のまわりでのローラン展開を求めよ．

6 閉単位円板 $\overline{\mathbb{D}}$ で調和な関数は，定数関数ではない限り，その最大値を単位円周 C 上でしかとらないことを示せ．最小値についてはどうか．

7 方程式 $z^3 + 3z^2 - z + 1 = 0$ が右半平面内にもつ解の個数を調べよ．

8 方程式 $z^9 - 2z^6 + z^2 - 8z - 3 = 0$ が $\mathbb{D}$ 内にもつ解の個数を調べよ．

9 方程式 $z^3 - 2z^2 - z - 2 = 0$ が右半平面内にもつ解の個数を調べよ．

10 方程式 $z^3 - iz^2 - 2i = 0$ が $\mathbb{D}(0, 2)$ 内にもつ解の個数を調べよ．

11 方程式 $z^3 - 4z^2 + 2z - 1 = 0$ が右半平面内にもつ解の個数を調べよ．

12 方程式 $z^4 - 6z + 1 = 0$ が円環領域 $\mathbb{A}(0; 1, 2)$ 内にもつ解の個数を調べよ．

13 方程式 $2z^5 - z^3 + 3z^2 - z + 9 = 0$ が $\mathbb{D}$ 内にもつ解の個数を調べよ．

14 方程式 $z^3 + 2z^2 + 2z + 2 = 0$ が右半平面内にもつ解の個数を調べよ．

15 方程式 $z^4 - 3z^3 + 3z^2 - z + 1 = 0$ が各象限においてもつ解の個数を調べよ．

16 超越方程式 $e^z - az^n = 0$ が $\mathbb{D}(0, R)$ 内にもつ解の個数を調べよ．ただし，$e^R/R^n < |a|$．

17 方程式 $z^4 + 2z^3 + 3z^2 + z + 2 = 0$ が第 1 象限においてもつ解の個数を調べよ．

18 右半平面における方程式 $z^6 + z^5 + 6z^4 + 5z^3 + 8z^2 + 4z + 1 = 0$ の解の個数を調べよ．

19 共通の零点をもたない (退化しない) 多項式 P, Q を用いて $R := P/Q$ と表された有理関数 R は，$\hat{\mathbb{C}}$ の任意の値を $\max(\deg P, \deg Q)$ 回とることを示せ．

20 関数 $z \mapsto z^3$ の実部および虚部の等高線を描け．

21 関数
$$u(x,y) = \frac{x}{x^2 + y^2}$$
の等高線を描け．

22 $a \in \mathbb{C}$ とするとき，関数
$$u(x,y) = \log\left|\frac{z-a}{1-\bar{a}z}\right|$$
が調和な関数である範囲を明らかにし，その等高線を描け．

23 関数
$$z \mapsto \log\left|\frac{z-a}{z+a}\right|$$
の等高線の概略を描け $(a \in \mathbb{C}^*)$．

24 関数 $z \mapsto \log|\sin z|$ の等高線の概略を描け．

25 関数 $z \mapsto \log|(z-a)(z+a)|$ の等高線の概略を描け $(a \in \mathbb{C}^*)$．

第10章

正則関数の応用

10.1 正則関数と流体力学

調和関数は——特に2次元の場合にはその共役調和関数と併せて——さまざまな物理現象に共通した性質を記述する．このことは正則関数が2次元の物理現象のいくつかを描写するのにきわめて有効であることを示している．まず典型的な例として，平面上の完全流体の流れについて考察する．以下では流体は縮まない（密度一定）と仮定する．したがって流体の量を測るのに質量に代えて体積を用いることができる[1]．

$z(=x+iy)$ 平面の領域 G とその上の非定数正則関数 $f(z)=u(x,y)+iv(x,y)$ から出発する[2]．z 平面は正規直交基底 $\boldsymbol{i},\boldsymbol{j},\boldsymbol{k}$ をもつ3次元ユークリッド空間 $\mathbb{R}^3$ の中に，点 $z=x+iy$ が $x\boldsymbol{i}+y\boldsymbol{j}+0\boldsymbol{k}$ に対応するように，埋め込まれているとする．

このとき，$\boldsymbol{v}(x,y):=\operatorname{grad} u=u_x(x,y)\boldsymbol{i}+u_y(x,y)\boldsymbol{j}$ は G 上の (C^1 級の) **ベクトル場**を定めるが，$\boldsymbol{v}(x,y)$ を点 (x,y) における**速度ベクトル**と考えれば G 上の**流れ**を表す．この流れは**定常的**である；すなわち $\boldsymbol{v}$ は時間の変数を含まない．コーシー-リーマンの微分方程式によって正則関数 f の導関数 f' は

$$f'(z)=u_x(x,y)-iu_y(x,y)$$

と書けるから，$\overline{f'(z)}$ は速度ベクトルの複素表示であり[3]，$f'(z_0)=0$ を満たす

---

[1] 密度がいたるところで 1 であると正規化されたと考えても良い．

[2] このような出発の仕方は，本書でこれまで学んできた内容に立脚してなるべく手短に応用を考えようとの意図からのもので，物理的に完全に一般なものというわけではない．現象から抽象化して数学化する方法については「関数論講義」の最終章を参照されたい．

[3] ここで複素共役を考えねばならないことに注意．導関数 f' 自身は**複素速度**と呼ばれる．

点 z_0 は速度 $\boldsymbol{v}$ が $\boldsymbol{O}$ になる点にほかならない．このような点 z_0 を**淀み点**と呼ぶ．定理 8.10 によって，(f が定数でない限り) 淀み点は G の中で孤立する．

ベクトル場 $G \ni (x,y) \mapsto \boldsymbol{v}(x,y)$ はいわゆる**保存的な**ベクトル場であるが，速度ベクトルの積分である (ポテンシャル) 関数 u は特に**速度ポテンシャル**，また u の等高線は**等ポテンシャル線**と呼ばれる．等ポテンシャル線が淀み点を除けば[4]いつでも単純な解析曲線として現れることは 9.4 節で見た通りである．既に見たように $\overline{(f')} = u_x + iu_y$ は速度ベクトル $\boldsymbol{v}$ の複素表示であるから，正則関数 f は**複素 [速度] ポテンシャル**と呼ばれる．

ここで考えた流れは，G の中に湧き出しも吸い込みももたず，さらに渦もない．実際，u の調和性および偏微分操作の順序交換によって，

$$\mathrm{div}\,\boldsymbol{v} = (u_x)_x + (u_y)_y = \Delta u = 0,$$
$$\mathrm{rot}\,\boldsymbol{v} = ((u_y)_x - (u_x)_y)\boldsymbol{k} = \boldsymbol{O}$$

が G の各点において成り立つ．

関数 f の虚部 (あるいは u の共役調和関数) v の物理的意味を探るために，v についても等高線を考える．9.4 節で見たように，淀み点でない点では調和関数 u, v のそれぞれの等高線は互いに直交する．すなわち，これらの等高線の点 $(x,y) \in G$ での単位接ベクトルをそれぞれ $\boldsymbol{t}^u(x,y)$, $\boldsymbol{t}^v(x,y)$ で表せば[5]，

$$\boldsymbol{t}^u(x,y) \perp \boldsymbol{t}^v(x,y)$$

と表される．一方，等ポテンシャル線に沿っては $u_x\,dx + u_y\,dy = du = 0$ であるから

$$\boldsymbol{v}(x,y) \perp \boldsymbol{t}^u(x,y).$$

したがって，

$$\boldsymbol{v}(x,y) \parallel \boldsymbol{t}^v(x,y)$$

を得るが，これは速度ベクトルが v の等高線に沿っていることを，つまり，流体は v の等高線に沿って流れていることを示している．この理由から，v の等高線を**流線**，また関数 v を**流れ関数**と呼ぶ．

---

[4] 淀み点では単純な弧ではなくいくつかの等ポテンシャル線が集まった状態が起こる．
[5] 曲線の向きはここでは適当につけておいてよい．後では向き付けが必要になる．

10.1 正則関数と流体力学

流線は時間を径数として $x = \xi(t), y = \eta(t)$ と記述されていると考えることができる．このとき，速度の定義から

$$\frac{d\xi}{dt} = u_x(\xi(t), \eta(t)), \qquad \frac{d\eta}{dt} = u_y(\xi(t), \eta(t))$$

であることに注意しよう．ある時刻 t_0 における点 (x_0, y_0) から別の時刻 t_1 における点 (x_1, y_1) まで進むのに要する時間 $t_1 - t_0$ が正であったとすれば，これら 2 点の速度ポテンシャルの差は

$$u(x_1, y_1) - u(x_0, y_0) = \int_{t_0}^{t_1} \frac{du}{dt} dt$$

$$= \int_{t_0}^{t_1} \left(\frac{\partial u}{\partial x} \frac{d\xi}{dt} + \frac{\partial u}{\partial y} \frac{d\eta}{dt} \right) dt = \int_{t_0}^{t_1} (u_x^2 + u_y^2) dt > 0$$

であるから，流体は "速度ポテンシャルが増加する方向に" 流れる[6]．

以上の考察から，標語的にいうならば，正則関数はその定義域内で完全流体の「渦なし，湧き出し・吸い込みなし」の流れを記述する．

例題 10.1 ─────────────── 平面一様流 ─

関数 $f(z) = cz \, (c \in \mathbb{C}^*)$ を複素速度ポテンシャルとする流れを調べよ．

[解答] この関数の表す流れは速度が一定 $\operatorname{Re} ci - \operatorname{Im} cj$ で，一様流と呼ばれている．流線は互いに平行な直線である．この流れの中に淀み点はない．

図 10.1

例題 10.2 ─────────────── カドをまわる流れ (1) ─

関数 $f(z) = z^2$ を複素速度ポテンシャルとする流れを調べよ．

[解答] $f'(0) = 0$ だから，原点は淀み点である．$f(x+iy) = (x^2 - y^2) + 2ixy$ であるから，等ポテンシャル線は直角双曲線 $x^2 - y^2 = \pm a^2 \, (a \geq 0)$，流線は直角双曲線 $xy = \pm b^2 \, (b \geq 0)$ である．これらが互いに直交する曲線の族であることは容易に見て

---

[6] 物理的直観とは向きが逆であることに注意．

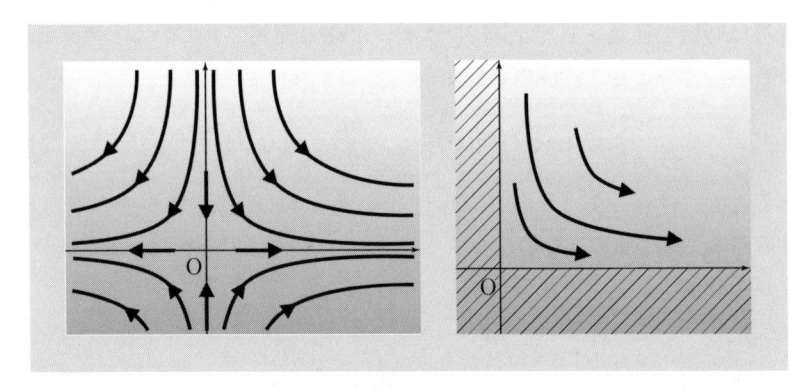

図 10.2

取れる．物理的な解釈の 1 つは，"北方無限の彼方 $(x=0, y=+\infty)$ から南下する (y が減少するような) 流れと南方無限の彼方 $(x=0, y=-\infty)$ から北上する (y が増加するような) 流れとが淀み点である原点でぶつかって東西 $(x=\pm\infty, y=0)$ に分かれる流れ"であり，他の解釈は"直角に曲がる壁に沿う (第 1 象限内の) 流れ"である．

例題 10.3 ──────────────────── カドをまわる流れ (2) ──

関数 $f(z) = z^3$ を複素速度ポテンシャルとする流れを調べよ．

(解答) 前例題と同様に原点は淀み点である．等ポテンシャル線や流線を見るためには直交座標を使うよりも極座標を用いる方が都合がよい．$z = re^{i\theta}$ と書くと $f(z) = r^3(\cos 3\theta + i\sin 3\theta)$ であるから，6 本の半直線 $\theta = \pm\pi/6 + 2m\pi/3$ (m：整数) はすべて等ポテンシャル線である．同様に，6 本の半直線 $\theta = m\pi/3$ (m：整数) はすべて流線である；流体は，これら 6 本の流線のうち 3 本に沿っては原点に向かって流れ，残る 3 本に沿っては原点とは逆の方向に流れる．他の流線を描けば図のようになることは容易に確かめられる．この場合にも前例題と同じく少なくとも 2 つの解釈が可能である．

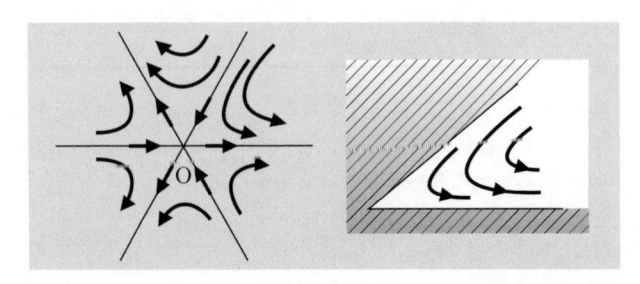

図 10.3

10.2 孤立特異点の物理的意味

正則性の崩れる点がもつ物理的な意味を調べるために，いくつかの簡単な場合を考察する．一般の場合はこれらの基本的な流れの重ね合わせによって理解される．

例題 10.4 ───────── 湧き出しと吸い込み ─

関数 $f(z) = \log z$ を複素速度ポテンシャルとする流れを調べよ．

[解答] この関数は原点のまわりで多価な関数であったが，その導関数

$$f'(z) = \frac{1}{z} = \frac{x}{x^2+y^2} - i\frac{y}{x^2+y^2}$$

は 1 価である[7]．すなわち速度ベクトル $\boldsymbol{v}$ は極座標を用いれば

$$\boldsymbol{v}(x,y) = \frac{x}{x^2+y^2}\boldsymbol{i} + \frac{y}{x^2+y^2}\boldsymbol{j} = \frac{\cos\theta}{r}\boldsymbol{i} + \frac{\sin\theta}{r}\boldsymbol{j}$$

と書ける．これは原点から放射状に遠ざかる流れである[8]．すなわち，この関数の表す流れは原点での**湧き出し**である．明らかに，関数 $-\log z$ は原点における**吸い込み**を記述する．

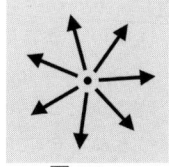

図 10.4

実数 m を係数とする関数 $m \log z$ は，m の正負にしたがって，**強さ** $|m|$ の湧き出しあるいは吸い込みと呼ばれる． ▨

例題 10.5 ───────── 湧き出し・吸い込みと流速 ─

原点における強さ $m\,(>0)$ の湧き出しが単位時間内に生み出す流体の量 (体積) を求めよ．

[解答] 前例題で見たことから，複素速度ポテンシャル

$$f(z) = m \log z$$

を考えればよい．単位時間内に流れ出る流体の体積は原点をまわる閉曲線 —— 例えば十分小さな $\rho\,(>0)$ を半径とし反時計回りにまわる円周 $C(0,\rho)$ —— に沿う線積分

---

[7] f が G 全体で 1 価ではなくても，前節の議論は局所的にそのまま成り立つ．
[8] 遠ざかるにつれて**速さ** $\|\boldsymbol{v}\|$ は小さくなってゆく．

$$\int_{C(0,\rho)} \boldsymbol{v}\cdot\boldsymbol{n}\,ds$$

によって与えられる[9]．ここで，$\boldsymbol{n}$ は境界の外向き単位法線ベクトル，ds は境界の線素，また $\boldsymbol{v}\cdot\boldsymbol{n}$ は $\boldsymbol{v}$ と $\boldsymbol{n}$ の内積を表す．この積分は

$$\int_{C(0,\rho)} -u_y\,dx + u_x\,dy = \operatorname{Im}\int_{C(0,\rho)} f'(z)\,dz = \operatorname{Im}\int_{C(0,\rho)} \frac{m\,dz}{z} = 2\pi m$$

に等しい．すなわち，単位時間あたりの流出量は $2\pi m$ である． ▨

量 $2\pi m$ は $C(0,\rho)$ を横切る**流束**あるいは**フラックス**と呼ばれる．コーシーの積分定理は，流束が半径 ρ の取り方には依らない値であることを保障する．

例題 10.6 ───────────────────────── 渦 ─

関数 $f(z) = i\kappa\log z$ を複素速度ポテンシャルとする流れを調べよ（$\kappa\in\mathbb{R}$）．

[解答] 数学的にはこの関数と例題 10.4 で考察した関数の差はないように見える[10]．しかし今回の流れ関数は $\operatorname{Im}[i\kappa\log z] = \kappa\log|z|$ であるから，同心円 $|z| = \mathrm{const.}$ は流線である．すなわち，関数 $i\kappa\log z$ の表す流れは原点における**渦**である．等ポテンシャル線は $\operatorname{Re}[i\kappa\log z] = -\kappa\arg z$ であるから，この渦は，$\kappa > 0$ のとき時計回りに，また $\kappa < 0$ のとき反時計回りに，起こっている． ▨

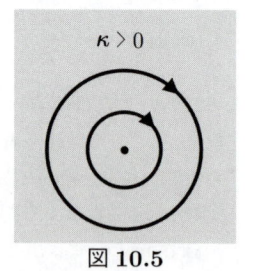

図 10.5

例題 10.7 ─────────────────── 渦と循環 ─

原点における渦 $f(z) = i\kappa\log z\ (\kappa > 0)$ があるとき，単位時間内に原点を反時計回りにまわって運ばれる流体の量（体積）を求めよ．

[解答] 円周 $C(0,\rho)$ の境界の単位接ベクトルを $\boldsymbol{t}$ と書いて例題 10.5 と同様にすれば，求める体積は

---

[9] 60 ページの注意参照．実際には，積分路は原点を 1 回まわる単純閉曲線ならばよくて円周である必要はない．
[10] 数学的には湧き出しや吸い込みと渦とを区別しにくい；単に虚数単位 i をかけたり i で割ったりすることによって一方から他方へ移り得る．

10.2 孤立特異点の物理的意味

$$\int_{C(0,\rho)} \boldsymbol{v}\cdot\boldsymbol{t}\,ds = \int_{C(0,\rho)} u_x\,dx + u_y\,dy = \operatorname{Re}\int_{C(0,\rho)} f'(z)\,dz$$
$$= \operatorname{Re}\int_{C(0,\rho)} \frac{i\kappa dz}{z} = -2\pi\kappa$$

である.

量 $-2\pi\kappa$ を原点のまわりの**循環**と呼ぶ. また, κ を渦の**強さ**と呼ぶことがある.

例題 10.8 ――――――――――――――――――― **2 重湧き出し**

関数 $f(z) = \dfrac{1}{z}$ を複素速度ポテンシャルとする流れを調べよ.

[解答] 速度ポテンシャルは

$$\operatorname{Re}\frac{1}{z} = \frac{x}{x^2+y^2}$$

であるから, 等ポテンシャル線は k を実定数として

$$\frac{x}{x^2+y^2} = k$$

で与えられるが, これは y 軸 ($k=0$ のとき) および x 軸上に中心をもち y 軸に接する円周 ($k\neq 0$ のとき) を表す. 同様に流線は x 軸および x 軸に接する円周を表す (図 10.6). すなわち流体は原点から出て原点に流れ入る. この流れは原点における **2 重湧き出し**と呼ばれる.

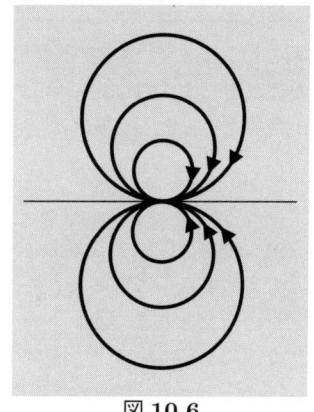

図 10.6

注意 一方で $(\log z)' = 1/z$ であり, 他方では 2 重湧き出しは湧き出しと吸い込みが限りなく近づいた状態である. このことは 2 点 $-a, a\,(a>0)$ にそれぞれ強さが $1/(2a)$ の湧き出し, 吸い込みをもつ 2 つの流れ

$$\frac{1}{2a}\log(z+a) \quad \text{と} \quad -\frac{1}{2a}\log(z-a)$$

を重ね合わせて, さらに $a\to 0$ としたときの状態

$$\lim_{a\to 0}\frac{\log(z+a) - \log(z-a)}{2a} = \frac{1}{z}$$

を考えることによって理解される. 2 重湧き出しという名称の謂われも了解されるであろう. 単独の湧き出しや吸い込みの場合と違って, 2 重湧き出しにおいては係数とし

て複素数を許すことも可能である．例えば，複素数 μ に対して，μ/z は原点から $-\mu$ 方向に出てその反対の方向から原点に戻ってくる 2 重湧き出しを表す．$-\mu$ の表す方向をこの 2 重湧き出しの**軸**と呼ぶ[11]．

互いに逆向きにまわる 1 対の渦の接近によっても似たようなことが起こる．生じた 2 重湧き出しの軸の方向が 90° 変わるだけである．

多重湧き出しも同様に定義される．それは関数 $z^{-3}, z^{-4}, \ldots$ などで記述される．

例題 10.9 ────────────────────一様な流れの中の静止円板─

ジューコフスキー変換
$$w = z + 1/z$$
のもつ流体力学的意味を明らかにせよ．

[解答] これは 2 つの流れ (一様流 z と 2 重湧き出し $1/z$) の重ねあわせによって得られた流れを表す．$dw/dz = 0$ は点 $z = \pm 1$ においてのみ起こるから，淀み点はこれらの 2 点だけである．流線は

$$y - \frac{y}{x^2 + y^2} = \text{const.}$$

で与えられる；特に x 軸 $(y=0)$ や単位円周 $x^2 + y^2 = 1$ は流線である．その他の代表的な流線は図のようであるが，このことから，単位円板の内外に独立な流れがあると考えても良いことが分かる．ジューコフスキー変換が表すものは，このように静止した円板をとりまく流れと考えることもできるが，また静止した流体の中で円板が一様な運動をしていると考えてもよい． ▨

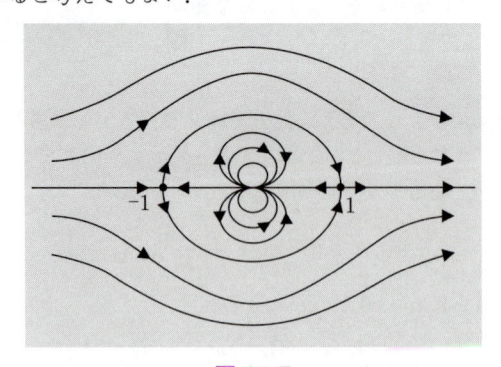

図 10.7

---

[11] ここで μ に符号 (−) がつくのは直観にそぐわないが，これはポテンシャルの符号が数学と物理学とでは異なるためである．

10.2 孤立特異点の物理的意味

> **例題 10.10** ──────────────── 留数定理の流体力学的解釈 ─
> 留数定理を流体力学的に解釈せよ．

解答 簡単のために有限な (すなわち無限遠点を含まない) 領域だけを考える．コーシー領域 G において有限個の孤立特異点を除けば正則な関数 $f(z) = u(x,y) + iv(x,y)$ を複素速度ポテンシャルとする流れを考える．これまでの考察から，点 a で 0 でない留数が生じるのは，a に湧きだしあるいは吸い込みがあるか，あるいは a をまわる渦があるときだけである．2 重湧き出しやそのほか一般の多重湧き出しからは (0 でない) 留数が生じることはない；それらの点は同じ強さの湧き出しや吸い込みが，あるいは逆向きにまわる 2 つの渦が，対になって無限に近づいた状態を表すから，留数は打ち消される．

したがって，例題 10.5 で得たことを考慮すれば，G における湧き出し・吸い込みの (符号付きの) 強さの総和の 2π 倍は G の境界を越えて運ばれる流体の量 (体積)

$$\int_{\partial G} -u_y\,dx + u_x\,dy = \operatorname{Im} \int_{\partial G} f'(z)\,dz$$

に，また，例題 10.7 で得たことから，G における渦の強さの総和の -2π 倍は G の境界に沿って運ばれる流体の量 (体積)

$$\int_{\partial G} u_x\,dx + u_y\,dy = \operatorname{Re} \int_{\partial G} f'(z)\,dz$$

に，それぞれ等しい．

したがって，

$$\text{(湧き出し・吸い込みの強さの総和)} + i\,\text{(渦の強さの総和)}$$
$$= \frac{1}{2\pi}\left(\operatorname{Im}\int_{\partial G} f'(z)\,dz - i\operatorname{Re}\int_{\partial G} f'(z)\,dz\right) = \frac{1}{2\pi i}\int_{\partial G} f'(z)\,dz.$$

ところが，G の点 a における f' の留数は f' のローラン展開の主要部のうち $1/(z-a)$ の係数であって，これは上の状況でいえば，$m + i\kappa$ に相当する．よって，

$$2\pi i \sum_{a \in G} \operatorname*{Res}_{a} f' = \int_{\partial G} f'(z)\,dz.\qquad\blacksquare$$

注意 上の証明は留数定理が特別な関数 f' に対して示されただけであって，一般の関数について考えたわけではないように見える．任意の正則関数 h から出発して上の結果を使おうとすればいったん h の原始関数を考えることになるが，定理 6.5 や定理 6.6 などにおいて見たように，原始関数の存在は数学的には決して自明ではない．しかし h に対応する速度ベクトル場を考えれば，湧き出し・吸い込みや渦など，あるいはそ

れらの強さなどは意味をもち，上で行った議論を丁寧に —— まず局所的に考察した上で領域全体を考えて —— 用いれば，h に対する留数定理が示される．

航空機の翼の断面は，ここに述べたような正則関数の流体力学への応用として，理論的に基礎づけられるが，ここでは深く立ち入るだけの紙数がない．

10.3 そのほかの物理現象

正則関数は，完全流体の力学だけではなく，静電場や熱伝導現象なども記述することができる．例えば，これまで速度ベクトル場として捉えてきた導関数 f' を**静電場**とみれば，等ポテンシャル線は**等電位線**と呼ばれ，流線に対応して**電気力線**が考えられる．流束に対応する概念は**電束**である．

$G := \mathbb{C} \setminus \{\zeta_1, \zeta_2, \cdots, \zeta_r\}$ 上の (多価) 正則関数

$$f(z) := \sum_{k=1}^{r} m_k \log(z - \zeta_k)$$

の導関数 $f'(z) = \sum_{k=1}^{r} \dfrac{m_k}{z - \zeta_k}$ は G 上の一価正則関数であって，

$$\overline{f'(z)} = \sum_{k=1}^{r} \frac{m_k}{\bar{z} - \bar{\zeta}_k} = \sum_{k=1}^{r} m_k \frac{z - \zeta_k}{|z - \zeta_k|^2} = \sum_{k=1}^{r} \frac{m_k}{|z - \zeta_k|} \cdot \frac{z - \zeta_k}{|z - \zeta_k|}$$

と書き直せる．ところで，各 k について

$$\frac{m_k}{|z - \zeta_k|} \cdot \frac{z - \zeta_k}{|z - \zeta_k|}$$

は，点 ζ_k から点 z に向かう単位ベクトルを表す $(z-\zeta_k)/|z-\zeta_k|$ を $m_k/|z-\zeta_k|$ 倍したものである．これは点 z が距離に反比例した力を点 ζ_k に置かれた大きさ m_k の電荷から受けることを示している．それらの合力として点 z がこの場において受ける力が決定される．流体力学で淀み点と呼ばれた f' の零点は**平衡点**などと呼ばれる．

熱伝導現象の場合にも同様な議論ができるが，静電場に対するときのように言葉づかいについては細かい部分で対象に応じた変更が加えられる．たとえば，等ポテンシャル線は**等温線**と呼ばれる．しかし詳細は紙数の都合もあるので割愛する．

演習問題 X

1. 正則関数の実部が定数であればその正則関数自身が定数であることを流体力学的に説明せよ.
2. リューヴィルの定理の流体力学的な解釈を与えよ.
3. 関数
$$f(z) = \left(z + \frac{1}{z}\right)^3$$
を複素速度ポテンシャルとする流れを解説せよ.
4. 正の数 a, m に対して,
$$f_{a,m}(z) = m \log \frac{z+a}{z-a}$$
を複素速度ポテンシャルとする流れの流線の概略を描け.
5. 平面上の相異なる 3 点 $\zeta_1, \zeta_2, \zeta_3$ のそれぞれに電荷 $+1$ をおくとき, これらの点から受ける力の合力が 0 である点 z_0 を求め, それが $\zeta_1, \zeta_2, \zeta_3$ で作られる 3 角形の内部にあることを示せ.
6. 正の数 a, m に対して, 関数
$$f(z) = z + m \log \frac{z+a}{z-a}$$
を複素速度ポテンシャルとする流れの流線の概略を描け.
7. ジューコフスキー変換が与える単位円板の外部での等角写像と, この変換が持つ流体力学的な意味との関係を明らかにせよ.
8. 平面の一様流の中に置かれた静止楕円のまわりでの流れを記述する複素速度ポテンシャルを見い出せ.
9. 単位円板の外部において複素速度ポテンシャル
$$f(z) = z + \frac{1}{z} - ik \log z \qquad (k > 0)$$
をもつ流れの概況を述べよ.
10. 平面領域での理想流体の流れにおいて, 流線が閉曲線になることがあるか. そのようなことが起こらないならばその理由を述べ, あるとすればどのような場合かを例示せよ.
11. 関数 $z + \dfrac{1}{z} + ik \log z \, (k \in \mathbb{R})$ を複素速度ポテンシャルとする流れの流線の概略を描け.

付　録

I $w = \sqrt{\dfrac{z-1}{z+1}}$ のリーマン面を作る (例題 **5.4** および **5.7** 節を参照)

(1) このページを 2 枚拡大コピーして,
(2) 区間 $[-1, 1]$ にハサミを入れ,
(3) この線に沿って 2 枚を交叉させてつなぐ (実際には 1 枚を裏返してつなぐ).

II $w = \sin^{-1} z$ のリーマン面を構成する (**5.6** 節および **5.7** 節を参照)

(1) このページを無限枚 (!?) 拡大コピーして,
(2) それらすべてに, 区間 $(-\infty, -1], [1, +\infty)$ に沿う切り込みを入れ,
(3) 2 枚ずつ組にして, これらの区間のいずれか一方だけで交叉状につなぐ.

III $w = \log\dfrac{z-1}{z+1}$ のリーマン面を拵える (定理 **5.8** および **5.7** 節を参照)

(1) この紙を無限枚 (!?) 拡大コピーして,
(2) すべてに, 区間 $[-1, 1]$ に沿う切り込みを入れ,
(3) これらの切り込みに沿って次々とついでゆく (交叉はしない!).

索　引

あ　行

アーベルの収束定理　152
穴あき開円板　36
穴あき近傍　30
穴あき平面　36
位数　160, 173
1価関数　98
1対1　8
位置ベクトル　55
一様収束　145, 146, 149
一様絶対収束　151
一様流　193
一価性の定理　186
一致の定理　160
1点コンパクト化　5
ヴィルティンガーの微分法　71
上に有界　2
上への写像　41
渦　196
渦なし　61
円環 [領域]　178
円周　29
円板　29
円板の外部　36
オイラーの公式　89
帯状領域　101
折れ線　35

か　行

開円板　32, 36
開核　33
開弧　35
開集合　30
解析曲線　188

解析接続　161
外点　33
回転数　182
外部　33, 38
ガウスの定理　70, 162
ガウスの発散定理　60
ガウス平面　26
下界　2, 45
下極限　167
拡張された複素平面　77
角の大きさを保存する　14
下限　3
カゾラッティ-ワイエルシュトラスの定理　174
加法定理　94
関数項級数　149
関数列　146
完全　55
完備性　3
基本周期　91
逆　12
逆関数定理　19
逆関数の微分法　66
逆関数のリーマン面　97
逆3角関数　100
逆写像　46
逆正弦関数　101
境界　56
境界点　33
共役調和関数　80
共役複素数　26
極　173
極限関数　145

極限値　41
極限点　31
極座標表示　27, 93
局所的な一様収束　148
虚軸　26
虚数単位　22
虚部　26, 41
距離　20
近傍　30
空集合　30
区分的に滑らか　52
グラフ型領域　56
グリーン公式　60
径数　11
径数区間　11
径数変換　12
原始関数　108
弧　35
広義一様収束　146, 149
合成関数の微分法　65
恒等関数　42
項別微分　153
コーシー-アダマールの定理　166
コーシー-シュヴァルツの不等式　28
コーシーの係数評価式　158
コーシーの収束判定条件　151
(コーシーの) 主値積分　113
コーシーの積分公式　111
コーシーの積分定理　106

コーシー-リーマンの関係式　67
コーシー-リーマンの微分方程式　70
コーシー領域　59
弧状連結　36
弧長径数　13
弧長による線積分　47
孤立真性特異点　174
孤立点　34
孤立特異点　169
孤立特異点の分類　177
コンパクト　4
コンパクト化　4

さ　行

最小 [元]　2
最小値　45
最大 [元]　2
最大値　45
最大値原理　163
差集合　7
座標系に従属した折れ線　79
3角関数　93
3角形　35
3角形の内部　36
3角不等式　27
軸　198
次数　70
指数関数　90
下に有界　2
実軸　26
実数　22
実調和関数　82
実部　26, 41

索 引

始点　11
写像　8
シュヴァルツの定理　80
シュヴァルツ微分　84
周期　91
周期関数　91
集積点　33
収束　3, 6, 27, 31
収束円　152
収束半径　152
終点　11
主枝　95, 96
ジューコフスキー変換　85
主値　95
主要部　176
循環　197
純虚数　22
上界　2, 45
上極限　167
上限　3
上半平面　36
除去可能な特異点　170
ジョルダン曲線　35
ジョルダン弧　35
ジョルダンの曲線定理　38
ジョルダンの不等式　138
吸い込み　195
吸い込みのない　61
ストークスの定理　60
正割関数　93
整関数　70
正弦関数　93
正接関数　93
正則　13
静電場　200
正の向き　57
赤道　7

積分法における (第 1) 平均値の定理　80
絶対収束　151
絶対値　26
零点　45, 160
零点集合　45
線積分　46
線分比一定　19
双曲線関数　95
[相対] 開集合　34
速度ベクトル　191
速度ポテンシャル　192

た　行

第 1 基本量　17
退化した曲線　11
代数学の基本定理　70, 162, 184
対数関数　97
対数関数の主値　96
対数関数のリーマン面　97
対数的分岐点　97
代数的分岐点　100
多価関数　98
多重湧き出し　198
多角形　35
多項式　70
単位円周　35
単位開円板　36
単位接ベクトル　13, 46
単純曲線　35
単純弧　35
単純な零点　160
端点　11
中心　151
超越方程式　185
調和関数　78
直積　6
直線　29
強さ　195, 197
定常的　191

定数関数　42
テイラー級数　156
テイラー係数　156
テイラー展開　156
テイラーの定理　155
電気力線　200
電束　200
点別収束　145
等温線　200
等角性　15
導関数　69
等高線　188
等電位線　200
等ポテンシャル線　192
特異積分　113
凸集合　38
ド・モアブルの公式　27
ド・モルガンの双対定理　31

な　行

内点　33
内部　33, 38
長さ　13, 47
中への写像　41
流れ　191
流れ関数　192
滑らかな　12
南極　7

は　行

ハイネ-ボレルの被覆定理　148
ピタゴラスの定理　27
被覆面　97
微分可能　12
微分係数　63
微分商　63
微分積分学の基本定理　54

非有界成分　183
フーリエ積分　136
複素関数　41
複素 [共役]　26
複素コーシー-リーマン微分方程式　72
複素座標　26
複素数　22
複素線積分　46
複素速度　191
複素 [速度] ポテンシャル　192
複素調和関数　82
複素微分可能　63
(複素) 平面　36
複素平面　26
不動点　87
フラックス　196
分岐指数　100
分岐点　97
分岐度　100
分枝　97
分数 1 次変換　87
[分数] 1 次変換　87
閉円板　32
閉折れ線　35
閉曲線　35
閉弧　35
平衡点　200
閉集合　30
閉包　31
[平面] 曲線　11
べき関数　98
べき級数　152
べき級数展開　156
ベクトル場　55, 191
偏角　27
偏角の原理　181
補集合　30
保存的　55, 192
北極　7
ポテンシャル　55

ま 行

ボルツァーノ-ワイエルシュトラスの定理　34

マクローリン展開　156
道　35
向きづけられる　12
無限遠点　5, 9, 77
無限遠点で正則　78
無限遠点で複素微分可能　78
無限遠点における留数　123
無限遠点に収束　9
無限遠点の穴あき近傍　77
無限遠点の近傍　77
無限多価関数　98
メービウス変換　87
モレラの定理　119

や 行

ヤコビ行列式　18
有界　2, 33, 45
ユークリッド距離　27
有限多価関数　98
有理型関数　179
有理関数　85
余割関数　93
余弦関数　93
余接関数　93
淀み点　192

ら 行

ラプラシアン　78
ラプラスの微分方程式　78
リューヴィルの定理　162
リーマン球面　77
リーマンの除去可能性定理　171
立体射影　8, 76
留数　123
留数解析　131
留数定理　124
流線　192
流束　196
領域　36
両連続　4
ルーシェの定理　183
連結性　37
連続　42, 45
連続的微分可能　13, 55
ローラン係数　176, 179
ローラン展開　176, 179

わ 行

和　51, 52, 149
ワイエルシュトラスのM判定法　151
ワイエルシュトラスの2重級数定理　152
湧き出し　60, 195

欧字・記号

α-点　160
$\arcsin w$　101
$\mathrm{Arg}\, w$　95
$\arg z$　26, 27
$\mathbb{A}(z_0; r, R)$　178
C　35
$C(a, R)$　61
$\mathbb{C}$　22
$\hat{\mathbb{C}}$　77
$\mathbb{C}^*$　36
$\cosh z$　95
$\cos z$　93
$C^r(G)$　55
C^r 級　13, 55
$C(z_0, \rho)$　35
$\mathbb{D}$　36
$\mathbb{D}(a, r)$　29
$\mathbb{D}^*(z_0, \rho)$　36
$\deg P$　70
Δ　78
$\delta_G(z_0)$　38
$\frac{df}{dz}(z_0)$　63
$\mathrm{div}\, X$　60
ds　47
$|dz|$　47
E^c　30
$\bar{E}$　31
E°　33
$\exp z$　90
e^z　90
$|f|$　44
$\bar{f}$　71
f'　69
f^{-1}　46
$\{f, z\}$　84
$f'(z_0)$　63
$\gamma_1 + \gamma_2$　51
$\mathrm{grad}\, f$　55
$\mathbb{H}$　36
i　22
$\mathrm{Im}\, f$　41
$\mathrm{Im}\, z$　26, 27
$\inf X$　3
$\limsup_{n\to\infty} \alpha_n$　167
$\varliminf_{n\to\infty} \alpha_n$　167
∞　9, 77
$\mathrm{Log}\, w$　96
$\log w$　97
$M_f(z_0, \rho_0)$　116
$\mathbb{N}$　1
n　60
$\frac{\partial f}{\partial z}$　71
$\frac{\partial f}{\partial \bar{z}}$　71
∂G　56
$P[\alpha_0, \alpha_1, \ldots, \alpha_{N-1}, \alpha_N]$　35
pr　7, 76
$\mathrm{p.v.}$　113
$\mathbb{R}$　1
r　55
$\mathrm{Re}\, f$　41
$\mathrm{Re}\, z$　26, 27
$\mathrm{Res}_a f$　123
$\mathrm{Res}_\infty f$　124
$\mathrm{rot}\, X$　60
r 回連続的微分可能　55
$S[\alpha, \beta]$　35
Σ　7, 77
$\sin^{-1} w$　101
$\sinh z$　95
$\sin z$　93
$\sup X$　3
t　60
$\tanh z$　95
$\tan z$　93
$(\varphi_n)_{n=0,1,2,\ldots}$　146
$\varphi_n \rightrightarrows \varphi$　145
$\bar{z}$　26, 27
z^λ　98

著者略歴

柴　雅和
しば　まさ　かず

1970年　京都大学大学院理学研究科(修士課程)数学専攻 修了
現　在　広島大学大学院工学研究科教授　理学博士

主要著書

関数論講義（森北出版，2000）

数学基礎コース＝S3

理工系　複素関数論
―多変数の微積分から複素解析へ―

2002年 7月10日 ©		初 版 発 行
2005年11月10日		初版第2刷発行

著　者　柴　雅和　　　発行者　森平勇三
　　　　　　　　　　　印刷者　篠倉正信
　　　　　　　　　　　製本者　金野　明

発行所　　株式会社　サイエンス社

〒151-0051　東京都渋谷区千駄ヶ谷1丁目3番25号
営業　☎ (03) 5474-8500 (代)　振替 00170-7-2387
編集　☎ (03) 5474-8600 (代)
FAX　☎ (03) 5474-8900

印刷　　(株) ディグ　　　製本　　(株) 積信堂

《検印省略》

本書の内容を無断で複写複製することは，著作者および
出版者の権利を侵害することがありますので，その場合
にはあらかじめ小社あて許諾をお求め下さい．

ISBN4-7819-1010-6
PRINTED IN JAPAN

サイエンス社のホームページのご案内
http://www.saiensu.co.jp
ご意見・ご要望は
rikei@saiensu.co.jp　まで．